A ciência encantada de Jurema

F✺SF✺R✺

MARCELO LEITE

A ciência encantada de Jurema

Como uma raiz da caatinga uniu indígenas e africanos na resistência anticolonial e hoje inspira pesquisas psicodélicas

Prefácio por
ELISA PANKARARU

Prefácio

A leitura do livro *A ciência encantada de Jurema* é uma viagem de conhecimento pelo universo da sagrada árvore jurema. Uma viagem que passa por uma diversidade de culturas, usos, processos de cura e formas de comunicação.

A palavra "ciência", quando relacionada à jurema, traduz um contexto geral que envolve inúmeros outros contextos, em culturas, espaços e formas de uso diversos. Formas de uso ainda secretas, não divulgadas enquanto experiência, porque sua realização se dá no momento cerimonial.

É uma árvore de dimensão muito emblemática, cujo nome deriva um verbo: "juremar". O juremar é ação de comunicação do sagrado de cada grupo étnico específico ou de entidades sagradas do universo espiritual de cada um.

Ao escrever esta obra superimportante, Marcelo Leite nos presenteia com duas experiências maravilhosas: a primeira é essa geografia física do bioma da caatinga, e a segunda, a geografia humana, mostrando o contexto histórico, a fundamentação antropológica e, sobretudo, a nossa gente, com seu protagonismo cultural.

Sou uma mulher indígena do povo pankararu de Pernambuco, e escrever este prefácio é um chamado — um chamado a me encontrar com a Jurema Sagrada, do meu povo e de outros povos. Para nós, os pankararu, trata-se de algo secreto, realizado em momentos "necessários", repentinos e inesperados. O tipo de atividade cuja preparação não é planejada como se planeja um outro evento ou cerimônia.

Então, quando eu soube que o ritual de utilizar a jurema era uma prática secreta no meu povo, fui entender que secretas também seriam as práticas de outros povos. E o livro de Marcelo Leite me revela esse entendimento, pois, ao mergulhar na leitura, pude me encontrar com os parentes de outras etnias, suas histórias, seus cantos.

Aqui, perto da minha casa, tem muitos pés de jurema, uma mata. E desde a infância eu sempre ouvia de meus mais velhos e mais velhas os ensinamentos advindos da árvore sagrada, em forma de remédios, como chás e banhos, confecção de objetos sagrados etc. Assim, estou aqui observando a irmã-árvore, quando novamente volto ao Tronco Velho Pankararu, que me traz essa inspiração, de fechar os olhos e ouvir cada palavra que estou escrevendo.

Minha relação de pertencimento étnico com o meu povo me faz compreender cada lugar, de cada grupo citado no texto. E compreender a importância da presença do ritual sagrado dedicado a essa ciência e, assim, como essa relação marca a identidade desses povos e suas formas de viver e conviver.

Essa é uma planta-árvore que cura os males do corpo, da mente e do espírito e, na sua comunicação com seres humanos, ensina os procedimentos de uso e os resultados. E que demanda uma viagem ao mundo do consciente em encontro com o subconsciente, que eu não quero chamar de alucinação, porque o conhecimento é uma instância da realidade. Mesmo se, momentaneamente, estivermos no mundo do subconsciente, esse contato com o invisível ao olhar coletivo é real.

Árvore-planta que mora principalmente na caatinga, porém se faz presente em outros biomas, o que demonstra a dimensão dessa ciência. Estar na caatinga é resistir a um ecossistema único no planeta, em um campo de beleza, mas também de conflito, de cultura e fortalecimento.

No entanto, nossa gente resiste ao fundamentalismo religioso, expressado na violência contra os terreiros e as casas de rezas que são violados, invadidos e desrespeitados em um país dito laico. A forma como são tratados os povos indígenas, ciganos, quilombolas, de terreiro — enfim, as pessoas que professam sua fé junto à sagrada Jurema — revela também o nível de racismo presente no Brasil. Precisamos falar de racismo!

A irmã-árvore tem sua morada em nossa região, onde se apresenta em toda a sua diversidade: preta, branca e outras, árvore-tronco do nosso sertão, símbolo de identidade da nossa floresta de caatinga. Veículo de comunicação pelo vento, por meio dos cantos, das palavras, das águas, da dança, porque os movimentos corporais são também sintonia, concentração e conexão sem intervenção. É a comunicação por meio do canto com nossos seres da espiritualidade, que passam os ensinamentos de geração a geração.

É assim, em suas diferentes formas de vivência, que nossa irmã Jurema Juremeira Juremar realiza a cura junto aos povos, por essa diversidade através da qual eles se comunicam e aprendem, em cantos, danças, palavras e expressões, seja na linguagem da ancestralidade, seja na linguagem contemporânea, a língua portuguesa.

Nossos antepassados se referiam à palavra "ciência" como algo extraordinário. E de fato ela é extraordinária, como são as palavras que Marcelo Leite traz na sua composição e entendimento em *A ciência encantada de Jurema*, uma escrita que traduz e alcança os diferentes fazeres e saberes.

No meu primeiro contato com essa leitura, busquei o entendimento para escrever este prefácio partindo do princípio das minhas cosmovisões e subjetividades, a partir do reconhecimento do meu povo ou do Tronco Velho ao qual eu pertenço.

É nesse lugar de estar e ser que os meus sentidos se conectam à escrita deste livro para "alcançar" a forma que o autor alcançou, na diversidade das ciências que "a Jurema tem, que a Jurema dá" (canto indígena).

Então, "salve as matas, salve as águas, salve a Jurema Sagrada, salve nossos irmãos que fazem da irmã-árvore a sagrada ciência".

ELISA PANKARARU

Ativista da etnia pankararu, é doutoranda em antropologia pela Universidade Federal de Pernambuco (UFPE) e professora em escola indígena.

Prólogo

O caso de fascinação com Jurema que originou este livro teve início nos últimos dias de 2021, com uma visita de Dráulio Barros de Araújo, do Instituto do Cérebro da Universidade Federal do Rio Grande do Norte (ICeUFRN), a São Paulo. Ele havia figurado como um dos protagonistas de outro livro, *Psiconautas: Viagens com a ciência psicodélica brasileira* (Fósforo, 2021), ao lado de Luís Fernando Tófoli, Sidarta Ribeiro e Stevens "Bitty" Rehen. O quarteto de neurocientistas escudeiros me acompanhava desde 2017, quando, no périplo pelo mar agitado da ressurgente pesquisa com substâncias alteradoras da consciência, nos encontramos na conferência Psychedelic Science, em Oakland, na Califórnia, e descobri o continente submerso dos estudos com a MDMA (ecstasy) e a psilocibina (dos cogumelos "mágicos") para transtornos psíquicos como estresse pós-traumático e depressão.

O novo assunto, na época, reacendera meu entusiasmo pelo jornalismo de ciência, após três décadas de frustração com os rumos da mudança climática e da destruição da Floresta Amazônica. O pesquisador da UFRN havia liderado, anos antes, um ensaio clínico pioneiro para tratar depressão com ayahuasca, chá amazônico que contém o psicodélico N,N-dimetiltriptamina (DMT), um dos destaques em *Psiconautas*.

Com essa visita de Araújo, a novidade veio dar na praia das angústias pós-pandemia com os cantos e encantos do sertão nordestino: uma planta pouco conhecida, com raízes psicodélicas profundas na cultura de povos originários da caatinga que se levantaram com seus antepassados e demais escravizados contra a dominação colonial. O cientista contou, na breve escala em São Paulo, que continuava a estudar a substância para o mesmo transtorno, mas agora inalada, purificada e extraída da jurema-preta (*Mimosa tenuiflora*), árvore de pequeno porte do semiárido que todos os meses ia coletar numa fazenda a 500 quilômetros de distância da capital potiguar. Estava decidido a desvendar a função do composto no vegetal, para além do potencial terapêutico em humanos. Mencionou de passagem que a DMT da jurema também ensejara, sob o nome de nigerina, um episódio obscuro da história da ciência no Brasil: havia sido isolada pela primeira vez por um químico pernambucano, na década de 1940, intrigado com os poderes atribuídos à planta por indígenas do sertão que usavam em rituais uma bebida preparada com ela, um "vinho" do qual viria a extrair o psicoativo.

Eram os ingredientes ideais para contar uma história interessante e importante como poucas, empreitada que teria efeitos significativos sobre minha visão de mundo. Eu só tinha ouvido falar da jurema-preta uma vez, pela boca de um psiconauta presente na primeira sessão em que tomei ayahuasca, e, na minha excitação de novato, não lhe dera atenção. Da reemergência étnica de povos do Nordeste eu só conhecia, superficialmente, a história dos pataxó da Bahia em sua luta por reconhecimento do território tradicional; como é típico de sudestinos, tinha olhos apenas para os indígenas da Amazônia, e agora pipocavam em meu radar dezenas de povos do sertão com uma longa história de resistência impelida em parte pela jurema.

Ainda por cima, os rituais inebriantes tinham sobrevivido e alcançado uma reencarnação urbana amalgamados com magias africanas e europeias, primeiro no Catimbó, estudado por Mário de Andrade e Luís da Câmara Cascudo na primeira metade do século 20, e até os dias atuais numa religião, a Jurema Sagrada (denominação mais recente, que substitui o termo anterior, Catimbó, culturalmente estigmatizado, uma vez que "catimbozeiro" é quase um xingamento em várias partes do Nordeste), que peleja para escapar da sombra da Umbanda. Por fim, mas não menos relevante, entrevia que o mesmo vegetal movimentava círculos neoxamânicos e seu liquidificador de misticismos na pós-modernidade.

Os primeiros passos dessa empreitada narrativa se deram com três reportagens para o jornal *Folha de S.Paulo*, publicadas on-line em julho de 2022 na série "A Ressurreição da Jurema". A trinca de textos compõe a base do primeiro capítulo deste livro, "A deusa Jurema e a diaba da ciência contra o dragão da ansiedade", que apresenta a coleta de jurema-preta na fazenda da família de Araújo, um perfil do pesquisador e seu pai, a história de Oswaldo Gonçalves de Lima, químico que descobriu a nigerina/DMT na natureza, minha participação como voluntário na fase piloto do experimento no Instituto do Cérebro da UFRN com DMT inalada para tratar depressão e o esforço dessa equipe em favor de levar a substância psicodélica para o Sistema Único de Saúde (SUS).

Na sequência, o livro acompanha a marcha de minhas descobertas, em ordem cronológica imperfeita, orientada pelo percurso mental que incursões geográficas, psicodélicas e filosóficas proporcionaram. Em "A origem do Catimbó em Alhandra, antigo aldeamento colonial", narro a viagem que fiz à cidade paraibana de Alhandra, tida como o epicentro da prática religiosa do Catimbó, que ainda hoje subsiste sob a denominação menos pejorativa de Jurema Sagrada, perseguida como feitiçaria pela Igreja católica, pela polícia e, mais recentemente, por grupos evangélicos. Ali, tive como guias em minha iniciação leiga na religião a jovem juremeira Nayanne Alves dos Santos e a espírita Dona Raquel, que me levaram à igrejinha do Acais, aos memoriais dos mestres Flósculo e Zezinho, ao Cantinho dos Benzedores, ao Portal da Encantaria e à Pedra de Xangô, na praia de Tambaba. Por intermédio da dupla também conheci três gerações de mestres da Jurema, Ciriaco, Nina e Lucas, que enfrentam até hoje o assédio de outras confissões religiosas, além da rivalidade entre templos e as tragédias familiares; conheci, ainda, as histórias de mestras lendárias, como Maria do Acais e Jardecilha, a Zefinha de Tiíno, e da luta encarniçada para manter viva em seu berço a ciência da Jurema.

Embora o veio Catimbó-Jurema tenha aflorado ali, não foi em Alhandra que ele se formou. Ele se enraíza em camadas bem mais antigas da história do Brasil, com os primeiros registros do uso ritual de bebidas de jurema ainda nos séculos 17 e 18, associado às defumações por tabaco em cachimbos e cantos acompanhados do maracá, chocalho de cabaça onipresente entre povos originários do Nordeste. A busca por conhecer essa matriz indígena da religião fugidia, virtualmente desconhecida no restante do país, motivou novas viagens para localidades do sertão e do litoral nordestinos. A primeira parada se deu em Caruaru, onde o antropólogo Sandro Guimarães de Salles franqueou acesso a dezenas de estudantes de licenciatura indígena no Centro Acadêmico do Agreste (CAA), um campus da Universidade Federal de Pernambuco (UFPE) na cidade famosa por suas estatuetas de barro. Com o auxílio de Salles, um dos expoentes da nova onda de estudos antropológicos sobre a Jurema Sagrada, travei contato com membros dos povos potiguara, em Baía da Traição (PB), e fulni-ô, em Águas Belas (PE), cujas aldeias e cujos rituais tive o privilégio de visitar e narrar no terceiro capítulo, sobre a resistência indígena no Nordeste em torno da jurema. Foi seguindo as pistas e os ensinamentos dos livros e artigos de Salles e estudiosos como Rodrigo Grünewald, Luiz Assunção, Dilaine Sampaio, Estêvão Palitot e Guilherme Medeiros que mergulhei na crônica de revoltas e perseguições motivadas pelas tentativas infrutíferas da Inquisição católica, da Coroa portuguesa, do Império brasileiro e da polícia colonial para reprimir a fé sertaneja em seres encantados — mestres, caboclos, pretos velhos, exus, pombajiras etc. —, que se encontraria com as magias de africanos escravizados e europeus expatriados para multiplicar o panteão de entidades ainda hoje incorporadas por juremeiros em suas giras. Fecho esse capítulo com um esboço pálido dessa religiosidade mantida em segredo, por séculos, como forma de preservar um núcleo de autonomia sob as investidas genocidas da cultura invasora.

No quarto capítulo, "A Jurema Sagrada na encruzilhada entre Catimbó e Umbanda", me debato com a questão mais obscura para o recém-chegado aos terreiros iluminados da Jurema: em que medida se pode dizer, ou não se deve dizer, que essa religião é uma forma de Umbanda? Houve sem dúvida um processo de sincretização com matrizes africanas em várias ondas, a primeira delas, provavelmente, ainda em tempos coloniais, quando escravizados indígenas e negros se encontravam nas reduções católicas e nos mocambos e quilombos do interior, encontros em que divindades, espíritos e antepassados também se associaram para combater o inimigo. No século 19, o Catimbó recebeu a influência do kardecismo pela via da Umbanda, que, no século seguinte, viria a oferecer abrigo, na institucionalização das federações umbandistas que chegavam ao Nordeste, para os rituais juremeiros sob repressão policial. Essas raízes entrelaçadas se materializaram para mim no terreiro Casa das Matas do Reis Malunguinho do Recife, na forma dos encantados Zé Pelintra e Malunguinho que ali baixaram, e, meses depois, na Festa do Amaro, em Brejo do Burgo (BA), com indígenas pankararé dançando com os praiás e acostados pelo Caboclo Aboiador e o Capitão das Matas, cujos abraços e recados desentranharam em mim emoções desconhecidas. Entre elas, a reverência perante os mistérios, algo de que meu racionalismo não conseguia então dar conta, mas que nem por isso me transformaria num crente.

A planta *Mimosa tenuiflora*, por outro lado, tinha deixado, havia muito, o sigilo da ciência da Jurema nos terreiros de indígenas e catimbozeiros para ser acolhida pela ciência acadêmica da etnofarmacologia, da pesquisa biomédica e da psiconáutica associada. Meu guia nesse percurso, que deu origem ao capítulo "Juremahuasca, sacramento contestador de doutrinas", foi o antropólogo Rodrigo Grünewald, que entrevistei em duas ocasiões, no Rio de Janeiro, sua cidade de origem, e em Campina Grande (PB), onde dá aulas na universidade federal da cidade paraibana. Ele foi um dos primeiros entre os ayahuasqueiros fluminenses das igrejas Santo Daime e Barquinha a preparar e fazer rituais com uma bebida apelidada de juremahuasca, em que a jurema-preta ganha a companhia da arruda-da-síria, um vegetal das regiões secas do Mediterrâneo, para potencializar o efeito psicodélico da DMT contida na primeira. A juremahuasca havia sido proposta como opção simplificada e barata, para psiconautas do mundo todo, por um químico norte-americano radicado no México, Jonathan Ott, mas foi pelas mãos de Yatra, terapeuta brasileira radicada na Holanda, que Grünewald entronizou a jurema nos círculos neoxamânicos dos anos 1990. Outro importante popularizador da DMT foi o cientista pioneiro Rick Strassman, que lhe pespegou a alcunha de "Molécula do Espírito" no título de um livro célebre, plantando na cabeça de psiconautas sementes de elucubrações metafísicas sobre a glândula pineal, os poderes cósmicos da substância e a suposta função de antena esotérica no cérebro.

A DMT da jurema-preta também se tornou famosa entre psiconautas da Nova Era e adeptos do neoxamanismo na forma de changa — cristais que podem ser vaporizados e fumados, às vezes misturados com ervas. Tive a chance de experimentá-la num festival de equinócio em praia paradisíaca da Bahia, quando uma explosão de cores e arabescos me prostrou na nave de uma mesquita fantástica, viagem que durou alguns minutos e foi semelhante à da primeira dose de DMT inalada que usei no experimento da UFRN.

Conto no sexto capítulo, "Changa e cristais de DMT, motores do neoxamanismo cosmopolita", a breve aventura com a changa e como uma variante dessa modalidade fumada, a "aussiewaska", surgiu na Austrália, onde a fonte de DMT são acácias, árvores aparentadas com a jurema-preta. A seguir, apresento a história de pesquisadores da Universidade Federal do Vale do São Francisco (Univasf) e da Universidade do Estado da Bahia (Uneb), fundadores do grupo neoxamânico Alma, que se reúne na serra dos Morgados, em Jaguarari (BA), para tomar jurema e cantar as simples e belas canções "recebidas" (compostas) por Juracy Marques e musicadas por Edésio César. Com Marques, Alexandre Barreto e Guilherme Medeiros, aprendi um pouco mais sobre a longa e sofrida luta dos indígenas do Nordeste contra a opressão colonial e naveguei nas águas profundas da jurema em terreiro de Petrolina (PE), reeditando a viagem empreendida meses antes numa cerimônia neoxamânica guiada pelo catimbozeiro Rômulo Angélico em Natal, no mesmo bairro Redinha onde Mário de Andrade fechara seu corpo em 1928, numa sessão de Catimbó.

Nessa altura da incursão pelo universo da jurema, eu já tinha indicações de que seu reinado se estendia para além do Nordeste, embora nem de longe alcançasse a ubiquidade e a notoriedade das igrejas ayahuasqueiras nascidas no Brasil. Era e ainda é, em certa medida, um mistério para mim a razão de essa outra religião baseada em sacramento psicodélico, tão brasileira e tão mais acessível que rituais praticados nos confins da Amazônia, não encontrar a mesma penetração na cena alternativa dos centros urbanos do Sudeste. Uma explicação possível está em que, sendo tão mestiça, ela se distancia do ideal romântico de pureza indígena no âmago da floresta, coisa que religiões ayahuasqueiras tampouco são. De todo modo, ainda que menos visível e disseminada, a Jurema Sagrada tinha presença pelo menos em Belo Horizonte, na Tenda de Umbanda Caboclo Pena Branca e Casa de Catimbó Mestre Junqueiro, e na Grande São Paulo, no Espaço Jurema Mestra, do município de Santo André. Apesar da maior proximidade, em comparação com Alhandra ou Baía da Traição, mostrou-se necessário percorrer caminhos tortuosos para enfim acompanhar cerimônias nesses dois terreiros, respectivamente um batismo e uma Festa das Mestras, com as bênçãos de Orestes Mineiro e Paulo Alcântara, eventos que tomam a maior parte do capítulo "Belo Horizonte, Santo André e o eterno retorno do misticismo".

Mais idiossincrático, por outro lado, é o fenômeno das igrejas neopsicodélicas que consagram a jurema-preta no epicentro de sua doutrina. Congregações desse tipo proliferam há muito nos Estados Unidos, como relata o historiador J. Christian Greer, ainda que não com capilaridade comparável à do Santo Daime ou da União do Vegetal (UDV) no Brasil e fora dele, reunindo pequenos grupos de fiéis em torno de um sacramento alterador da consciência, que pode ser a psilocibina de cogumelos "mágicos" ou a DMT da ayahuasca — como no caso da Igreja da Águia e do Condor, que no início de 2024 teve reconhecido por agências norte-americanas o direito de comungar o chá, a primeira religião não cristã dos EUA a obter tal permissão. No Brasil, e mais uma vez no Nordeste, encontrei duas dessas religiões em formação, e ainda mais diminutas.

A primeira se chama Igreja do Divino Mestre na Terra (IDMT), tem sede em Fortaleza e conta com um único membro: Mark Ian Collins, filósofo que investiu vários anos numa peregrinação burocrática para legalizar um templo que ainda não tem sede, mas que se destina a ministrar DMT extraída de *Mimosa tenuiflora* para pessoas de qualquer fé. Conto a história improvável de Collins e seu seguidor Jan Clefferson Costa de Freitas, iniciador, com um grupo de quinze amigos, da Igreja Mirífica Eterna, ou Psiconáutica Ordem da Divina Molécula Triptamina, num subúrbio de Natal, inspirado no exemplo da IDMT cearense e nas elucubrações científico-metafísicas de Strassman.

Na sequência, avanço mais fundo na tentativa de compreender tal recorrência de igrejas psicodélicas e a associação estreita dos estados alterados de consciência com o misticismo, nutrida na tradição do perenialismo, uma forma de conceber manifestações religiosas que remonta a William James e Aldous Huxley e as filia a um impulso universal para a transcendência, mesmo que em aparência elas divirjam tanto em doutrina e rituais. Com o auxílio de Greer, eu já principiava então a questionar a real universalidade desse transcendentalismo e a própria congruência de psicodelia com mística, tão mal encaixadas nas práticas da Jurema Sagrada que ia conhecendo e em minhas vivências com a DMT e outras substâncias alteradoras da consciência.

De que serviriam o jornalismo científico e este livro, de resto, senão para fazer pensar e ajustar visões de mundo após reflexão sobre fatos importantes e interessantes da natureza e da cultura que trazem à luz tudo o que cerca a fascinante jurema?

Tais perguntas deram origem a "Lições de vida e sabedoria com ancestrais de todos os seres", em que encerro a narrativa da empreitada jornalística buscando tirar ensinamentos de três anos de mergulho no reino da jurema — a planta de poder, a bebida psicoativa, as giras e os torés, a Cabocla e seu séquito de encantados.

O impacto da jurema-preta sobre mim, entretanto, não se limitou ao périplo de repórter. Conhecer de perto as muitas práticas em torno da Jurema, buscar suas raízes na história do Brasil e pensar a fundo sobre elas resultou numa atitude mais aberta com a ciência de povos indígenas e suas plantas, e também mais crítica com certa arrogância irrefletida de pesquisadores biomédicos. Esse impulso de questionamento não poderia excluir, por uma questão de honestidade intelectual, examinar também as consequências disso tudo para minha própria profissão, o jornalismo, e as interrogações de cunho filosófico que a ciência da Jurema plantou em mim. Esse é o propósito do "Pós-escrito", que reivindica para este longo relato de descobertas na ciência encantada de Jurema a observância da tríade de máximas que deveriam nortear o trabalho de todo repórter e investigador: buscar a verdade, agir com independência e minimizar o dano.

A incursão filosófica que segue não constitui um desvio, mas uma troca de marcha, para que as rodas do espírito corram mais soltas em novas estradas do pensamento. Na primeira excursão, enfrentei a pergunta com que se defronta o jornalista quando passa a escrever sobre culturas tradicionais: qual a pertinência de aplicar às cosmologias de povos indígenas os critérios da ciência para definir o que é conhecimento seguro?

Já vinha de longa data meu fascínio pelos escritos do antropólogo Eduardo Viveiros de Castro e suas ideias generosas sobre o perspectivismo ameríndio, dando conta de que a dicotomia entre natureza e sociedade não faz sentido nessa outra maneira de ver e viver o mundo, que a seu modo também se apresenta na tradição da Jurema. Por sua influência cheguei à obra de maturidade de Marshall Sahlins, o enfeitiçante livro póstumo *The New Science of the Enchanted Universe* [A nova ciência do universo encantado], em que prescreve equilibrar-se, com graça e segurança, na corda bamba entre a pesquisa rigorosa e a aceitação sincera de outras epistemologias, sem rebaixar as visões de mundo "da maior parte da humanidade" à condição de crença, magia, animismo primitivo ou outra categoria subalterna da antropologia colonial.

O passeio seguinte me levou à interrogação crítica sobre o próprio entrelaçamento da rediviva ciência psicodélica com concepções místicas, ou seja, aqueles pontos de fuga da pesquisa empírica em que ela descumpre os próprios pressupostos de objetividade e isenção. Não é de hoje que ao menos alguns pesquisadores do campo põem ênfase no componente supostamente místico da experiência psicodélica, a começar pelo patriarca do Renascimento Psicodélico, Roland Griffiths, da Universidade Johns Hopkins, nos Estados Unidos. Guiado por Greer e Benjamin Breen, puxei o fio da meada que embaralha estados alterados de consciência com metafísica e desenrolei o novelo que liga o pensamento de Huxley ao de Margaret Mead e Gregory Bateson, um périplo em que pude encontrar até Carl Sagan e sua visita a um laboratório de pesquisa no Caribe onde se ministravam doses de LSD para golfinhos.

Já a fitolatria, culto em diversas culturas que atribui posse de espíritos às árvores, e do qual a Jurema é um bom exemplo, surgiu na paisagem da caatinga com um problema de certo modo ainda mais espinhoso — sem trocadilho com a etimologia tupi do nome da planta, que remete a muitos espinhos: seriam os vegetais dotados de algo que possa ser comparado a pensamento, a agência, a capacidade de perceber o mundo e reagir consistentemente ao que nele encontra para sobreviver, ou mesmo a alguma forma basal de conhecimento?

São esses os desafios radicais que a ciência e a filosofia estabelecidas se põem nas obras de pesquisadores e pensadores como Stefano Mancuso, Paco Calvo e Michael Marder, que retomam a senda aberta por ninguém menos que Charles Darwin ao estudar o comportamento vegetal e sua intencionalidade, no que se poderia chamar de pensamento-planta (*Plant-Thinking* é o nome de um instigante livro de Marder, que tem por subtítulo *A Philosophy of Vegetal Life* [Uma filosofia da vida vegetal]). O conhecimento ocidental, com esses autores, dá uma volta completa e arrisca rumar na direção das cosmogonias indígenas que encontram lugar para plantas de poder e plantas professoras, com as quais se pode aprender alguma coisa sobre o lugar dos animais e dos humanos no cosmos.

"O *setting* [ambiente em que se dá a experiência psicodélica] deve estar ancorado não só em intenções, mas em um contexto sociocultural mais amplo, que esteja aberto para a ideia de que plantas sagradas têm agência e espírito", recomendam Adana Omágua Kambeba, Beatriz Caiuby Labate e Sidarta Ribeiro.

> Obviamente a adoção ontológica de cosmologias indígenas xamânicas não pode ser "prescrita", mas a psiquiatria deve reconhecer que, ao imergir em intrincadas cerimônias indígenas e tradições envolvendo plantas sagradas, pode-se aperfeiçoar a cura e encontrar um senso profundo de pertencimento e sentido que não se pode desconsiderar.[1]

Por fim, a viagem surpreendente do último capítulo conduziu ao domínio da filosofia, disciplina tardia do pensamento que, como reza o dito de Friedrich Hegel sobre a coruja de Minerva, só levanta voo quando as sombras da noite se reúnem. Que consequências trazem os estados alterados de consciência para a vida do espírito, dada a influência que exerceram sobre pensadores como William James, Aldous Huxley e Ernst Jünger? Fechando o livro, ecoo o chamado de Peter Sjöstedt-Hughes, da Universidade de Exeter, na Inglaterra, para que o presente Ressurgimento Psicodélico amadureça com o aporte de reflexão mais rigorosa sobre seus pressupostos, com ajuda da filosofia, quanto menos não for para sofisticar suas concepções confusas enfeixadas na expressão "experiência mística", lançando mão de séculos de sistematização do pensamento metafísico. Sjöstedt-Hughes se deu ao trabalho de desenvolver um Questionário de Matriz Metafísica (MMQ, em inglês) para auxiliar pacientes e psicoterapeutas psicodélicos na laboriosa tarefa de entender as noções e os lampejos desencadeados sob influência dos psicoativos, diferenciando, por exemplo, idealismo de monismo, panteísmo de emergentismo, e assim por diante.

Nesse percurso, além dos ensinamentos de Espinosa sobre Deus-Natureza recebidos por intermédio de Sjöstedt-Hughes, contei com as reflexões agudas de Nicholas Langlitz e Chris Letheby acerca da pertinência e das dificuldades na distinção entre naturalismo metodológico e naturalismo metafísico, um mata-burro em que mais de um cientista já caiu com um ou os dois pés, fosse contrabandeando noções místicas para seus estudos empíricos, fosse mantendo uma questionável contabilidade paralela, refugiando-se numa simulada objetividade para melhor ocultar do público as próprias convicções metafísicas que os encorajam a permanecer ativos num campo minado como o da ciência psicodélica, em que não faltaram e não faltarão explosões como a que vitimou, em 2024, o pedido da empresa Lykos à Food and Drug Administration (FDA), dos Estados Unidos, para autorizar psicoterapia com MDMA no tratamento do estresse pós-traumático.

Depois de me acompanhar nesta jornada por um universo tão fascinante quanto pouco conhecido, convido o leitor a julgar se consegui me elevar à sua altura.

A deusa Jurema e a diaba da ciência contra o dragão da ansiedade

Araquém decreta os sonhos a cada guerreiro e distribui o vinho da jurema, que transporta ao céu o valente tabajara.
José de Alencar, *Iracema*

A cena é incomum: numa manhã de 2022, um neurocientista e um ex-senador da República se embrenham no sertão nordestino para arrancar árvores. Em 45 minutos, com ajuda de trator, corda, enxada e motosserra, três espécimes de jurema-preta (*Mimosa tenuiflora*) são extraídos com raiz e tudo, como planejado.[1] Nas raízes se encontra a maior concentração de N,N-dimetiltriptamina (DMT), motivo da expedição agrocientífica. A substância alteradora da consciência figura como uma das promessas de novos fármacos para ajudar pacientes que a psiquiatria hoje nem sempre consegue tratar, como os que sofrem de transtorno de estresse pós-traumático (TEPT) e depressão resistente a tratamentos convencionais, uma reviravolta na saúde mental a partir da virada do século que ficou conhecida como Renascimento Psicodélico e tem como carros-chefes a MDMA (ecstasy)[2] e a psilocibina dos cogumelos "mágicos".

O proprietário da fazenda Logradouro, em Quixadá, no estado do Ceará, é Flávio Torres de Araújo, 77 anos na época da visita, físico e fundador do Partido Democrático Trabalhista (PDT) cearense. Como suplente da senadora Patricia Saboya, ele assumiu sua cadeira de parlamentar por quatro meses em

2009. Também é dono de uma moto BMW 1200, na qual partiria em poucos dias para uma viagem ao Peru. Físico como o pai e doutor em física aplicada à medicina e biologia pela Universidade de São Paulo (USP), Dráulio Barros de Araújo, cinquenta anos, pesquisa há quinze as substâncias psicoativas como a DMT da ayahuasca. Estudos de sua equipe sobre o efeito antidepressivo do chá ajudaram a colocar o Brasil no terceiro lugar do ranking de artigos de maior impacto no ressurgimento da ciência psicodélica,[3] de acordo com um levantamento publicado em 2021 por David Wyndham Lawrence.[4]

Chovera durante toda a noite naquele 21 de maio. O solo encharcado não ofereceu resistência à saída das raízes da jurema-preta, árvore dominante naquele trecho de caatinga. Pai e filho trabalham com o gerente José Edson Pereira da Silva, 49 anos, este no volante do trator Massey Ferguson. O pivô da raiz avermelhada, seções do tronco enegrecido, folhas compostas por vários folíolos e umas poucas flores brancas são separados para transporte até Natal, a cerca de 500 quilômetros de distância. Lá serão processadas no ICeUFRN. As partes inferiores dos troncos de cada árvore, ainda com raízes secundárias, voltam ao solo. A ideia é que rebrotem para dar origem a novas plantas e reiniciar o ciclo de vida na caatinga, que se tinge de verde quando a chuva chega.

Terminada a coleta, a próxima parada se dá no rancho próximo ao açude da sede da fazenda, ao pé da enorme Pedra da Pendência. O bloco de granito porfirítico integra o imponente conjunto regional dos monólitos de Quixadá, *inselbergs* (montanhas-ilhas) que pontilham a paisagem. No cardápio do aperitivo à beira d'água, ovas de curimatã temperadas com tomate, pimentão e cheiro-verde. Para beber, cachaça do barril de carvalho francês e cerveja. O neurocientista sai da água em que peixinhos mordiscam o pé dos banhistas e, ao passar pelo pai, lhe dá um beijo na testa. Pede que conte mais um causo, como o da viagem em que levou o menino de onze anos para pescar no rio Araguaia.

Mais acima, a casa de 1932 é rústica, sem forro. Flávio Torres, como é mais conhecido o ex-senador, comprou a propriedade em 1983. A família viajava com frequência para lá, desde Fortaleza. "Muito de minha personalidade foi formada aqui nesta fazenda", conta o filho. Herdeiro do espírito aventureiro do pai, já praticou mergulho em profundidade e paraquedismo; hoje, dedica-se ao surfe. Araújo filho percorre todos os meses, por volta do dia 20, o trajeto de mil quilômetros entre Natal e Quixadá, ida e volta. Ele quer caracterizar a planta *Mimosa tenuiflora* em cada estação do ano, em particular o teor de DMT em suas diversas partes. Busca pistas sobre a função da molécula na fisiologia do vegetal.

A jurema-preta é uma fonte abundante e barata do psicodélico, cuja extração ocorre no laboratório do pesquisador no ICe. Suas raízes são usadas há séculos em rituais indígenas e afro-brasileiros. A molécula de DMT se tornou objeto de experimentos na universidade, iniciados em junho de 2021, para verificar e quantificar o efeito antidepressivo quando administrada por inalação. Voluntários saudáveis receberam doses, e seus resultados, que mostraram que a formulação inalada é segura e produz o efeito psicodélico pretendido, serviram de base para desenhar o experimento propriamente dito com pacientes portadores de depressão resistente a tratamento, recrutados no Hospital Universitário Onofre Lopes (Huol), da UFRN.

"Por que a DMT ocorre de forma tão abrangente em seres vivos?", pergunta Dráulio, sentado na longa varanda da fazenda Logradouro. Sua hipótese, para o caso de animais, é que a dimetiltriptamina seja o motor das imagens surgidas em sonhos, ou da visão de olhos fechados e das "mirações" de que falam ayahuasqueiros. A expressão virou título de um de seus artigos científicos pioneiros sobre o psicodélico, "Vendo com os olhos fechados", de 2012.[5] Registros de ressonância magnética funcional revelaram que as mirações deflagradas pela ayahuasca provêm da ativação de uma extensa rede neural envolvida com visão, memória e intenção. "Vários efeitos se parecem muito com o que acontece quando a pessoa está sonhando. Vemos os nossos próprios pensamentos, ganhamos acesso às nossas próprias emoções", diz o neurocientista, que já teve experiências com ayahuasca (nem sempre pacíficas).

Mais misteriosa é a ocorrência geral de DMT em plantas. Dráulio especula que o composto pode ter uma função biológica mais fundamental, como preparar organismos para estresses ambientais, por exemplo a longa estiagem na caatinga. Sua prática de colher amostras da jurema-preta todos os meses tem a ver com essa ideia. Ele quer estabelecer como varia o teor de dimetiltriptamina em cada parte da árvore no verão (seca) e no inverno (chuvas) nordestinos, em busca de pistas sobre a função da molécula.

Uma característica mais geral na mira do grupo de pesquisa da UFRN é o efeito anti-inflamatório que a DMT compartilha com outros psicodélicos. Como ocorrem níveis aumentados de inflamação em pacientes deprimidos, o benefício antidepressivo da molécula pode estar associado também com sua capacidade de diminuir a inflamação do cérebro, e não só com o acesso a conteúdos psíquicos remotos que ela franqueia durante a experiência psicodélica. Outro fator que estimula a imaginação científica de Dráulio vem de estudos mostrando a capacidade de psicodélicos, a DMT entre eles, de ativar vias metabólicas associadas à formação de novas conexões cerebrais. É o que se chama de neuroplasticidade. Ao abrir novos caminhos para troca de impulsos entre neurônios, a DMT favoreceria a emergência de pensamentos capazes de romper ciclos viciosos de ideias negativas, a ruminação que atormenta deprimidos graves. A neuroplasticidade seria outro processo a contribuir para o efeito antidepressivo.

Fã da ficção científica de filmes como *Duna* e seguindo sugestão do psiquiatra Marcelo Falchi, Dráulio Araújo batizou a empreitada de Projeto Dunas (também uma referência às formações típicas das praias potiguares). Mas o pesquisador gosta de se referir a ele também como "DMT de A a Z". Um dos enigmas que o estudo sistemático da *Mimosa tenuiflora* poderá desvendar é o efeito do chamado "vinho da jurema", consumido cerimonialmente por grupos indígenas nordestinos. Ao menos nas receitas usadas hoje em dia, a beberagem parece carecer de um elemento decisivo para que o efeito psicodélico aconteça: algum composto capaz de impedir a degradação da DMT na digestão, sem o qual o psicoativo não chega ao cérebro. Na ayahuasca, por exemplo, esse inibidor é fornecido pelo cipó-mariri, ou jagube. Seria a própria jurema-preta a fornecedora desses inibidores? Até agora, especula-se que tais bloqueadores estariam presentes em outros vegetais que, em certas receitas de preparo, entram na bebida cerimonial, como variedades silvestres de caju e maracujá, frutas que não são empregadas em todos os lugares onde se faz o vinho. Pode ser que esse mistério não tenha solução bioquímica. Não se exclui, contudo, que o acesso aos reinos encantados da Jurema Sagrada se abra com os próprios rituais, sem influência psicodélica direta.

A jurema-preta é apenas uma das 38 espécies do gênero *Mimosa* existentes na caatinga (das 350 que se encontram no Brasil, entre as 540 do mundo). Algumas também contêm DMT, mas a *Mimosa tenuiflora* se tornou a preferida para rituais. A razão pode estar no teor alto de DMT ou ainda em sua onipresença no sertão nordestino. A rusticidade da jurema deixa eco até no nome da planta, que significa em tupi "muitos espinhos". Mesmo em um ambiente semiárido, ela alcança até 5,5 metros de altura e 30 centímetros de diâmetro no tronco.[6] Sua dominância na paisagem da caatinga viria da tolerância incomum a diferentes condições do solo e déficits hídricos. Na estiagem, perde todas as folhas, que retornam verdes às primeiras chuvas. Usualmente, entre novembro e dezembro aparecem também as flores brancas. O alto teor de taninos, origem do amargor da bebida preparada com jurema, não impede bovinos e caprinos de se alimentarem dos brotos no inverno e das folhas e vagens na seca. A madeira resistente é mais densa que a do eucalipto. Vem daí a preferência dos sertanejos por ela na fabricação de mourões e carvão.

Na condição de leguminosa, abriga nas raízes, em simbiose, bactérias que fixam nitrogênio da atmosfera no solo, enriquecendo com o nutriente decisivo os terrenos pobres da caatinga. É uma árvore propícia para reflorestamento, pois cresce rápido, 4,5 metros em cinco anos, e 75% das mudas sobrevivem nesse período. Toda essa resiliência, entretanto, pode ser pouca para enfrentar a crescente presença humana no sertão. Quase metade (46%) do bioma caatinga já foi desmatado,[7] 10,5% só no período de 1985 a 2021. A superfície de água, ou seja, rios e açudes, encolheu 16,8% no mesmo intervalo, o que põe várias áreas em risco de desertificação.[8]

A jurema-preta, em que pese a abundância, não passa incólume por essa frente de devastação. Segundo estudo genético de Sendi Reis Arruda, da Universidade Estadual do Sudoeste da Bahia (Uesb), a fragmentação da caatinga já está diminuindo o fluxo gênico entre populações separadas da *Mimosa tenuiflora*.[9] Sem adequada dispersão de pólen e sementes, as árvores se reproduzem só com as congêneres próximas, confinadas na mesma área. Encolhe a variedade de genes disponíveis para tornar a planta mais robusta diante de variadas condições ambientais. A redução de diversidade, com o tempo, poderia implicar risco para a sobrevivência da espécie.

Quem vê Dráulio e Flávio sacando apenas três pés de jurema-preta do extenso juremal na fazenda Logradouro, em Quixadá, pode concluir que não fará diferença para a população da árvore no semiárido nordestino. Afinal, ao ritmo de três exemplares por mês para obter algumas centenas de miligramas de DMT, serão meras 36 árvores em um ano. Filho e pai, no entanto, tomam o cuidado de devolver à terra os tocos da trinca de árvores com as respectivas raízes secundárias, para que rebrotem e sigam repondo o vigor da caatinga. No mesmo ato, renovam a força do afeto entre eles e a chance de que os estudos com DMT contribuam para aliviar o sofrimento de milhões de deprimidos.

NIGERINA, O SEGREDO INDÍGENA NO VINHO SAGRADO DOS PANKARARU

A ciência brasileira, primeiramente a do Nordeste, tem muita história com a molécula DMT. O alcaloide natural foi isolado e descrito por um químico pernambucano, Oswaldo Gonçalves de Lima, que o extraiu da jurema-preta na década de 1940. Foi por causa da cor enegrecida do tronco da árvore da caatinga que lhe deu o nome de "nigerina". Primeiro diretor da Escola Superior de Química, depois incorporada pela Universidade Federal de Pernambuco (UFPE), Gonçalves de Lima fundou, em 1952, o Instituto de Antibióticos da Universidade do Recife, também absorvido pela UFPE. Publicou 228 artigos científicos, dos quais 29 em periódicos estrangeiros.[10] Um desses artigos consagrou seu nome na literatura científica psicodélica: "Observações sobre o 'vinho da Jurema' utilizado pelos índios pancarú de Tacaratú (Pernambuco)".[11]

Gonçalves de Lima tinha muitos interesses, desde a política — esteve preso por dois meses em 1935, após a Intentona Comunista — até a literatura alemã, como atesta uma aula magna de 1965 com o título "Goethe e a química".[12] Era também defensor dos povos indígenas das Américas e admirador do marechal Cândido Mariano da Silva Rondon e do antropólogo Darcy Ribeiro. Em outubro de 1942, o químico visitou em Jatobá, sertão pernambucano, uma aldeia da etnia hoje chamada de pankararu. Ia acompanhado de alunos e técnicos para estudos geológicos no vale do rio São Francisco.

Gonçalves de Lima narra no artigo sua frustração por não ter conseguido presenciar a cerimônia do ajucá, vinho sagrado que ali se fazia com a jurema-preta. Só assistiu ao preparo da bebida pelo juremeiro Serafim Joaquim dos Santos. Raspas da raiz maceradas são espremidas em água fria, que se torna vermelha e espumosa. Após a retirada da espuma, a vasilha de barro recebe fumaça de cachimbo soprada sobre ela com o traçado de uma cruz. Sem ter testemunhado o transe induzido pelo vinho durante os rituais, Gonçalves de Lima cita o etnógrafo Carlos Estevão de Oliveira: "Davam, naquele momento, a impressão de que a lâmina de chumbo da pseudocivilização que sobre eles distendemos, embora com quatro séculos de espessura, é leve demais para sufocar suas crenças". O químico menciona a influência indígena sobre os cultos de Catimbó, em Pernambuco, e Candomblé de Caboclo, na Bahia. A grande contribuição foi a jurema, epicentro da "pouco extensa fitolatria dos índios do Nordeste", que "só se tornou árvore sagrada quando se as identificaram como meio de transporte delicioso".

Com as amostras obtidas, Gonçalves de Lima aplicou vários métodos químicos para extrair a nigerina, o alcaloide transportador. Foi o primeiro registro da DMT em organismos naturais, mas depois se tornou claro que a mesma substância havia sido sintetizada em 1931 pelo químico canadense Richard Manske.[13] A comprovação de que a N,N-dimetiltriptamina era a produtora do efeito psicodélico veio só em 1956, quando o químico e psiquiatra húngaro Stephen Szara[14] injetou no próprio músculo um extrato de *Mimosa tenuiflora* e, bem... viajou. Já Gonçalves de Lima narra que um membro de sua equipe ingeriu 40 miligramas de nigerina e só experimentou aceleração do pulso, exacerbação auditiva e sintomas respiratórios (dispneia ligeira), sem efeito psicodélico, certamente pela ausência de inibidores das enzimas digestivas. "Todos esses fenômenos desapareceram em 45 minutos", registrou.

Em 1965, décadas depois de a nigerina ser isolada, um artigo no periódico *The Alabama Journal of Medical Sciences*[15] relatou um fato surpreendente: uma forma de DMT está presente no cérebro humano saudável, mesmo sem a ingestão de substâncias psicoativas. Em outras palavras, a dimetiltriptamina é produzida localmente no próprio órgão sobre o qual exerce efeito psicodélico quando vinda de fora. Tal descoberta ofereceria bom argumento a favor da ideia de que a DMT, sendo endógena, tem tudo para ser um fármaco seguro, caso comprovada sua utilidade terapêutica. Haveria que testar, claro, o espectro de doses que poderiam ser usadas com segurança. Com a popularidade adquirida pela ayahuasca entre hippies, com obras como *Cartas do yagé* (outro nome da bebida amazônica), de William Burroughs e Allen Ginsberg, já em 1966, apenas três anos após a publicação do livro, surgiram as primeiras restrições para seu uso em pesquisa.[16]

A DMT não ocorre só na jurema-preta, na chacrona da ayahuasca e no cérebro humano, mas também em outros animais, plantas e até fungos. Um apanhado abrangente de sua ubiquidade se encontra no livro *TiHKAL*, de Ann e Alexander "Sasha" Shulgin.[17] O casal passou vários anos sintetizando psicodélicos em um laboratório doméstico na Califórnia, que testava em autoexperimentos na companhia de amigos. "A DMT está, mais simplesmente, quase em todo lugar onde você escolher procurar. Está nesta flor aqui, naquelas árvores lá adiante, em animais acolá." O longo trecho sobre DMT no livro começa apontando um parente próximo, 5,6-dibromo-DMT, na esponja marinha *Smenospongia ehina* e no tunicado *Eudistoma fragum*. A N,N-dimetiltriptamina propriamente dita aparece em um tipo de coral da baía de Nápoles, *Paramuricea chamaeleon*. A lista prossegue com várias espécies de fungos em sete famílias. Em seguida, despontam os sapos, com 5-hidroxi-DMT (bufotenina) e 5-MeO-DMT.

Passando para o reino das plantas, Shulgin começa relacionando capins do gênero *Phalaris*, como *P. tuberosa*, que deixa cambaleantes carneiros alimentados com ela. Outro gênero de gramínea intoxicante para animais é *Lolium*, além de várias espécies de bambus e caniços. Entre as leguminosas, muitas espécies dos gêneros *Acacia*, *Anadenanthera* e *Mimosa*. Do angico *Anadenanthera peregrina* e seu primo *A. colubrina*, por exemplo, extraem-se rapés psicoativos da América do Sul que recebem nomes como paricá, yopo, vilca, huilca e cébil. Há, ainda, as árvores do gênero *Virola*, de cuja resina se produzem igualmente rapés. Por fim, e mais importante, na grande família psicoativa de parentes do café, a chacrona da ayahuasca, *Psychotria viridis*, é a única a apresentar DMT.

A presença de DMT em vários vegetais também figura numa obra clássica sobre psicodélicos, *Plants of the Gods* [Plantas dos deuses]. Numa tabela de "análogos da ayahuasca", listam-se 21 espécies de seis famílias: Gramineae, Leguminosae (com *Acacia simplicifolia* e *Mimosa tenuiflora* liderando as concentrações de DMT, respectivamente 0,81% e 0,57-1%), Malpighiaceae, Myristicaceae, Rubiaceae e Rutaceae. Os autores chegam a dar uma receita de "juremahuasca" ou "mimosahuasca": 3 gramas de sementes de arruda-da-síria (*Peganum harmala*), 9 gramas de casca de raiz de jurema-preta e suco de um limão, recomendando que o chá de arruda-da-síria seja tomado quinze minutos antes do preparado com jurema e limão, para que a primeira bebida iniba a degradação do psicoativo DMT no sistema digestivo.[18]

Pedro Luz também incluiu a jurema-preta em seu compêndio de 44 plantas psicoativas, *Carta psiconáutica*. Ele descreve a planta como um arbusto com espinhos fortes, retos, grossos na base, com 5 a 6 milímetros de comprimento.[19] Luz resume a importância da jurema e de seu vinho nas culturas indígenas do Nordeste e reproduz um relato sobre visões causadas pelo consumo de chá preparado com o vegetal e sementes de arruda-da-síria.

UMA VIAGEM AOS PORÕES ESCUROS DA MENTE

São 7h25 na chegada ao Huol, em Natal. Os condutores do experimento em que sou voluntário, Fernanda Palhano-Fontes, Marcelo Falchi, Sophie Laborde, Nicole Galvão-Coelho, Isabel Wiessner e Aline Assunção, já estão a postos. A saleta no subsolo do hospital da UFRN foi decorada para dar conforto a pessoas que, como eu, são recrutadas nessa fase-piloto do estudo com DMT. A poltrona bege reservada à cobaia humana é reclinável, aconchegante. Aparelho de eletroencefalografia (EEG), vaporizador Volcano, fones de ouvido, equipos da enfermagem: tudo pronto.

Explicam a seguir o que vai acontecer, relembrando acordos prévios firmados nas sessões de triagem, com Falchi, e de preparação, com Laborde. Eles podem, por exemplo, tocar meu braço ou segurar-me a mão, em caso de necessidade. Descrevem a duração e a sequência do experimento: várias coletas de sangue e saliva, duas doses de DMT, um EEG antes e outro depois de cada pico nas duas experiências psicodélicas, preenchimento de questionários e escalas psicométricas, duas sessões de integração rápida com a psicóloga, em que o paciente fala o que vivenciou sob efeito da substância e que sentidos ou sentimentos atribui a isso.

A pequena orquestra atua sob a batuta de Dráulio Araújo. Ele entra na saleta, confere se está tudo em ordem e dá o sinal verde. É o quarto ensaio geral da fase preliminar de um teste clínico para investigar o efeito antidepressivo da DMT inalada. O experimento começaria para valer no mês seguinte, junho, com os primeiros voluntários saudáveis (sem depressão), mas com experiência prévia no uso de psicodélicos.

Segundo a Organização Mundial da Saúde (OMS), cerca de 300 milhões de pessoas no mundo vivem com o transtorno depressivo, 5% da população adulta.[20] Considerando que pelo menos um terço dos deprimidos não encontra alívio com os antidepressivos disponíveis, alternativas de tratamento fazem muita falta. O novo estudo dá continuidade à pesquisa do ICeUFRN que resultou, em 2018, na publicação do primeiro ensaio clínico controlado por grupo de placebo no mundo em que uma substância psicodélica foi testada para tratar depressão. Naquela ocasião, usou-se ayahuasca, sacramento religioso das igrejas Santo Daime, Barquinha e União do Vegetal (UDV), pesquisado principalmente na UFRN e na Faculdade de Medicina do campus de Ribeirão Preto da USP. Participaram 29 voluntários com depressão resistente a tratamento, dos quais catorze tomaram o chá e quinze receberam um placebo ativo (com gosto amargo e capaz de causar desconforto gastrointestinal, para imitar a ayahuasca). Uma semana depois, após responderem a questionários padronizados para graduar a intensidade do transtorno depressivo, nove dos catorze do grupo da ayahuasca ainda tinham escores mais baixos, ou seja, estavam significativamente menos deprimidos; no outro grupo, eram apenas quatro de quinze.[21] Após várias tentativas com diferentes publicações, o artigo correspondente terminou saindo no periódico *Psychological Medicine*.[22]

Depois daquele estudo pioneiro, Dráulio passou dois anos sabáticos na Universidade da Califórnia, em Santa Bárbara, nos Estados Unidos. Retornou com o projeto de testar o potencial da DMT, isolando o composto psicoativo da ayahuasca ao qual se atribui o efeito antidepressivo. Estava convencido da necessidade de abreviar a sessão psicodélica com fins terapêuticos. A "força" do chá, como dizem adeptos de religiões daimistas, pode durar de três a quatro horas. Uma viagem assim tão longa seria complicada de encaixar no contexto clínico, pois exigiria a presença de terapeutas treinados o tempo todo. Isso encareceria o procedimento, caso aprovado, e restringiria a quantidade de pacientes que se poderiam tratar.

Outros psicodélicos sob investigação para transtornos psiquiátricos apresentam dificuldades similares. O efeito do MDMA para TEPT, por exemplo, pode durar seis horas. É mais ou menos o mesmo tempo de uma sessão com psilocibina, princípio psicoativo dos cogumelos "mágicos", também avançada em testes clínicos contra depressão. Hoje se estuda menos o LSD, não só pelo estigma adquirido na Guerra às Drogas desde os anos 1970, mas também porque a viagem lisérgica pode ultrapassar oito horas ou mais. A ayahuasca, se fosse para uso médico, apresentaria problema adicional: seu preparo varia muito de local para local, e a variação dificulta a padronização e o controle da dosagem.

Daí a preferência de alguns grupos de pesquisa, como o de Dráulio, por empregar a DMT pura. No caso do ICeUFRN, o composto vem sendo extraído da jurema-preta, abundante na caatinga. A planta nordestina se tornou o ingrediente primordial da juremahuasca, análogo da ayahuasca muito usado por neoxamãs urbanos do Brasil e da Europa. Na Holanda, por exemplo, a juremahuasca foi testada em um estudo da Universidade de Maastricht sobre seu efeito antidepressivo. Publicado no periódico *Psychopharmacology*,[23] o artigo constatou que o benefício permanecera por até um ano para doze de dezessete frequentadores de cerimônias neoxamânicas em busca de ajuda para depressão de moderada a grave.[24]

Inalada, a dimetiltriptamina tem efeito agudo curto, dez a quinze minutos. Absorvida na corrente sanguínea pelos pulmões, chega rápido ao cérebro, desviando-se assim do sistema digestivo, onde seria inativada por uma enzima. Na forma básica em que se apresenta, a DMT é insolúvel em água e se presta à sublimação, ou seja, a passar diretamente do estado sólido para o de gás, podendo assim ser fumada em cachimbos,[25] misturada ou não com ervas, quando recebe em círculos não acadêmicos o nome de *changa*.

A empresa Biomind, que tem sede no Reino Unido e é presidida pelo empresário uruguaio Alejandro Antalich, firmou um acordo efêmero com a UFRN para promover o teste clínico da equipe do ICeUFRN, assim como toda a pesquisa com extração e síntese de DMT e testes em animais. A parceria garantiu repasses para a universidade e para o instituto como um todo, além das verbas para o laboratório de Dráulio. No Projeto Dunas, o acordo com a Biomind permitiu reunir uma equipe de vinte pessoas, entre psiquiatras, psicólogos, químicos, enfermeiros, experimentadores animais e fisiologistas. Foi com os fundos assim obtidos que se fez a montagem do laboratório para processar jurema-preta e das salas onde ocorrem os experimentos. Em dezembro de 2022, porém, a parceria foi desfeita.

O Projeto Dunas rendeu o primeiro fruto acadêmico em 22 de dezembro de 2023, um artigo publicado em formato eletrônico no periódico *European Neuropsychopharmacology*[26] em que a equipe se limita a relatar, com base na experiência de 27 voluntários saudáveis (sem depressão), que a DMT pura inalada se mostrou segura e desencadeou efeito psicodélico proporcional a todas as dosagens testadas. A "viagem" propiciada pela inalação é imediata (começa em questão de segundos) e curta, o que a faz bem mais promissora para tratamento ambulatorial.

"Nosso estudo é pioneiro na investigação dos efeitos da DMT administrada por via inalada, marcando um avanço significativo na pesquisa psicodélica", assinala o psiquiatra Marcelo Falchi, primeiro autor do trabalho.[27] "Optamos por uma abordagem menos invasiva e mais acessível, abrindo novos caminhos para o uso terapêutico de psicodélicos", ele disse na época da publicação. Ninguém sofreu efeitos adversos graves. Só houve alguns classificados como leves: dor de cabeça, palpitação, frio, sudorese, náusea etc. — todos passageiros. Em catorze ocasiões os voluntários também deram risada, anota a meticulosa tabela 2 do artigo. "Está muito claro para nós que a DMT pela via inalada exerce um efeito sobre o humor, e ele parece ser positivo, com itens medidos como afeto, excitação, conforto e satisfação."

Com efeito, conforme noticiou a *Folha de S.Paulo*,[28] duas semanas depois desse artigo publicado o time do ICeUFRN lançou a versão preliminar da avaliação dos seis primeiros pacientes com depressão resistente submetidos ao tratamento experimental com DMT inalada. O artigo trazia boas novas: o efeito antidepressivo foi imediato e, após uma semana, quatro dos seis voluntários estavam em remissão.

Os autores compararam esses resultados com dois outros estudos similares. Um deles testou a DMT para depressão em sete participantes,[29] mas administrada por via intravenosa, com efeito psicodélico durando até trinta minutos (inalada, o efeito passa em dez a quinze minutos). Outra diferença: a pesquisa concorrente não envolvera acompanhamento psicoterápico, como se fez no grupo da UFRN. O benefício antidepressivo da injeção, verificado por meio de escalas padronizadas, foi bem menor que o da inalação no ICeUFRN. A segunda comparação ocorreu com um ensaio no qual se usou inalação com o mesmo aparelho vaporizador, Volcano, envolvendo dezesseis pacientes deprimidos, mas com uma substância aparentada, 5-MeO-DMT,[30] originalmente extraída do veneno do sapo-do-rio-colorado (*Incilius alvarius*). Nesse caso, o benefício obtido foi similar ao do estudo brasileiro. A 5-MeO-DMT por via nasal, por falar nisso, é o carro-chefe da empresa britânica Beckley PsyTech, nascida da Fundação Beckley, criada pela ativista da descriminalização de drogas Amanda Feilding. A empresa, presidida por seu filho, Cosmo Feilding-Mellen, desenvolve a formulação BPL-003 da droga para tratar depressão e abuso de álcool e, no início de 2024, recebeu 50 milhões de dólares de aporte da holding ATAI Life Sciences, do empresário Christian Angermayer, um defensor de patentes para psicodélicos.

Não há como tirar grandes conclusões dos três testes, com tão poucos participantes. Mas os experimentos sugerem que a DMT por via parenteral — ou seja, não oral, mas sim inalada ou injetada — é segura e tem potencial para tratar depressão de maneira menos custosa do que sessões de várias horas com outros psicodélicos. Acompanhar o tratamento com psicoterapia também parece ser mais eficaz. Aliás, no mesmo dia 4 de janeiro, outro estudo[31] mediu e confirmou a importância de uma boa relação colaborativa entre psicoterapeuta e paciente em tratamento com MDMA para TEPT. Paradoxalmente, essa associação do composto com psicoterapia acabou configurando um dos principais obstáculos que levaram a FDA a rejeitar o psicodélico como novo tratamento para TEPT em agosto de 2024.

A colocação da touca branca de EEG, com 32 eletrodos, demora um tanto. De tamanho médio, não serve muito bem na minha cabeça. Um eletrodo do lado direito fica um pouco afastado e não emite sinal. Mais um pelote de gel refaz a ponte condutora entre metal e couro cabeludo, e a dificuldade é resolvida. O acesso intravenoso no braço direito também dá trabalho. Assunção, a enfermeira, não consegue colher sangue aos cinco e aos dez minutos, ou seja, duas das onze coletas falham. Ela atribui a dificuldade a coágulos que se formam no finíssimo cateter de silicone inserido no vaso sanguíneo. Uma ou duas vezes o sangue vaza, e ela limpa meu braço com álcool. Nada disso incomoda, e a informação parece tranquilizá-la, diante da tensão com os prazos apertados das coletas e do risco de hemólise do sangue (quando hemácias se rompem sob pressão e prejudicam a posterior centrifugação para separá-las do soro para análise clínica).

Falchi mostra a malha de metal com 30 miligramas de DMT que vai no vaporizador Volcano. O aparelho, originalmente desenvolvido para aplicações medicinais de canabidiol (remédio derivado da maconha), transforma a DMT em gás e o transfere para um balão de plástico com bocal que o paciente usa para aspirá-lo. Após treinar o uso do balão três vezes sem a substância, chega a hora da inalação de verdade, uma dose mais baixa para familiarização do paciente com a substância e o aparato. Não é fácil esvaziar o balão-reservatório de dois litros, porque a DMT irrita as vias respiratórias, dando vontade de tossir. Seguidos reflexos de deglutição ajudam a reter o fôlego por dez segundos, depois de esvaziar o balão de plástico farfalhante que o psiquiatra vai amassando para auxiliar no escoamento do gás para os pulmões do voluntário. Retido o gás nos pulmões, reclinam a poltrona bege para a decolagem.

O efeito visual é semelhante ao da changa fumada na praia de Algodões (BA), dois meses antes, durante o festival neoxamânico Equinox. Frio nos braços e a impressão de que tudo foge, um desmaio parecendo iminente. Leveza enorme, como se flutuasse no espaço. A partida é vertiginosa e tudo fica colorido de imediato. Surge grande dificuldade de reter e descrever as imagens: parecem bidimensionais, como que projetadas na tela das pálpebras fechadas, algo fractais, mas não geométricas nem caleidoscópicas. São mais orgânicas, com limites curvos entre as cores, sem linhas retas ou ângulos. Formas que se repetem com predominância de amarelo, marrom, laranja e vermelho, pouco azul, verde e roxo. Bonito, mas menos esfuziante que as imagens com changa, que na praia da Bahia se mostravam semelhantes a arabescos em uma mesquita de Istambul.

Mesmo com a percepção alterada do tempo, fica claro que a viagem dura poucos minutos na fase visual. Alguém toca meu braço para avisar que vão registrar o EEG e pedir para alternar olhos abertos com olhos fechados. O primeiro registro, cinco minutos com fones de ouvido nos quais tocam músicas de Raphael Egel, marido de Wiessner, são tranquilos, assim como a sucessão abre e fecha de pálpebras. Tudo parece engraçado, são vários instantes prenhes de bom humor. Muitos sorrisos e prazer. Uma experiência agradável com aqueles pesquisadores, ainda que não exatamente em conexão com eles, mais voltada para dentro. Novos cinco minutos de olhos fechados, agora sem música, e se torna penoso não adormecer. Surgem imagens de um menino desconhecido, fugidias como as de quem escorrega para o sono.

Após essa primeira dose, surpresa quando o médico, Falchi, diz que já se passaram quarenta minutos. Ele pergunta se pode prosseguir para a sessão de integração com a psicóloga Sophie Laborde e as escalas psicométricas. Tudo soa divertido, mas o raciocínio está prejudicado. Sinto alguma dificuldade para entender e marcar os traços verticais com caneta vermelha na régua de avaliação de intensidade e qualidade (agradável/desagradável) da experiência.

A segunda e mais alta dose do experimento-piloto de que participei no hospital é a dose cheia, cujas segurança e eficácia se pretendem testar, 100 miligramas no vaporizador. A partida tem algo de parecido e, ao mesmo tempo, de completamente diverso da primeira. Alguém já descreveu a experiência como decolar num foguete, mas agarrado ao lado de fora do bólido. Para começar, calorão, e não frio. Apesar do volume idêntico de gás no balão, esvaziá-lo se mostra mais complicado. Ocorre intensa irritação na garganta e nos pulmões, quase insuportável, forçando aspiração pelo nariz sem soltar o bocal, engolindo em seco para não tossir. A contagem de dez segundos parece interminável, e na metade já começa com estrondo uma ascensão vertical. A força empregada para respirar é muito maior, assim como a ansiedade. Aberturas seguidas dos olhos tentam desfazer o desamparo perturbador. O coração bate acelerado e a pressão sistólica sobe a quase dezessete (na primeira dose, tinha ido a 14,5).

Preciso pedir para alguém segurar minha mão enquanto acaricio o tecido do braço esquerdo da poltrona. Há diferenças marcantes nos efeitos visuais, comparando a primeira dose de DMT com a segunda. Tudo parece exoticamente tridimensional, ou talvez multidimensional, porque as transparências e a navegação pelo espaço colorido em nada se assemelham a projeções sobre uma tela, mesmo se fossem vistas com óculos em um cinema 3D. A cabeça desgarrada circula entre salões e corredores de palácios, como se fosse um drone. Divisórias dos espaços percorridos têm figuras que lembram símbolos alienígenas ou escritos em grafias vagamente centro-americanas. O conjunto evoca uma nave ou um ambiente de outro planeta, e não seria surpresa se um ET surgisse ali, diante de mim, tamanho o sentido de iminência experimentado.

Dissipadas as imagens e turbinada a introspecção, o sentimento não é mais de graça ou espanto divertido, como poucas horas antes, mas de peso. Nada de leveza ou flutuação. O corpo se retesa, não exatamente tenso, mas contraído. Pressão e leve dor na cabeça. Pescoço rijo, além da mandíbula. Algumas contrações involuntárias, tremor no braço direito, espasmos sutis de corpo inteiro. Nada preocupante, porém. As sensações corporais vêm acompanhadas de notável queda de humor. Uma espécie de tristeza, não exatamente dolorida; melancolia, mais que tristeza. Como que uma lembrança decepcionada de que estar vivo é viver apartado dos outros — em última instância, só. O abandono de ser indivíduo, separado, autônomo.

Na conversa de integração que se segue, Laborde pergunta se o sentimento é de voltar a ser criança. De certa maneira, sim, no que tem de penoso e desconcertante. O principal lampejo, ouve a psicóloga, vem com a intuição de que as doses sucessivas desencadeiam contato com dois planos diferentes da psiquê. Na primeira dose, goza o eu motivado e determinado do cotidiano, que tenta sempre ir para a frente, olhar para cima, fazer piada, dar carinho, buscar prazer, diversão, humor, bem-estar, produtividade. Aquela parte que consegue encontrar alegria na vida, apesar de tudo, de Jair Bolsonaro, da pandemia, da desumanidade antes insuspeitada em tantos e tantos brasileiros. Na segunda dose, ocorre a descida a um porão da mente, onde vegeta um caroço mais duro, básico, primitivo. Não algo escuro, desesperador ou angustiante, mas menos brilhoso, aterrado, imóvel como um monólito de Quixadá. É difícil achar palavras para emoções tão brutas.

Preocupado de início com as coletas de sangue e saliva, descubro que mal as percebo. A avalanche de imagens e sentimentos mais e menos luminosos toma todo o espaço mental, não deixa quase margem para perceber interferências externas sobre o corpo. Tais amostras serão cruciais no teste clínico da DMT, para deitar alguma luz sobre o terreno obscuro em que a bioquímica da mente secreta humores, traumas, ideias e vontade de viver.

Ou não.

Os procedimentos finais do experimento a que me submeti no Huol transcorrem sem tropeços, sem alegria, sem impaciência e sem enlevo. Percebo mais uma vez certo embotamento e dificuldade de entender e preencher, a pedido de Falchi, as escalas sobre intensidade e qualidade da experiência. O psiquiatra pergunta várias vezes se me sinto bem. Informa que deu tudo certo com o experimento-piloto, fora algumas falhas na coleta de EEG e sangue, e me libera para almoçar e ir embora. A acompanhante, minha companheira Claudia, já está à espera. São quase três da tarde e sinto de novo surpresa com quanto tempo transcorreu. Chega o almoço na quentinha: peixe com arroz, feijão e legumes. Claudia recebe carne assada com arroz, feijão e farofa de milho. Um pouco enjoado, com dor de cabeça e apetite, raspo meu prato e também o de Claudia.

De volta à casa de hospedagem, sinto uma necessidade imperiosa de sair, ver o céu e caminhar, coisa que faço por quarenta minutos. Suor copioso aflora à pele, acompanhando o jorro de emoções e pensamentos que tento condensar depois numa narrativa para os anfitriões, o que ajuda a organizar ideias, mas com a sensação crescente de que a razão se esforça por preencher lacunas naquilo que não tem como acessar. Quase uma impostura, uma reconstrução criativa movida pelo desejo de comunicar aos outros a experiência inefável. Lembro-me do sétimo aforismo do *Tractatus Logico-Philosophicus* do filósofo austríaco Ludwig Wittgenstein: "Sobre aquilo que não se pode falar, deve-se calar".

Como resíduo principal fica o impacto poderoso da segunda dose. Insinua-se a suspeita de que talvez a experiência fosse perturbadora demais para quem não teve contato prévio com psicodélicos, o que poderia desencadear pânico, pois me parece duvidoso que uma vivência limítrofe como essa possa ter sempre utilidade terapêutica, ao menos para deprimidos graves.

Sabe-se muito pouco, ainda, sobre o mecanismo por trás do benefício psíquico, alerta Dráulio. Não se exclui que o efeito seja principalmente bioquímico, o que permitiria até que futuros medicamentos psicodélicos viessem a ser administrados sob sedação, para evitar eventuais viagens tumultuosas. À tarde, em uma reunião sem minha presença, logo após a dupla sessão, a equipe decide diminuir as doses sucessivas para 15 e 60 miligramas, ao menos para alguns voluntários, informaria Dráulio depois (as minhas, no piloto, tinham sido de 30 e 100 miligramas). Recomendo que pensem bem antes de adotar essa mudança. Afinal, pode ser cisma de pessoa dada à parcimônia, como eu, que não tem atração por jornadas heroicas com psicodélicos. No frigir dos ovos, não sou um paciente deprimido em busca de cura, e sim alguém interessado na experiência para ancorar em relatos vívidos o potencial terapêutico vislumbrado pela ciência, mesmo que trazendo autoconhecimento e paz como efeito colateral — e nada adverso, ao contrário, bem-vindo.

Meu maior espanto: perceber que a DMT inalada desencadeia momentos intensos, perturbadores, mas que não fez emergir na consciência conteúdos (memórias, pessoas, traumas, acontecimentos), como é comum no efeito comprido da ayahuasca. Lançada a pessoa em um espaço estranho, este pode revelar-se maravilhoso, mas também inóspito. Se confirmada a hipótese do time da UFRN, essa rápida visita ao subsolo da psiquê propiciada pela DMT inalada servirá para trazer alguma luz transcendente também para quem se encontra aprisionado na depressão.

UMA EQUIPE EMPENHADA EM LEVAR A FORÇA DA JUREMA PARA O SUS

O químico Sérgio Ruschi Bergamachi Silva, 31 anos na época de nosso encontro,[32] nunca pôs nem álcool na boca, menos ainda DMT ou outra substância modificadora da consciência. Recebeu educação rígida do pai militar, homem de Monte Alegre, interior do Rio Grande do Norte, que estranhou quando o filho contou seu plano de analisar a jurema-preta — no seu entender, árvore que servia só para fazer estaca de cerca e carvão vegetal. A pesquisa com a substância psicodélica mudou a visão do filho sobre drogas: "Moléculas psicoativas não são o que as pessoas pintam, nem o que eu aprendi a vida toda", diz. "A DMT é uma molécula como outra qualquer."

Ruschi concluiu a graduação na UFRN em 3,5 dos quatro anos usuais. Em 2013, aos 22 anos, foi aprovado em concurso para a Universidade Federal Rural do Semi-Árido (Ufersa), em Mossoró (RN), a 280 quilômetros de Natal. Ia e vinha de ônibus para a capital, quatro horas em cada perna, para ter aulas no mestrado da UFRN. A dissertação tratava da simulação de proteínas em computador e de sua interação molecular com fármacos — muita teoria e programação, pouca prática em bancada de laboratório. Cansado de tanta estrada, conseguiu redistribuição como funcionário da Ufersa para a UFRN em 2017. Viu a oportunidade surgir com uma vaga no ICe para operar um cromatógrafo, equipamento usado no instituto para identificar a composição química de substâncias controladas.

O plano de trabalho no laboratório de Dráulio, em parceria com a empresa Biomind, incluía desenvolver um método otimizado para sintetizar a N,N-dimetiltriptamina no conceito de química verde, que produzisse menos rejeitos poluentes. Ruschi se incorporou ao grupo com a missão de executar a empreitada, tendo a ajuda da estudante de iniciação científica Érica Pantrigo e o desafio de aperfeiçoar a extração e a purificação da DMT da jurema. Os primeiros lotes abasteceram os experimentos iniciais do teste clínico sobre depressão e também ensaios com animais.

O material arbóreo trazido congelado da fazenda Logradouro por Dráulio vai para secagem em estufa por 24 a 48 horas. Trituradas, as cascas de cada raiz se transformam em 150 a 250 gramas de pó fino com cor de canela moída, submetido então ao solvente hexano. Separado da fase aquosa em um funil de decantação, o hexano passa por evaporação sob vácuo e é recuperado para novo uso. De 200 mililitros de solução sobram 5 mililitros, congelados por cinco a oito horas, após as quais a DMT se precipita como cristal. Com rendimento médio de 0,3%, de 250 gramas de pó de raiz podem obter-se 750 miligramas de DMT. É o suficiente para doze doses individuais de 60 miligramas usadas no experimento sobre depressão.

Ruschi conta que se espantou com a simplicidade do procedimento. Desafio, mesmo, será a síntese laboratorial a partir do zero, ou melhor, de insumos químicos de prateleira, sem emprego da matéria-prima natural, de modo a produzir volumes maiores. Para desenvolver o processo ele conta com a colaboração de seu antigo professor de química orgânica na UFRN, o catarinense Fabrício Gava Menezes. A ideia é começar com quantidades pequenas, 0,5 a 5 gramas. Dominado o processo, partiriam para a escala de 20 gramas, quase trinta vezes mais que o obtido com a extração a partir da raiz de jurema. Menezes e Ruschi têm ainda a ambição de inovar, fazendo modificações na molécula de DMT para melhorar a eficácia. Utilizarão modelos computacionais em busca de sugestões para burilar o efeito biológico e terapêutico, se possível aumentar o potencial antidepressivo e tornar a experiência mais tranquila.

Sophie Laborde, 25 anos, encarregada de entabular conversas de avaliação da experiência que psicólogos como ela e psiquiatras como Falchi chamam de "integração", é quase quarenta anos mais nova que eu. Apesar da diferença de idade, a conversa sobre sentimentos íntimos do voluntário flui sem barreiras após as duas dosagens de DMT. Formada em psicologia na UFRN, é uma das poucas pessoas de ciências humanas no grupo de cientistas naturais do laboratório de Dráulio no ICe. O ensaio clínico é tema de sua dissertação de mestrado.

O interesse por substâncias psicoativas surgiu no contato com a ayahuasca em uma fase difícil da vida, aos dezenove anos. O pai, francês radicado no Brasil, havia sido diagnosticado com câncer em 2016 e voltara a morar com a família da qual se distanciara. Após ouvir relatos sobre o chá, a jovem buscou ajuda na beberagem amazônica e passou por uma das experiências mais significativas de sua vida. "Encontrei muita compreensão para com meu pai", conta. "Compreensão e empatia, inclusive comigo mesma." Teve outras experiências com DMT, com xamãs e em sessões da religião ayahuasqueira União do Vegetal.

Fez concurso para vaga temporária de psicóloga jurídica e trabalhou dois anos em processos de conciliação. Passou a pandemia de 2021 na praia da Pipa, dando consultas virtuais de psicoterapia. Também acompanhou grupos de jovens que usavam psicodélicos, fosse recreativamente, em baladas, fosse em busca de autoconhecimento, geralmente com neoxamãs urbanos. A maioria lhe dizia que nunca houvera chance de falar sobre essas experiências, boas ou más. Em janeiro de 2022, voltou a Natal com planos de fazer mestrado na França, que havia adiado por força da pandemia de covid-19. Uma colega de clínica lhe falou então que o grupo de Dráulio buscava psicólogos para fazer a integração de participantes no ensaio com DMT. Candidatou-se para a vaga e começou a participar de reuniões, intimidada de início com os termos técnicos e médicos. Entusiasmou-se com a possibilidade de fazer o que mais gosta: ouvir pessoas.

"Se conseguirmos o mesmo resultado da ayahuasca [obtidos no estudo do grupo de Dráulio de 2018] com dez minutos de DMT, imagine o efeito disso na saúde pública. Um fármaco que poderia ajudar muito quem hoje não tem ajuda." Ajuda dos antidepressivos disponíveis, ela quer dizer, referindo-se àqueles 30% ou mais de pessoas com depressão resistente a tratamento. Laborde considera importante que pesquisadores e terapeutas, elas e eles também, conheçam os psicodélicos que aplicam. Por experiência própria, inclina-se em favor da hipótese de que algo na própria viagem psíquica contribui para o benefício terapêutico, não só o impacto bioquímico da droga, e que passar por ela torna menos difícil escutar. "Para o voluntário [do teste clínico], saber que o pesquisador tomou e confia na substância pode ser muito tranquilizador." Não é uma opinião consensual entre pesquisadores de psicodélicos, pois há entre eles defensores da abstinência como condição para distanciamento e objetividade.

A fisiologista Nicole Galvão-Coelho colabora há mais de uma década com Dráulio. Foi responsável, por exemplo, pelas análises de sangue dos participantes do estudo pioneiro de ayahuasca para deprimidos com controle por placebo de 2018. Ela pesquisa o efeito do chá também em saguis isolados por nove semanas, quando caem em um estado equivalente à depressão de humanos. Tem dado a bebida para eles a cada três semanas, com aparente efeito profilático.[33]

Nos estudos anteriores com ayahuasca, a dose efetiva de DMT era conhecida de modo inexato. Afinal, a metabolização do psicoativo varia muito de indivíduo para indivíduo. Com a substância sendo inalada em quantidade sabida, as onze sucessivas amostras de sangue permitem estabelecer concentrações mais precisas no corpo do voluntário a cada instante. Com isso, torna-se possível correlacioná-las com os escores das escalas psicométricas (questionários) para medir a resposta antidepressiva. O mais complexo é a coleta durante o efeito psicodélico, que não deveria demandar atenção do paciente, informa a pesquisadora. A DMT é vasoconstritora, o que dificulta pegar a veia, daí usarem o catéter e não uma agulha. "Agora há um desafio novo: ser muito ágil e ao mesmo tempo dar conforto ao voluntário." Por esse motivo, a fobia de perfuração figura entre os critérios de exclusão do teste clínico conduzido no ICeUFRN. O mesmo vale para problemas cardíacos e propensão ou histórico de psicose, inclusive em parentes de primeiro grau, uma vez que a substância psicodélica da jurema, como outros psicodélicos, pode desencadear um surto.

As análises de sangue e saliva abrangerão mais que determinar a concentração de DMT no sangue. Nos experimentos anteriores, Galvão-Coelho já vinha medindo biomarcadores que a literatura tem associado ao transtorno de depressão e ao efeito antidepressivo, como o cortisol, conhecido como hormônio do estresse. Outro fator investigado é a proteína C-reativa (PCR), indicadora de inflamação, pois cérebros de pessoas deprimidas com frequência se mostram inflamados (embora não se saiba ao certo se isso é resultado ou componente causal do transtorno). Outro ainda, o hormônio do crescimento (GH), participa da reação ao estresse agudo e parece estar relacionado à depressão. Por fim, a atenção do grupo se volta para o fator neurotrófico derivado do cérebro (BDNF, em inglês). Essa proteína se encontra em quantidade no hipocampo e no córtex cerebral e está envolvida na neuroplasticidade, ou seja, na formação de conexões entre neurônios e, por essa via, no aprendizado. Um dos mecanismos aventados como explicação para o efeito antidepressivo dos psicodélicos aponta nessa direção: eles facilitariam a abertura de novos caminhos na mente para a pessoa escapar da ruminação que em alguns casos pode desembocar em ideações suicidas.

O hospital Onofre Lopes, da UFRN, vinculado ao SUS, realiza de oitocentos a novecentos atendimentos psiquiátricos por mês, dos quais 10% a 20% são de pacientes com depressão. A cada semana, entre dez e vinte deles são diagnosticados como portadores da forma resistente do transtorno, pessoas que já tentaram dois ou mais medicamentos antidepressivos sem sucesso. Não faltarão participantes para o teste clínico em parceria com o ICe, informa Emerson Arcoverde Nunes. O psiquiatra de quarenta anos na época da entrevista, em maio de 2022, também colaborou com Dráulio no estudo pioneiro com ayahuasca.

A zona norte de Natal, exemplifica o médico, tem cerca de 400 mil moradores e conta apenas com um Centro de Atenção Psicossocial (Caps), ainda por cima especializado em abuso de álcool e drogas, não em transtornos de humor como a depressão. "Fica tudo com a gente", queixa-se o psiquiatra. Para complicar, com a priorização do atendimento a infectados com covid-19 em 2020-21, o hospital viu os leitos psiquiátricos reduzidos de 130 para 65. O serviço público de saúde mental precisa urgentemente de alternativas de tratamento, segundo o médico. Arcoverde põe muita esperança na DMT: "Quanto mais opções, melhor, e opções novas", diz. Ele cita o anestésico cetamina (ou quetamina), que vem sendo usado com algum sucesso contra depressão, mas não funciona com metade dos pacientes. "A DMT tem efeito forte e agudo, pode tirar da ideação suicida", espera o psiquiatra. "A vantagem da DMT é ser uma medicação diferente, com mecanismos de ação diferentes e diferentes contraindicações", argumenta. As mais recentes inovações farmacológicas para depressão surgiram há quase meio século, com os inibidores seletivos de recaptação de serotonina, neurotransmissor em cujo circuito os psicodélicos também agem.

Marcelo Falchi Parra Carvalho Silva, 32 anos, parceiro de Arcoverde no ICe e no hospital, é também psiquiatra. Natural de Votuporanga (SP), esteve baseado até outubro de 2021 em Campinas, onde atuou com Luís Fernando Tófoli e Isabel Wiessner em experimentos sobre o efeito de LSD na cognição.[34] Largou tudo e se mudou com apenas duas malas para Natal, atraído pela chance de estudar a DMT, contratado pela empresa britânica Biomind como chefe da unidade de pesquisa psiquiátrica. Sua fascinação com a molécula vai ao ponto de carregar uma tatuagem dela nas costas (a primeira experiência com a N,N-dimetiltriptamina, "impactante", ocorreu ainda na residência em psiquiatria). Trabalhou no SUS e iniciou um mestrado na Unicamp, que viria a defender em 2024, mas se sentia insatisfeito com a precariedade dos procedimentos em sua especialidade. Queria entender melhor a consciência e sua alteração sob efeito de psicodélicos, o que chama de "cartografia fenomenológica".

Sua função principal em Natal é trabalhar como médico-cientista, explica. "Lá [em Campinas] eu tinha de trabalhar como médico em uma enfermaria do SUS, prescrevendo tratamentos de eficácia limitada, dedicando-me em segundo plano à ciência." Falchi considera inviável, para atendimento no SUS, um modelo similar à psicoterapia apoiada por psicodélicos tal como vem sendo investigada nos Estados Unidos. Além de caro, o acompanhamento das longas sessões de dosagem por dois terapeutas dá margem a interferências indevidas dos profissionais que não forem muito bem treinados, pois o paciente se torna sugestionável: "É uma janela muito grande para o médico inserir coisas indesejáveis, por maldade ou despreparo", preocupa-se (e, com efeito, pelo menos um caso de abuso sexual por terapeutas fez parte das objeções da FDA, em agosto de 2024, à terapia com MDMA para estresse pós-traumático).

Caso sessões mais curtas de DMT se revelem eficazes contra depressão, o psiquiatra paulista vislumbra um esquema de atendimento diferenciado. Por exemplo, clínicas que se especializem em aplicar doses de psicodélicos, monitorar pacientes durante o procedimento e devolvê-los ao serviço psicológico ou psiquiátrico em que já se tratavam. A DMT entraria com uma lufada de neuroplasticidade, sem elaboração de conteúdos no auge da experiência psicodélica, breve e intensa. Só no período subsequente, de efeitos subagudos, ocorreria tratamento psicoterápico em sentido estrito. Para isso, seria necessário capacitar um número bem menor de terapeutas do que no protocolo usual de psicoterapia psicodélica, e o treinamento poderia ser mais curto. "Por eu ter vindo do SUS, sei que não vai dar. Para a Vera Fischer dá; para o seu Cícero, não."

A origem do Catimbó em Alhandra, antigo aldeamento colonial

Metafísica? Que metafísica têm aquelas árvores?
A de serem verdes e copadas e de terem ramos
E a de dar fruto na sua hora, o que não nos faz pensar,
A nós, que não sabemos dar por elas.

Fernando Pessoa (Alberto Caeiro),
"Há metafísica bastante em não pensar em nada"

Existe uma profusão de entidades na Jurema Sagrada que deixariam leitores talvez tão desorientados quanto me encontrei em meu primeiro contato com a Jurema de Alhandra (PB), confusão que a obra de antropólogos como Clarice Mota, Luiz Assunção, Rodrigo Grünewald e Sandro de Salles foi aos poucos esclarecendo. Embora comporte muitas variações — a religiosidade despontada no Nordeste, afinal, surge no ramo mais novo da seiva que sobe das raízes rizômicas do Catimbó, fruto da maleabilidade antropofágica dos indígenas brasileiros sob jugo colonial —, a Jurema Sagrada apresenta, em vários locais, algo próximo de um núcleo de doutrina com seu panteão de seres divinizados.

"Jurema", para começar, enfeixa no nome uma multiplicidade de sentidos, o que Clarice Mota chamou de "complexo da Jurema": é a árvore com a qual se prepara a bebida ritual, em geral a jurema-preta, mas se usam também outras variedades reconhecidas popularmente (jurema-branca, jurema-de-caboclo, jurema-de-espinho, jurema-das-matas e jureminha); nos locais de culto onde não há uma dessas árvores, ou nos salões de rituais, tem presença quase obrigatória na forma de "tronqueira" (pedaço de lenho que representa a planta sagrada); é a própria bebida ou enteógeno, o "vinho da jurema" que se prepara com a raiz ou a casca do vegetal; uma mulher indígena mítica, transfigurada na entidade Cabocla Jurema, que ganhará destaque na Umbanda; empresta, por fim, o nome da própria religião continuadora do Catimbó, a Jurema Sagrada.

Como anotou o antropólogo Rodrigo Grünewald ao comentar a pesquisa de campo de Marcos Albuquerque no Terreiro de Umbanda Oxum Talademi em Campina Grande, não haveria Jurema Sagrada sem o concurso do cristianismo para santificar até a própria planta venerada por indígenas, catimbozeiros e juremeiros: "É no pau de jurema [...] que os espíritos estão assentados, uma vez que ele comportaria a presença de Deus, pois Jesus teria molhado com seu sangue a jurema quando nela se encostou escondendo-se da perseguição romana com Herodes", diz. Esse mito é recontado de diversas maneiras em diferentes lugares. "O que importa é a ideia geral de que o sangue de Jesus deu à planta o poder sagrado de comunhão com Deus."[1]

Numa mesa de Jurema não podem faltar os maracás, ou marcas-mestras — na versão mais tradicional confeccionados com cabaças redondas chamadas de cuité —; os cachimbos, ou marcas, soprados a partir do fornilho para espalhar a fumaça purificadora pela piteira; e as princesas, originalmente recipientes de barro para conter e tomar a bebida jurema, hoje um nome dado a taças e copos de vidro com água. Os dois primeiros, maracás e fumaça, são os elementos mais representativos da origem indígena, registrados por missionários já nos relatos das chamadas heresias do início da era colonial. "A fumaça, atirada como bênção, esconjuro poderoso, uma 'permanente' no Catimbó, articula-se com a liturgia indígena, observada nos séculos 16 e 17", anotou o folclorista Luís da Câmara Cascudo.[2] A eles se juntaram objetos e símbolos incorporados no sincretismo com as práticas de magia europeia, como chaves e estrelas de seis pontas, o signo ou selo de Salomão, que na prosódia do sertão ressurgiu como "sino Salamão" — e não será surpresa encontrar também uma sineta sobre a mesa.

As entidades centrais da Jurema são os mestres, como também eram chamados os feiticeiros do século 17 em Portugal, segundo Mário de Andrade.[3] O título, entre praticantes da Jurema Sagrada, se refere tanto aos juremeiros de grande envergadura, detentores da "ciência" em vida, como àqueles que, ao "desencarnar", passam a ocupar um plano superior por vezes designado como "astral", por influência do kardecismo. Lá eles vivem em aldeias ou cidades, cada uma habitada ou dirigida por três mestres, e doze delas perfazem um Estado, ou Reino. Desse outro plano, os mestres e mestras encantados descem, acostam, arriam ou baixam para "trabalhar", realizar curas, dar conselhos ou fazer e desfazer feitiços, uma vez incorporados ou manifestados em médiuns, matérias ou cavalos "irradiados". Quando baixam, os mestres costumam adotar posturas, modos ou adereços característicos que induzem a identificação pelos entendidos; também pedem cachaça, jurema, cachimbo ou charuto, além de dar "recados" (conselhos) ou recomendar ervas, garrafadas, lambedores (xaropes em geral adoçados com mel), banhos, preces, oferendas e obrigações. Entre os mais reverenciados figura Mestre Carlos, que limpou Mário de Andrade e tem vários pontos dedicados a ele, como este registrado pelo folclorista e musicólogo paulista:

Mestre Carlos é bom mestre
Que aprendeu sem se ensiná
Três dias levou caído
Na raiz do Juremá
Quando ele se levantou

Foi pronto pra trabaiá
Trunfando na mesa escusa
Na sua mesa riá

Segundo José Ribeiro, em *Catimbó, magia do Nordeste*,[4] Mestre Carlos, cantado em algumas linhas de Jurema como Rei dos Mestres, foi filho de um catimbozeiro famoso, Mestre Inácio de Oliveira. Menino levado, aos treze anos (outras versões indicam doze) já gostava de beber e de jogar, para desgosto do pai. Escapando da vigilância, Carlos conseguiu entrar na sala onde se realizavam os trabalhos de Catimbó, lá pegou instrumentos de culto e com eles foi para o campo, disposto a abrir sozinho uma mesa longe de casa, aos pés de uma jurema. "Não sabendo fechar a sessão, foi arrebatado pelos mestres, morrendo. Três dias depois acharam-lhe o cadáver meio podre", registra Ribeiro. Muito popular, Mestre Carlos manifesta personalidade forte quando se acosta em algum médium: tem ciúmes, pede bebida alcoólica, fica estrábico e faz bico com a boca, falando com grande fluência. A ele se atribuem grandes poderes, para o bem e para o mal; é um dos mestres mais populares.

Mário de Andrade considerou bonita e impressionante a história de Mestre Carlos. "Desde muito cedo se mostrou um piá excepcional. Travesso como o Cão, andava no meio de mulheres perdidas e de mais gente muito livre", registra em *O turista aprendiz*. "O pai dele, Inácio de Oliveira, era catimbozeiro, tinha desgosto do filho e não o queria iniciar na feitiçaria."[5]

Já Mestre Germano, João Germano das Neves, o "devoto de Xaramundi", foi quem fechou o corpo do paulista em sua visita de 1928 a Natal, segundo Câmara Cascudo.[6] Antes de desencarnar, Xaramundi foi um tuxaua (chefe indígena) na Floresta Amazônica, revelando grande versatilidade como curandeiro. Segundo Ribeiro, uma de suas especialidades é a limpeza, o poder de tirar a sujeira da matéria (corpo) de uma pessoa ou de desfazer um feitiço. É ele mesmo feiticeiro, vingador e defensor. Uma de suas linhas diz:

> *Pelo tronco eu subi e pela rama eu desci,*
> *Pelo som da minha gaita eu fui,*
> *Pelo som da minha gaita eu vim...*
> *Sou Mestre Xaramundi! Sou Mestre Xaramundi!*
> *Sou do tronco da Jurema, sou o mestre Curador!*[7]

Mário de Andrade descreve em algum detalhe sua experiência de fechar o corpo com a ajuda de Xaramundi no quintal de Dona Plastina, no bairro natalense da Redinha, em 28 de dezembro de 1928. Vários mestres compareceram às matérias dos médiuns Manuel, de pince-nez, e do mulato João: o herói Felipe Camarão e a bonita Nanã-Giê; Agicé e Manicoré; o próprio Xaramundi, que resolveu a dificuldade dos médiuns baixando em João e finalmente abrindo a mesa. Mas foi Mestre Carlos, de acordo com Andrade, a "flor da noite", quem de fato protagonizou o fechamento:

> [...] o "que aprendeu sem se ensinar", esse, com seus doze anos desmaterializados, pernambucano filho de amazonense, esse, safadinho e brincador, único mestre que é permitido rir nas sessões, Mestre Carlos é que protege pra todas as horas de todos os dias o brasileiro que vos escreve agora.[8]

Assim Mário de Andrade caracterizou a experiência na casa de Dona Plastina: "É impossível descrever tudo que se passou nessa cerimônia disparatada, mescla de sinceridade e charlatanice, ridícula, religiosa, cômica, dramática, enervante, repugnante, comoventíssima, tudo misturado. E poética". Mário prossegue dizendo que, apesar dos ridículos a que se sujeitou por mera curiosidade, a repugnância não se fixou na recordação, sentindo-se antes "tomado de lirismo ante aqueles cantos e mais cantos incessantes ouvidos do natural".[9]

A memória impregnada de lirismo, entretanto, não impediu o estudioso paulista de narrar em tom jocoso, mais adiante, sua fuga ao término da sessão:

> E assim eu saí da casinhola de Dona Plastina, bastante lírico e com vontade de rir, pisando o areião fugitivo em busca dum automóvel que me esperava distante, em terreno firme. A escuridão era completa porque a Lua já entrava pra descansar. Mas nada me aconteceu. Atingi com facilidade o automóvel e ele me levou até onde os meus amigos me esperavam já inquietos. Não escorreguei no areião, não quebrei a perna, nenhum cachorro latiu pra mim, nenhum cangaceiro existia em Natal, porque o meu corpo, pela força musical dos deuses, estava fechado para sempre contra as injúrias dos ares, da terra, de debaixo da terra e das águas do mar. Preço: trinta mil-réis.[10]

Álvaro Carlini, que se debruçou sobre o material recolhido e gravado pela Missão Folclórica de 1938 organizada por Andrade, relacionou os nomes de vários mestres, caboclos e reis cultuados na Jurema: Antônia, Filomena, Leonor, Maria de Luanda, Sebastiana, Caboco Tupi, Chocolate, Arruda, Francisco Velho, Heraqueto, Jandaraí, João Cigano, José da Cruz, José de Arruda, José Severino, Luís Inácio, Major do Dia, Malunguinho, Maraú, Mariano, Odilon, Penduarana e Periquitinho.[11]

O mais conhecido é talvez Zé Pelintra, Seu Zé, em geral representado como malandro negro carioca de terno branco, espírito evoluído que, segundo alguns juremeiros, já não incorpora nas matérias e ocupa lugar central numa falange de Zés: Zé de Santana, Zé Menino, Zé Boiadeiro, Zé Bebim.[12] "Para muitos Zé Pelintra seria José de Aguiar, que teria nascido em 1813, morrendo com 114 anos de idade", escreve Sandro de Salles.[13] Luiz Antonio Simas dá em *Umbandas: Uma história do Brasil* a biografia mais extensa de Seu Zé, que teria nascido em Cabo de Santo Agostinho (PE), crescido em Afogados da Ingazeira (PE) e morado no Recife, à rua da Amargura, próxima à zona boêmia. Apaixonado sem ser correspondido por Maria Luziara, umas das mulheres que ganhavam a vida na rua da Guia e que se tornaria ela mesma entidade famosa da Jurema, Zé partiu em viagem pelo Nordeste e foi iniciado nos ritos da Jurema Sagrada por Mestre Inácio, que teria adquirido a ciência dos indígenas Caetés.

Essas viagens o levaram ao Rio de Janeiro, onde terminou amalgamado com a figura do típico malandro das macumbas cariocas, morando na Lapa e morrendo numa briga em Santa Teresa, como narra Simas: "Abandonou as vestes de mestre da jurema e baixa nos terreiros da Guanabara como refinado malandro, trajando terno de linho branco, sapatos de cromo, chapéu-panamá e gravata vermelha".[14] Noutra passagem, descreve-o com bengala e cachimbo, camisa comprida branca ou quadriculada, calça branca dobrada nas pernas, lenço vermelho no pescoço e sempre descalço.

A versão feminina das entidades protagonistas em rodas de malandragem e giras dos exus são as pombajiras (ou pombagiras), palavra cuja etimologia Simas diz ser certo que deriva de cultos angolo-congoleses aos inquices (divindades mais ou menos correspondentes aos orixás). Uma das manifestações do poder das ruas nas culturas centro-africanas, ensina ele, é o inquice Bombojiro, "o lado feminino de Aluvaiá, Mavambo, o dono das encruzilhadas, similar ao Exu iorubá e ao vodum Elegbara, dos fons".[15]

Reginaldo Prandi concorre que pombajira é uma corruptela de Bongbogirá, nome de Exu nos candomblés angolas, da tradição banto. Na Umbanda, diz o sociólogo das religiões em *Brasil africano*, "é o espírito de uma mulher (e não o orixá) que em vida teria sido uma prostituta ou cortesã, mulher de baixos princípios morais, capaz de dominar os homens por suas proezas sexuais, amante do luxo, do dinheiro, e de toda sorte de prazeres".[16] Muito requisitadas para desatar fracassos no amor e no sexo, pombajiras são desbocadas e despudoradas como Exu, vestindo-se usualmente com roupas provocantes e luxuosas em vermelho e preto. Há uma enorme falange de pombajiras na Umbanda e, por contiguidade, na Jurema Sagrada: Rainha, Sete Saias, Maria Molambo, Calunga, Cigana, do Cruzeiro, Cigana dos Sete Cruzeiros, das Almas, Maria Quitéria, Dama da Noite, Menina, Mirongueira e Menina da Praia, entre outras.

Uma das pombajiras mais famosas é Maria Padilha, que teria vivido no século 14 em Sevilha, Espanha, tornando-se amante e conselheira do rei de Castela d. Pedro I. De acordo com Prandi, "espírito de uma mulher muito bonita, branca, sedutora, e que em vida teria sido prostituta grã-fina ou influente cortesã".[17] O sociólogo cita a escritora Marlyse Meyer, que em seu livro *Maria Padilha e toda sua quadrilha* retraçou a trajetória desse "avatar imaginário" de Montalvan a Beja, de Beja a Angola, de Angola a Recife e de Recife para os terreiros de todo o Brasil. Segundo Pai Rodney de Oxóssi, antropólogo, escritor e babalorixá, nos caminhos que se cruzam ela reina soberana, promovendo encontros e desencontros, ajudando homens e mulheres nas trilhas obscuras e incertas do coração: "Ela vence demanda, ela tira agulha do fundo do mar", escreveu em sua coluna na revista *Carta Capital*.[18] Mas adverte que é prudente não mexer com Maria Padilha, um perigo, como se depreende deste trecho:

Juraram de me matar
Na porta de um cabaré
Juraram de me matar
Na porta de um cabaré
Eu passo de dia
Eu passo de noite
Não mata porque não quer

"Os corpos pelintras e pombagirados [...] funcionam como antinomias ao projeto colonizador", assinala Simas em *Umbandas*. "Escapam da normatividade pelo transe, questionam em suas gingas e narrativas performáticas o estatuto canônico, levam ao limite da exasperação um projeto civilizatório que não consegue lidar com tamanha radicalização na alteridade."

Os caboclos e caboclas compõem uma legião à parte: a dos espíritos de indígenas míticos que vinculam a Jurema à terra brasileira e fincam suas raízes no passado ancestral que se atualiza no presente. "[O]s caboclos não estão associados, ao contrário dos mestres, a um tempo histórico. Sua origem é desconhecida e, na maioria das vezes, se apresentam como entidades não individualizadas, sendo identificados pelo nome de sua falange ou tribo", explica o antropólogo Sandro de Salles[19] — tupi, tupinambá, tabajara. Outros são efígies de indígena genérico, como os caboclos Pena Branca, Pena Vermelha, Pena Amarela, Pena Azul, Pena Preta... Salles descreve a incorporação de caboclos como frequentemente acompanhada de espasmos e convulsões, com a ponta do dedo indicador em riste, representando a ponta de uma flecha: "Quando não estão dançando, é comum vê-los caminhando inquietos, de um lado ao outro do salão, sempre sérios, carrancudos".[20]

Na hierarquia de inspiração colonial — e apesar de cumprirem a função nobre de fazer a ligação com as raízes ancestrais da terra —, segundo algumas versões, os caboclos estão posicionados abaixo dos mestres no panteão juremeiro. São entidades bravias, pouco desenvolvidas, ainda necessitadas da doutrinação e da racionalidade presentes na religiosidade mais evoluída na Europa, agora o kardecismo, assim como no passado hereges careciam dos jesuítas e outros padres para entrar no bom caminho espiritual.

Verdade que nem todos concordam com essa subordinação de caboclos a mestres. O juremologista Alexandre L'Omi L'Odó, por exemplo, coloca os primeiros acima dos últimos, logo abaixo de Tupã, de Nossa Senhora da Conceição, de Jurema e dos reis. Com ele concorre a antropóloga Clélia Moreira Pinto, para quem o caboclo "tem como característica ser uma entidade mais elevada que o mestre, por ser um 'espírito de luz', em uma escala espiritual mais evoluída".[21] Já o antropólogo Luiz Assunção afirma que "o caboclo remete à ideia de índio colonizado, envolvido com a sociedade branca dominante e como o resultado do entrecruzamento de diferentes etnias".[22] Segundo Francelino de Shapanan (ou Xapanã), da Casa das Minas de Toya Jarina em Diadema (SP), está no indígena da mata bruta, da floresta fechada, a origem do caboclo e dos mestres da jurema, mas este precisa ser doutrinado: "O índio seria o início da doutrinação do médium quando está começando e que não sabe diferenciar entre terreiro e mata, por isso vem bravo, bruto, sem disciplina".[23] Como se vê até nas doutrinas em que povos originários aparecem como uma espécie de divindade, é longo o alcance das noções preconceituosas e inferiorizantes associadas a eles.

Uma vez disciplinados e admitidos no panteão juremeiro, os caboclos seguem submetidos aos senhores mestres, como resumem Luiz Antonio Simas e Luiz Rufino em *Fogo no mato*:

esses mestres foram pessoas que, em vida, desenvolveram habilidades no uso de ervas curativas e, na morte, passaram a habitar um dos reinos místicos do Juremá. "Lá são auxiliados pelos Caboclos da Jurema, espíritos de indígenas que conheceram em vida as artes da guerra e da cura."[24]

Com toda a plasticidade herdada dos cultos indígenas, e principalmente em contato de influência recíproca com a Umbanda, a Jurema foi agregando outras figuras a seu populoso panteão: pretas e pretos velhos, ciganas, boiadeiros, marinheiros. Talvez os mais peculiares, ocupando uma categoria mítica à parte, sejam os reis. Há os europeizados Rei Salomão (constantemente invocado na abertura de mesas),[25] Rei Heron e Rei da Turquia, e outros obscuros, como Rei Tanaruê. Dignos de nota são Malunguinho e Canindé, por vezes referidos com um quase enigmático título no plural, Reis Malunguinho e Reis Canindé: na explicação de L'Omi L'Odó, foram heróis em vida reconhecidos como coletividade espiritual, a exemplo de Malunguinho, título que designa uma linhagem de líderes do quilombo Catucá, o último deles morto em dezembro de 1835.[26]

"Malungo", palavra de origem africana e etimologia controversa, quer dizer companheiro, camarada. Na forma diminutiva, tornou-se uma espécie de título para designar o chefe militar do Quilombo do Catucá, que teria começado a se formar em 1824, segundo registro de Frei Caneca.[27] O chefe Malunguinho tinha seu quartel-general no sítio Macacos e estendia sua influência por vários núcleos nas matas de Catucá. Conforme um dos dezesseis comandantes morria, o título passava para o próximo, segundo L'Omi L'Odó. O primeiro "rei" do quilombo, cujo nome próprio não se conhece, teria sido assassinado em 1829, depois de o governo da província de Pernambuco oferecer recompensa de 100 mil-réis por sua cabeça. O último, João Batista, morreu em 1835, segundo registro de setembro daquele ano.

Quando se canta em pontos de Jurema que "Malunguinho é Reis", diz L'Omi L'Odó, dono da Casa das Matas do Reis Malunguinho em Recife, não se trata de um erro gramatical cometido pelo povo pobre e ignorante da Jurema, como em geral presumem integrantes da elite branca ciosos de seus plurais e singulares, mas de referência proposital àquele título coletivo que enfeixa no nome reverenciado a valentia e a resistência de muitos negros rebelados:

Malunguinho tá na mata,
É reis da mata é Malunguinho!
Fecha a porta e mata escuta,
Bota a ronda no caminho!

Malunguinho é reis da mata,
É reis da mata é Malunguinho!
Fecha a porta, Malunguinho,
Impede a vista do vizinho!

Malunguinho é reis da mata,
É reis da mata é Malunguinho!
Fecha a porta e mata escuta,
E fecha as oiça do vizinho![28]

O caráter múltiplo da divindade Malunguinho também se manifesta no que L'Omi L'Odó classifica como sua quadruplicidade: na Jurema, ele seria a única entidade a figurar simultaneamente como caboclo, mestre, trunqueiro (Exu) e reis, comportando diferentes representações na forma de estatuetas, em geral, de gesso. O Caboclo Malunguinho surge na figura de um indígena com cocar de penas, faca no cinto, calça vermelha, colar de dentes, coroa dourada na mão direita e estrela de sete pontas na esquerda; o mestre, na forma de um negro de calça dobrada até o joelho, copo e garrafa nas mãos, descalço, com um tronco de jurema entre as pernas. O trunqueiro pode aparecer como um menino preto sentado, braços segurando as pernas, à espera de algo numa encruzilhada. Já o reis assume a efígie de um príncipe mouro, de tez morena, envergando colete, botas pretas e uma espada na cintura, cálice dourado na mão direita e garrafa prateada na esquerda.[29]

Algo similar ocorre com outra divindade juremeira, Reis Canindé, figura mítica de liderança na Confederação dos Cariris, revolta indígena contra portugueses no final do século 17, conhecida como Guerra dos Bárbaros. Também chamado pelos lusitanos de Rei dos Janduís, Canindé morreu em 1699 no aldeamento de Guaraíras, hoje no Rio Grande do Norte, como registrou Sandro Guimarães de Salles: "A centralidade dessas entidades no contexto da Jurema de Pernambuco e da Paraíba assinala a repercussão que tiveram esses líderes para a gente humilde, por eles representada". As figuras históricas de Malunguinho e Canindé, diz o antropólogo, teriam ficado esquecidas em arquivos públicos não fossem os juremeiros que os mantiveram vivos e ativos como reis.[30]

O mundo encantado por Jesus e Jurema e habitado por entidades como caboclos e mestres se encontra repartido em reinos cuja composição pode variar de região para região, de terreiro para terreiro, e por isso eles foram compilados em listas diversas por vários autores. Câmara Cascudo, por exemplo, relaciona sete deles (Vajucá, Tigre, Canindé, Urubá, Juremal, Fundo do Mar e Josafá) e em seguida outra versão com cinco (Vajucá, Juremal, Tanema, Urubá e Josafá), atribuindo os dois conjuntos a fontes diversas.[31] Mário de Andrade menciona onze reinos: Juremal, Vajucá, Ondina, Rio Verde, Fundo do Mar, Cova de Salamão, Cidade Santa, Florestas Virgens, Vento, Sol e Urubá.[32] Luiz Assunção cita várias paragens místicas relacionadas por Oneyda Alvarenga a partir de cânticos do Catimbó recolhidos pela Missão Folclórica de 1938: Juremal, Cidade da Jurema, Torre da Jurema, Bom-Floral, Luanda, Maraú, Quatro Cidades, Cidade dos Pássaros, Vaucá, Vaiucá, Arubá, Bom-Passar e Poço-Fundo.[33] Por vezes esses lugares míticos são descritos como cidades, como registrou Sandro de Salles: Vajucá, Junça, Catucá, Manacá, Angico, Aroeira e Jurema ou Juremal[34] (todos os nomes designam plantas; além disso, Catucá também se refere ao quilombo central na mitologia juremeira). L'Omi L'Odó adianta um rol parelho com o de Salles, identificando plantas para todas as designações: jurema (*Mimosa tenuiflora*), angico (*Anadenanthera colubrina*), junco (*Juncus effusus*),[35] jucá, vajucá ou ajucá (*Caesalpinia ferrea*), manacá (*Tibouchina mutabilis*), catucá (*Salzmannia nitida*)[36] e aroeira (*Schinus terebinthifolius*).

Árvores e ervas, já se vê, constituem elemento central nessa religiosidade de forte teor indígena, dando à jurema-preta da Caatinga e à jurema-branca da Zona da Mata, árvores de pequeno porte, proeminência comparável à da portentosa sumaúma (*Ceiba pentandra*), que pode ultrapassar 50 metros de altura e é cultuada por alguns povos da Amazônia como mãe da natureza e local propício à comunicação com antepassados. Diz L'Omi L'Odó: "Penso que a tradição religiosa indígena herdada pelos juremeiros e juremeiras faça referência ao potencial de cura das árvores e plantas, como sinônimo de reconhecimento de seus poderes naturais e também de seus potenciais psicoativos". Para o juremólogo, manacá, aroeira, a própria jurema-preta, o junco e o jucá possuem compostos químicos que podem contribuir para levar o ser humano ao transe.[37]

Quando consagradas a um mestre, as juremas são chamadas de "cidades" — cidade de Mestre Carlos, por exemplo. Uma explicação comumente ouvida reza que mestres de Jurema tidos como feiticeiros, ao morrer, não podiam ser sepultados em cemitérios católicos e acabavam enterrados ao pé de uma dessas árvores e identificados a ela. Uma cidade importante teria sido engolida pelo mar na praia de Tambaba, perto de Alhandra, um lugar santo para a Jurema Sagrada, embora mais conhecido de turistas como reserva para prática de nudismo. Há na praia um trecho em que as falésias se afastam do mar, dando lugar a uma espécie de enclave entre as rochas chamado de Portal da Encantaria, onde existe um grande cruzeiro venerado por juremeiros, em frente a um rochedo no mar, a Pedra de Xangô, que dizem emitir um estrondo sempre que morre um mestre.

DO ACAIS AO CENTRO ESPÍRITA, A SOBREVIVÊNCIA DE MESTRES E CABOCLOS

Desde que iniciei, em 2021, as pesquisas para entender a jurema-preta e a quase desconhecida religiosidade que se organizou em torno dela no Nordeste, ficou evidente que seria necessário visitar Alhandra. A cidade, próxima do litoral sul da Paraíba, é encarada de forma unânime por todas as colorações de juremeiros como o berço da religião perseguida desde tempos coloniais que se tornou conhecida no século 20 pelo nome de Catimbó. O que nos séculos anteriores eram práticas religiosas variadas e dispersas alcançou nessa cidade uma expressão mais organizada, com genealogia e monumentos próprios a testemunhar que rituais ameríndios, mesclados a elementos africanos e europeus, deixaram raízes profundas na cultura religiosa nordestina. A própria cidade surgiu sobre os escombros de um antigo aldeamento indígena, quando as terras foram divididas e tituladas para descendentes dos povos originários ali presentes. No centro do mito de nascimento do Catimbó — ou de sua história, como parece mais correto dizer — se encontra uma mulher com laços familiares nessa raiz, Maria do Acais, que viveu na propriedade que lhe deu o nome e, ao morrer, encantou-se como a mais célebre das mestras da Jurema.

Da antiga fazenda do Acais, considerada por muitos a sé da Jurema Sagrada, sobrou pouco, só a famosa igrejinha, uma capela de três portas estreitas dedicada a São João Batista na beira da rodovia PB-034, trecho da antiga Recife-João Pessoa quando ainda não havia a BR-101. Ao lado da capela há uma árvore com flores amarelas redondas e vagens marrons, um pé de jurema-de-mestre. Atrás da construção se vê uma escultura em cimento representando um toco de jurema-preta cortada, para marcar o local do túmulo de Mestre Flósculo Guimarães, filho de Maria do Acais, falecido em 1959. A poucos metros dali, no acostamento da estrada, encontra-se o memorial dedicado a Mestre Zezinho, um juremeiro ilustre que teria morrido no local, atropelado depois de beber aguardente na Casa de Sete Portas, armazém ainda de pé, não muito distante. Na beira do asfalto, o telheiro de chão rebaixado erigido em sua memória guarda várias oferendas, na maioria garrafas de cachaça e velas, mais algumas flores.

A casa principal da fazenda, que ficava do outro lado da rodovia, veio abaixo em 2008. O proprietário na época, antecipando-se à conclusão do processo de tombamento no Instituto do Patrimônio Histórico e Artístico do Estado da Paraíba (IPHAEP), mandou demoli-la e arrancar as "cidades" de jurema, árvores consagradas a mestres mortos. Ali tinha vivido Maria Eugênia Gonçalves Guimarães, a segunda Maria do Acais, que recebera em 1908 a propriedade como herança da tia, Maria Gonçalves de Barros, a primeira, ambas catimbozeiras conhecidas e temidas, mas foi a segunda que deu ao Acais, e a Alhandra, a fama de berço da Jurema Sagrada.

A neta Maria das Dores da Silva Guimarães, em entrevista ao antropólogo Rodrigo Grünewald,[38] atribuiu à última Maria do Acais, falecida em 1937, a introdução dos trabalhos de mesa branca no culto do Catimbó. Antes, os ritos eram realizados numa toalha sobre o chão, de preferência na mata, debaixo de um pé de jurema. A mesa pode ter sido influência do espiritismo kardecista que se espalhou pelos centros urbanos brasileiros nos séculos 19 e 20, com o qual a catimbozeira teria tomado contato, provavelmente, quando ainda morava no Recife, onde era conhecida como Maroca Feiticeira. Ela se mudou para Alhandra por volta de 1910, após a tia morrer deixando-lhe a fazenda, mas era bem mais antiga sua ligação com a cidade surgida do aldeamento indígena de Aratagui.

Essa derradeira Maria do Acais era filha de Inácio Gonçalves de Barros, irmão de Maria Gonçalves de Barros — a primeira —, que atuara na região como último regente dos indígenas remanescentes da vila Aratagui. Datam da década de 1590 os primeiros registros desse aldeamento jesuíta, que seria elevado à condição de vila em 1765, na esteira do projeto pombalino de secularizar e integrar os agrupamentos indígenas iniciado com a criação do Diretório dos Índios em 1757. Seguiu-se a orientação da metrópole de batizar as povoações com nomes de cidades portuguesas — no caso, Alhandra. Nas primeiras décadas do século 19, a vila contava "duzentos fogos" (casas, ou famílias), segundo registro do vigário Braz de Melo em 1826, que descrevia os habitantes como ociosos vivendo de caranguejar no mangue, poucos deles dedicados à agricultura.[39] No Censo de 2022, a cidade contava 21713 habitantes.

Em 1862, o imperador determinou a extinção dos aldeamentos na província da Paraíba e a distribuição das terras em lotes para os indígenas que então se concentravam em Baía da Traição e Alhandra. Para cumprir a tarefa na segunda vila foi designado o engenheiro Antônio Gonçalves da Justa Araújo, que demarcou as glebas de 62500 braças quadradas (aproximadamente trinta hectares); a única exceção foi o sítio demarcado com o dobro do tamanho para João Baptista Acais, que legaria o nome para a célebre fazenda. O engenheiro Araújo registrou em seus documentos a insatisfação do regente Mestre Inácio com a pequena dimensão dos lotes e com os colonos não indígenas que começavam a se apoderar deles. Sobre o desmembramento do território, o antropólogo Sandro de Salles anotou que os indígenas foram aos poucos sendo diluídos entre os homens livres pobres, integrando a massa de pequenos agricultores — caboclos, negros, mestiços, sujeitos de uma história silenciada, que escreveriam os próximos capítulos da história da Jurema.

A gente pobre do Nordeste, sem acesso a postos de saúde, farmácias e hospitais, ignorada ou maltratada pela Igreja, pela polícia e pela Justiça, sempre recorreu a rezadeiras e juremeiros para cuidar das aflições cotidianas. Nas sessões de consulta, muitas vezes pagas, recebiam dos mestres e caboclos conselhos, adivinhações ou prescrições de tratamentos para seus males, como garrafadas, defumações e banhos de ervas. "O catimbozeiro era o médico da gente humilde, isolada, não assistida pelos médicos da cidade", afirma Sandro de Salles.[40]

A própria Maria do Acais tirava daí sua fama, recebendo não só os pobres, mas também pessoas de posses de outras cidades, de João Pessoa a Recife. Já em 1938, ano seguinte ao da morte da juremeira, anotou Gonçalves Fernandes (citado por Salles): "Maria-do-Acais [...] gozou dum prestígio considerável que impunha sua reputação de grande catimbozeira. De Pernambuco ao estado da Paraíba, chegava ali gente de toda a espécie para pagar com bom dinheiro o 'serviço' desejado". Setenta e dois anos depois, após sua pesquisa de campo em Alhandra, o próprio Salles constatou que seguia em demanda o serviço prestado por juremeiros: "Herdeiros da tradição dos pajés, verdadeiros curandeiros, os juremeiros são conhecedores dos segredos das ervas, das raízes. Ao contrário dos médicos, os mestres sabem identificar se uma doença é do corpo ou do espírito".

Raquel Néri de Freitas, a Dona Raquel que me acompanhou na visita aos memoriais de Flósculo e Zezinho e à igrejinha do Acais, é uma herdeira dessa tradição de curandeiros. Ao lado de sua casa em Alhandra, mantém uma lojinha com insumos para rituais da Jurema Sagrada, como ervas, cachimbos, maracás, estatuetas, tabaco, pembas (bastões de giz colorido grosso, para riscar pontos de Umbanda no chão), velas coloridas para os santos que não se encontram na cidade, onde só se vendem as de cor branca. Mas é longe dali que recebe visitantes e entidades, no Cantinho dos Benzedores, uma chácara adquirida há poucos anos no bairro rural da Estiva — região onde Mestre Inácio, pai de Maria do Acais 2, recebera, nos anos 1860, seu lote por determinação de d. Pedro II.

Mestiça alta e ereta aos 67 anos, por ocasião da visita a seu Cantinho (dezembro de 2022), Dona Raquel acabara de sofrer um enfarte na época da aquisição do terreno. Conta que lhe deram três meses de vida, e nem lhe passava pela cabeça comprar uma propriedade. O dinheiro da pensão de viúva mal cobria o custo dos medicamentos. Dava consultas a partir da loja, sem cobrar de ninguém. Num transe, a entidade incorporada lhe disse que ela precisaria arranjar outro local para os trabalhos, "com entrada e com saída". Ao voltar do hospital, a irmã lhe contou que a loja fora procurada por um cidadão aperreado, de nome Manuel, querendo vender um terreno por preço muito baixo. Dona Raquel diz que sentiu de novo a presença da entidade, agora a lhe dizer: "É meu". Vendeu outro terreninho e comprou a chácara.

Antes disso, ela realizava alguns trabalhos num gongá (local de cultos afro-brasileiros) de que cuidava, não muito longe dali, que havia pertencido à famosa Mestra Aderita, mas seus descendentes se desinteressavam a cada dia de investir na manutenção, e ela o abandonou. A chácara adquirida resolveu o problema. No portão não há placas indicando a natureza do local, por receio de vandalismo da parte de cristãos fanáticos que se dedicam a fazer cultos-relâmpago na porta de terreiros de Jurema, berrando em alto-falantes que ali se realizam obras do demônio. A casa simples, de blocos, tem uma mesa no fundo, à direita da entrada, com a profusão habitual de imagens, cachimbos, copos e taças d'água que juremeiros chamam de príncipes e princesas e que simbolizam as "cidades" da Jurema, ou seja, locais míticos habitados pelos seres encantados.

A entidade guia da casa é Mestre Carlos. O terreno já conta com alguns pés de jurema, preta e branca, plantados "de semente" por Dona Raquel. Ela acende um charuto e passa a caminhar, fumando, entre as árvores de porte baixo, regando-as enquanto entoa pontos de Jurema que aprendeu com Rita do Acais ao se mudar para Alhandra, nos anos 1980, ou que recebe de espíritos quando está irradiada, ou seja, na presença de algum encantado. Realiza na chácara, duas vezes por mês ou quando alguma pessoa precisa muito, os trabalhos que chama de "louvação". Não se dedica a trabalhos "de esquerda", ou seja, só atua para o bem, nunca o mal: "Juremeiro não é como na Umbanda, é mais natural, ciência limpa".

Os pés de jurema ela plantou a partir de sementes trazidas de "cidades" — nome dado às árvores consagradas — para preservar descendentes e contar no futuro com material para preparar vinho ou licor da planta. A segunda bebida, mais fraca, é a usada regularmente em seus trabalhos. A mais forte, da raiz, ela reserva para atender "pessoas muito obsediadas" (obcecadas), quando precisa de mais energia. O licor, que experimentei de uma garrafinha presenteada por ela na véspera de minha partida de Alhandra, tem o gosto vegetal doce prenunciado no nome.

Dona Raquel conta ter manifestado a mediunidade por volta dos sete anos de idade, sem saber do que se tratava. Uma "avó índia", que apanhava raízes na mata para fazer suas garrafadas e lambedores, considerava natural a menina ver pessoas adornadas com penas, dançando, que ninguém mais enxergava. "É Pena Branca, normal", ouvia da parente idosa. Espalhou-se a fama de que a menina tinha "corrente boa" (mediunidade), começaram a chamá-la para rezar quando alguém adoecia, e o doente ficava curado. "A entidade é que fazia isso. Começou mesmo com a parte indígena, meus antepassados", diz Dona Raquel, "mas só fui entender em Alhandra o que é ciência da Jurema."

Não é só na chácara que Dona Raquel põe em prática sua ciência. Às quartas-feiras ela dirige sessões de Jurema no Centro Espírita de Alhandra, na segunda parte da cerimônia que começa com orações e preleções kardecistas. O fundo do salão, na avenida principal da cidade, está coberto por uma cortina azul e ostenta um letreiro com as palavras "Sejam Bem-Vindos". Fileiras de cadeiras de plástico brancas acompanham as paredes laterais: à direita de quem entra ficam os médiuns (três mulheres e quatro homens); à esquerda, os visitantes, quase exclusivamente mulheres, todos descalços. Sento-me separado, perto da porta, tendo a meu lado somente Nayanne Alves dos Santos, a cicerone de 29 anos que me apresentou Dona Raquel.

Em pé, no meio do semicírculo, a benzedeira afirma que "Jesus foi o maior juremeiro, o maior médium" e reclama dos que dizem que os ali reunidos não são cristãos. Um homem se levanta e puxa um pai-nosso, outro faz a leitura de cartas psicografadas de Bezerra de Menezes.*[41] Um menino de seus cinco anos brinca pelo salão sem que ninguém lhe chame a atenção, anda de quatro com um carrinho à mão, deita-se sobre o piso, importuna a mãe médium concentrada na cerimônia.

Dona Raquel discursa em defesa da profissão de benzedor, na qual não se tem descanso, com gente batendo nas portas de casa às cinco da madrugada precisando de ajuda. "A Jurema era para ser a nossa religião, a religião do Brasil", diz. "Muita gente acha que destruindo [a Jurema] acaba o sagrado, mas não acaba, não acaba a ciência. Allan Kardec estudou e provou que existe vida após a morte." Passa, então, a entoar pontos de Jurema:

No rio São Francisco eu mergulhei
Fui ao porão
Fui buscar negro de Angola
Veio toda a Nação

A Jurema floresceu
Do Angico ao Vajucá
Desenrola essa corrente
Deixa os mestres trabaiá

Sob o som apenas dos cantos acompanhados de palmas, num ritual em que ninguém bebe vinho da jurema, pelo menos sete

* Adolfo Bezerra de Menezes Cavalcanti (1831-1900) foi um médico e político nascido no Ceará que fez carreira no Rio de Janeiro e presidiu a Federação Espírita Brasileira, fundada em 1884.

médiuns começam a receber entidades, todos ao mesmo tempo, inclusive Nayanne, que incorpora seu mestre e guia, Zé Bebim. Caminha torta pelo salão, diferente da forma exuberante adotada pelos outros médiuns. Dona Raquel vem perguntar se quero conversar ou perguntar algo a ele; quase digo que não, nada de específico para consultar, mas me levanto e vou. Zé Bebim diz desejar que eu tenha sucesso no trabalho de divulgação e que narre com muita sabedoria tudo que estou presenciando.

Durante a sessão no Centro Espírita ocorreu uma cena de transe impressionante: uma moça que visitava pela primeira vez começou a dar pinotes e mexer os braços diante de Dona Raquel, como que a atacá-la, e ela aparava os gestos. O surto escalou e a celebrante pediu ajuda dos presentes, incorporados e não incorporados, que seguravam a jovem e acabaram forçando que ela se sentasse numa cadeira trazida para o meio do salão. Foram necessárias quatro a seis pessoas para segurá-la, em vários momentos. Só consegui ouvir dela um pedido angustiado: "Ele quer me levar, ele quer me levar. Está sofrendo. Não deixem!". Borrifaram sobre ela muito líquido perfumado, chamado de lavanda. O médium mais jovem passou-lhe seguidamente as mãos nos braços e nas pernas, outros faziam o mesmo na cabeça. Falavam com o espírito, que Nayanne disse ser um "caboclo bravo, sem doutrina".

O antropólogo Estêvão Palitot, da Universidade Federal da Paraíba (UFPB), ao ouvir a narração do ocorrido, diria em entrevista, dias depois, ser comum nesses rituais ocorrer uma espécie de reencenação do processo colonial, em que seres "mais evoluídos", de cultura europeia, no caso, os da norma kardecista, domesticam e impõem a doutrina a seres brutos, "selvagens", que a aceitam a seu modo, recalcitrante. Foram dois surtos da moça naquela sessão, entre os quais ela se largou, prostrada, em sua cadeira original de visitante.

✷

Depois de manifestar Zé Bebim e atuar na contenção do caboclo bravo, Nayanne retorna para se sentar a meu lado. Seu objetivo, diz, é ser "médium livre", sem se afiliar a alguma casa sob as asas de um padrinho ou uma madrinha da Jurema. A jovem trabalha com Dona Raquel para desenvolver sua mediunidade, descoberta da maneira usual: tinha visões quando criança, que a mãe identificava como pessoas mortas, assim como desmaios e convulsões frequentes. Depois foi diagnosticada com depressão, ansiedade e síndrome do pânico, e só se recuperou quando passou a ser orientada, após travar contato com a Jurema Sagrada, aos 23 ou 24 anos — cinco anos, portanto, antes de me contar sua vida em entrevista.

Ela conheceu Dona Raquel e descobriu outra parte, que chama de Jurema limpa, Umbanda limpa, religião de matriz afro, "ciência mesmo", de pé no chão. "Não é terreiro, é debaixo do pé de jurema, nossa forma é como os índios faziam antigamente, vestes brancas, cachimbo, ervas, cachaça." Fazem gira sem tambor, na palma da mão e no maracá. A jovem começou sua formação com o que chama de trabalho espiritual, limpezas, banhos de ervas e de fortalecimento.

Um mês e meio depois, no Cantinho dos Benzedores, recebeu a primeira entidade, um mestre que assumiu compromisso com a moça, e ela com ele, de trabalhar na cura, caminhando firme. Era Zé Bebim, que lhe pediu a cobertura de cabeça (chapéu) e cachimbo, ensinando-a a prepará-lo, embora prefira charutos. Gosta de cachaça e anda com a garrafa debaixo do braço, mas ela garante que não se sente bêbada após desincorporar o mestre, mesmo tomando vários goles da aguardente. Embora seja seu guia, não há exclusividade com ele: Nayanne recebe também ciganas, pretos velhos, Mestra Menina e dois exus. "Precisa saber caminhar para não receber entidade que não é da linha de direita", diz. Para isso, diz manter o corpo limpo por meio de banhos "para descarga energética", ou seja, livrar-se da energia da pessoa que curou e ela mesma não ficar doente.

A jovem se divide entre Alhandra, onde a filha de cinco anos mora com a avó, e João Pessoa, onde desenvolve boa parte de sua militância em movimentos sociais. Já foi cabo eleitoral e assessora de parlamentares, atendente de call center e motorista de aplicativo. Sua maior causa é combater a desunião entre os povos de terreiro, não só os praticantes da Jurema Sagrada, sempre acossados pela intolerância agressiva da parte dos neopentecostalistas. "Teve tempo em que nem podia sair na rua e já gritavam 'Lá vai a macumbeira!'" Ela ajuda a encontrar advogados quando terreiros são vandalizados e se queixa do poder público, que não dá suporte às religiões atacadas, sob a alegação de que fazem maldades. Conseguiu uma grande vitória três meses antes da entrevista, quando a Câmara Municipal de Alhandra aprovou a Lei nº 0678, instituindo o Dia da Jurema em 22 de setembro.

UMA TRAGÉDIA FAMILIAR E A MANUTENÇÃO DA CRENÇA POR PAI CIRIACO

Quase tudo é pequeno e acanhado na casa de João José da Silva, em Alhandra. O mais antigo mestre juremeiro da cidade, conhecido como Mestre Ciriaco, um homem de baixa estatura, rosto vincado pelas rugas de uma vida marcada pela tragédia, transborda vitalidade aos 85 anos. Vestido de branco e descalço, apresenta a esposa Maria das Dores aos visitantes chegados para o trabalho de mesa, que começaria 45 minutos após a hora marcada, 19h; encantados não parecem se preocupar com a pontualidade. Dorinha, como a chama Ciriaco, tem a face pálida de uma pessoa muito doente, o ventre desproporcionalmente entumecido, e fala em voz baixa, arfante, desfiando um rosário de visitas a médicos e diagnósticos inconclusivos.

A sala onde ocorrerá a cerimônia não tem mais que 3 por 4 metros. Está tomada por meia dúzia de cadeiras de plástico e assentamentos — objetos de culto como estatuetas simplórias de gesso pintado, garrafas de cachaça e espumante, bacias de cerâmica com cachimbos e maracás, velas — espalhados pelo chão. No fundo, à esquerda, debaixo do vitrô que dá para a rua, uma mesa comprida ostenta a variedade habitual de símbolos caros ao Catimbó, ou à Jurema Sagrada: copos com água, cachimbos, sineta, figuras de orixás e santos católicos — Santa Luzia, São Jorge, São Sebastião, Nossa Senhora, Jesus Cristo —, maços de velas e flores brancas num vaso sobre a toalha azul e branca. Ciriaco se acomoda na banqueta junto à cabeceira da direita, que não está encostada na parede como a oposta, e seus pés mal alcançam o piso.

A juremeira Dona Raquel, convidada principal daquela terça-feira, 6 de dezembro de 2022, também está toda de branco. Enquanto aguarda o início da sessão, puxa conversa com Ciriaco perguntando sobre a repressão policial que ele sofrera antes de abrir seu antigo terreiro, o Centro Espírita Rei Malunguinho. "Catimbozeiro era caçado que nem traficante de droga hoje", conta o mestre. No engenho em que se criou em Itambé (PE), o dono não queria saber de macumba e mandava parar, não consentia. "Mas eu vou fazer, porque Deus quer", respondia Ciriaco. As coisas só melhoraram após 1966 — quando ele já morava em Alhandra —, com a Lei da Liberdade Religiosa, que regulamentou a prática no estado, submetendo-a a registro pela Federação de Cultos Afro-Brasileiros da Paraíba. Conta que em certa altura tinha 86 médiuns no terreiro, seus filhos de santo.

Chegam mais convidados e começa o ritual. "Graças a Deus, nosso senhor Jesus Cristo. Que seja tudo protegido por nosso senhor Jesus Cristo e os poderes da Jurema Sagrada", proclama Ciriaco. "Quem pode mais que Deus?", pergunta. "Ninguém", respondem os presentes. Em momento algum se consome qualquer bebida contendo ou não jurema-preta. Sentado ainda, as mãos do mestre passam a tremer sobre a mesa, num crescendo até a oscilação repercutir como tapas sobre o tampo, quando o médium assobia e se levanta de um salto. Uma auxiliar o ampara por trás e afasta o tamborete para lhe dar espaço. Incorporada a entidade, uma de várias que visitarão a "matéria" (corpo) de Ciriaco, ele caminha trôpego no pouco espaço disponível, fala com voz alterada e se dirige a Dona Raquel, como que a convidá-la a receber seus guias também, mas ela mantém a postura de mera assistente, como explica ao mestre manifestado pelo dono da casa. Este concorda e abençoa a visitante.

Retornando ao banco, o batuque das mãos na mesa e o assobio se repetem na desincorporação. As cenas se sucedem com outros mestres e caboclos da Jurema e as bênçãos para quem está na sala. A chamada limpeza de corpos se faz com Ciriaco tomando as mãos do visitante e girando três vezes com o parceiro ou a parceira, sem largá-las, passando os antebraços por sobre a cabeça. A certa altura, quem comparece é Zé Pelintra, me explica Dona Raquel. Acabo convocado pelo mestre a me levantar e lhe dar as mãos. Obedeço e vou concordando com suas palavras de boas-vindas e agradecendo os votos de um bom trabalho em Alhandra, balançando a cabeça. Já me encaminhando para retomar meu assento, a entidade me interpela em tom desafiador: "Não está acreditando que sou eu, não é?". A resposta vem espontaneamente: "Quem sou eu para não acreditar, seu Zé?".

Entre muitos pontos de Jurema e orações cristãs, a única pessoa além de Ciriaco a incorporar é Dorinha, em transformação inacreditável. A mulher, antes entrevada na cadeira, se atira ao chão, de onde passa a gargalhar e arengar com voz poderosa contra males e médicos, as pernas dobradas para trás em um ângulo improvável. Pede que lhe passem um pilãozinho de madeira, que bate com força no piso para acentuar as queixas e imprecações. É a cena mais impressionante da noite, que me distraio de registrar em vídeo, tamanho o espanto com a metamorfose. De onde vem toda aquela energia, que cobre de suor as têmporas da enferma momentaneamente eclipsada? É Pilão Deitado, explicam depois, um mestre encantado na morte do cangaceiro de mesmo apelido, que em vida teria corrido o sertão com capitão Antônio Silvino, mais de um século atrás.

Enquanto mantinha seu terreiro dedicado ao Rei Malunguinho, Ciriaco realizava toques de quinze em quinze dias, uma vez para a Jurema e outra "para o santo", em deferência ao envolvimento intenso de Dorinha com orixás, exus e pombajiras. Disse o juremeiro ao antropólogo Sandro Guimarães de Salles, para sua pesquisa de doutorado em 2010:[42]

> Eu só canto pra Exu na abertura da Jurema porque Dorinha é [de] orixá, sabe... [Na] Jurema não cabe Exu... mas por causa dela, que trabalha com a Pombajira, num sei o quê, né? Mas eu não gosto, não sou fanático. Agora, caboclo e mestre é comigo, né? Eu vou até o final da vida.

Não foi bem assim que a vida transcorreu, conta o homem amargurado em nossa conversa para este livro, doze anos depois da entrevista com Salles, ao narrar por que havia fechado seu terreiro um ano antes, em 2021, e agora só fazia trabalhos de mesa, reeditando os tempos em que os catimbozeiros cumpriam seus ritos escondidos dentro de casa.

"Mataram meu filho, que era um grande juremeiro", diz, "mataram minha nora." João José da Silva Filho, Pai Jonas Ciriaco, foi assassinado a tiros com a esposa na frente de casa, homicídios que seguiam sem solução até a data da entrevista. O pai se recusa a dar mais detalhes sobre as mortes, mas o rumor na cidade indica haver conexões com rusgas envolvendo políticos locais de confissão evangélica. À pergunta direta sobre perseguição religiosa, Ciriaco esquiva-se, a amargura estampada no rosto: "Grande pessoa, aí eu não posso dizer nada. Eu não posso acusar nada. Se tivesse certeza, eu explicava, mas não sei". Os mestres dele, os caboclos, os orixás não o avisaram, conta, desgostoso. "Meu filho de estimação, que estudava tanto. Sabia fazer tudo, grande juremeiro, eu fui quem doutrinei ele. Tinha pra mais de cem filhos de santo. Batia tambor, era o meu ogã."

Em religiões de matriz africana, ogãs são auxiliares do culto encarregados do toque de tambores e de cantos. O filho ajudava o pai no terreiro, mas "aí pegou de cair", conta Mestre Ciriaco, referindo-se a desmaios e ausências usualmente tomados como indicativos de mediunidade. "Eu disse, 'meu filho, você é um médium e seu santo é Ogum'."

Repetia-se, assim, a história do dono do terreiro, que caía em transe pelos roçados quando ainda trabalhava no engenho de cana-de-açúcar em Itambé. Levado ao mestre juremeiro pernambucano Zé Pedro, conta que este disse à família que a doença do jovem "era corrente de espírito". Começou a trabalhar na Jurema ajudando Zé Pedro e, depois de se mudar para Alhandra, auxiliou Dona Zefinha de Tiíno, também conhecida como Mestra Jardecilha, de um terreiro famoso na cidade, onde ainda trabalha o neto Lucas. Zé Pedro o mandou buscar jurema-preta na mata da Muriçoca, que Ciriaco nem sabia onde ficava. Irradiado por um mestre, Ciriaco encontrou a "cidade da jurema". Pediu licença, pegou a casca, extraiu a raiz e preparou ele mesmo o vinho que a entidade lhe ensinou.

Pergunto se a receita é secreta e ele responde que não, mas que só trabalha "às direita" (não "às esquerda", magia para fazer o mal): "Pega a casca dela e bota na vasilha com água, ou outro material — quem quiser bota cachaça. É bom tomar uma jureminha", explica com sorriso largo, levando o polegar em direção à boca no gesto universal para embriaguez. "Bota mais rapadura de engenho, bota erva-doce, bota cravo-do-reino, bota caldo de cana doce, bota o que a pessoa quiser botar." Esperar três dias depois de feito, recomenda. Aí se pode também acrescentar água e esperar sete dias para apurar.

Ciriaco diz só tomar jurema no ritual, mas que não precisa dela, "não senhor", para baixar um espírito. Com efeito, no trabalho de mesa presenciado em sua casa, a bebida não estava disponível. "Quem é médium já vem feito. A gente tá tocando aqui e vai buscar ele como quem tá daqui na casa de Dona Raquel [longe]", explica. Sobre a recusa de trabalhar nas esquerdas: "Prometi a Jesus Cristo que não faria o mal. Qualquer coisa de doença o camarada [ele próprio] está ali para fazer [a cura]". A meu pedido, entoa dois pontos de Jurema, o primeiro deles "recebido" pelo próprio Ciriaco:

A Jurema tem, a Jurema dá
Um caboclo bom pra trabaiá
Arreia, caboclo, arreia no juremá
O caboclo é bom pra trabaiá

Eu tava no meio da mata
No meio do cipoá
Ô mamãe, balance eu

Que eu quero me balançá
Balance eu, mamãe, balance eu
Que eu quero me balançá

Ciriaco tinha trinta ou quarenta anos, não lembra ao certo, quando abriu o próprio Centro Espírita Rei Malunguinho. Pagava a Federação de Umbanda, da qual diz ainda ter os recibos. Uma vez foi questionado pelo delegado, cético, sobre suas curas, e retrucou mandando trazer qualquer doente: "Se não sair bom, pode me prender. No tempo que não tinha licença, ave-maria, autoridade vinha em cima". Conta ter conhecido pessoalmente mestres e mestras famosos de Alhandra, como Zé Francisco, Cavalão, Cabeça Branca e Rita do Acais, a quem teria ensinado como fazer a gira. "Conheci Maria do Acais, a índia. Muito linda pessoa, linda mestra. Fui lá no Flósculo, no Zezinho do Acais."

ATAQUES EVANGÉLICOS E RIVALIDADE ENTRE TEMPLOS DE JUREMA EM ALHANDRA

Vista da rua Manuel Guedes, a casa onde fica o Templo Espírita de Jurema Mestra Jardecilha parece uma residência comum, e, de fato, na construção da parte frontal do terreno, mora Severina Paulino de Souza, a Nina, filha da célebre mestra. Um corredor externo na lateral esquerda leva a um quintal amplo, com duas edificações separadas e várias juremas firmadas como "cidades" (árvores consagradas de jurema) dedicadas à própria Mestra Jardecilha e a Maria do Acais, mas também aos mestres Major do Dias, Manuel Cadete, José da Paz, Zezinho do Acais, Zé Pelintra, Cesário, Canito, Zé Quati, Bom Florar, Felipiano e Malunguinho, segundo descrição de Francisco Sales de Lima Segundo.[43] Com a demolição das construções da fazenda do Acais e o corte das "cidades" na vizinhança da rodovia PB-034, o templo, dentro do perímetro urbano de Alhandra, passou a concentrar a maior quantidade de juremas consagradas da região.

No fundo, à direita, fica uma capela dedicada a Nossa Senhora da Conceição. À esquerda, atrás do cruzeiro com a frase "Deus Salve o Cruzeiro dos Senhores Mestres da Jurema Sagrada deste Templo" e da Casa das Almas e Pretos Velhos (cubículo para oferendas, fechado, com pouco mais de 1 metro de altura), encontra-se o salão usado para os "Torés de Caboclo", como Nina se refere às giras, festividade em que há toques de ilus (tambores) em que "tapuias, canindés e os mestres brincam, dão recados e doutrinas, bebem sua jurema", conta a dona da casa.

À direita de quem entra no salão com piso de porcelanato branco, estão montadas duas mesas de Jurema, tendo a mais antiga pertencido à própria Mestra Jardecilha. Nina diz que o móvel coberto com toalha branca, sobre a qual há copos com água, cuias, cachimbos, velas, copinhos de cerâmica e estatuetas de gesso pintado representando Zé Pelintra, São Jorge, pretos velhos e uma cabocla, é de madeira de lei e tem mais de 150 anos: "Tudo aqui tem fundamento. Não é copo de cristal na mesa dela, é humilde. Não era para mostrar boniteza. Jurema é caridade. Se levantar o nariz, fica mais fácil de cair, não enxerga o chão". No seu modo de ver, espíritos não precisam de roupas chamativas, como em alguns cultos de matriz africana; precisam de reza, de ponto. "Tudo aqui é minha mãe, [ela] pode estar encantada em qualquer uma dessas árvores."

Jardecilha Luíza de Sousa nasceu em 11 de junho de 1934 e morreu em 27 de agosto de 1988. Também conhecida como Dona Zefa de Tiíno, Dona Zefinha, Madrinha Zefinha ou Tia Zefa, começou a manifestar mediunidade ainda criança, história de encontro com espíritos repetida na biografia de quase todo juremeiro que incorpora entidades. No caso dela, o guia era Manuel Cadete, mas Nina conta que a mãe recebia também exus e pombajiras. Tinha fama de simplicidade; entre os anos de 1965 e 1986, fazia torés na cozinha de casa, onde também recebia pessoas pobres e lhes dava consultas e comida.

Era amiga de frei Anastácio, que nos anos 1970 e 1980 foi responsável pela paróquia de Nossa Senhora da Assunção e evangelizador do grupo progressista de dom Helder Câmara. Encaminhava a toda hora crianças para serem batizadas pelo frade, tornando-se madrinha de mais de seiscentas delas. Relacionava-se bem até com os evangélicos daquele tempo, quando não era problema o pastor Sebastião ou o pároco católico frequentarem sua casa. Abriu o Templo de Umbanda José da Paz só na década de 1980, de acordo com Lima Segundo, mesma época em que se tornou fiscal da Federação de Cultos Afro-Brasileiros da Paraíba, numa demonstração clara de que Jurema e Umbanda não só convivem como se entrelaçam na mística nordestina.

A filha Nina contava sessenta anos quando deu a entrevista para este livro, enquanto caminhava mostrando um a um os pontos significativos do terreiro, não sem antes pedir para tomar um banho e pôr um vestido branco limpo para a gravação em vídeo. Zela por tudo ali, em especial o canteiro de ervas que usa para realizar banhos, e que, segundo ela, têm hora e lua certa para serem plantadas e colhidas. Mas se diz cansada da luta de 34 anos para preservar o lugar sob ataque contínuo da intolerância religiosa. "Todos querem derrubar", lamenta. "Você renuncia a tudo, a seu lazer, a dormir um pouco mais."

Nove câmeras foram instaladas para vigiar a propriedade, mas ela conta que as pessoas cortavam o fio, jogavam bomba, diziam que iam matar seus filhos. A custo revela que boa parte dos problemas com neopentecostalistas parte de parentes vizinhos que, como ela, entraram na partilha do terreno adquirido pelos tataravós, mas sem acordo satisfatório. Um muro passou em cima da raiz de uma jurema; outra "cidade" foi cortada. Em 2011, pagou 4 mil reais por 4 m^2, dinheiro em parte arrecadado com doadores, para tentar resolver uma das disputas. Foi a Brasília em busca de apoio, participou de passeatas, pediu ajuda à polícia, sem sucesso. "Policial vai querer proteger catimbozeiro?"

O descaso policial de hoje ainda ecoa o passado de perseguição do Estado que se seguiu à obstinada repressão cultural exercida pela Igreja católica ao longo de quatro séculos — sem êxito, como atestado pela sobrevivência das práticas religiosas indígenas e africanas. Em 1938, um ano após a morte de Maria do Acais, quando a Jurema ainda era chamada de Catimbó em Alhandra e de Xangô no Recife, o chefe da Missão de Pesquisas Folclóricas paulista, Luiz Saia, recolheu nos jornais da região, em apenas um mês, oito registros de batidas e prisões:[44]

- "Fechados pela polícia vários Xangôs" (*Diário de Pernambuco*, 13 fev.);
- "Catimbó, Xangô e o sapateado da Macumba" (*Diário da Manhã*, 15 fev.);
- "Crônica da cidade: Prossegue, a polícia, na campanha de repressão à baixa magia" (*Jornal do Comércio*, 20 fev.);
- "As diligências da polícia sobre o fechamento de casas de Xangô e Catimbó" (*Diário da Manhã*, 22 fev.);
- "Fechados dois centros de Catimbó na Avenida Norte: Apreendido farto material de culto, ervas e cartas de consulta" (*Diário de Pernambuco*, 22 fev.);
- "Saneando os nossos costumes: A polícia vareja dois centros catimbozeiros" (*Jornal do Comércio*, 22 fev.);
- "Contra a prática do baixo espiritismo: A polícia dá uma batida no Centro dos Reis Magos da conhecida catimbozeira Caetana" (*Diário de Pernambuco*, 8 mar.);

- “Repressão tenaz aos exploradores da crendice popular: A polícia continua na diligência contra os centros de baixo espiritismo. Detida uma conhecida praticante de Catimbó” (*Jornal do Comércio*, 19 mar.).

“O termo ‘catimbó’ é tido como ruim, feitiço, magia, propagação do mal, sombrio”, lamenta José Lucas Paulino de Souza, filho de Nina que segue cultuando os mestres da avó Jardecilha. Aos 27 anos na época da entrevista, ele também é sacerdote do Candomblé, que, no entanto, não pratica no terreiro em Alhandra, só no terreiro que frequenta na cidade de Goiana (PE), a 28 quilômetros dali. “Nem sequer o ambiente litúrgico eu misturo. ‘Assim seja, amém’, e não ‘axé’. Não uso nada de Candomblé aqui no terreiro. Ilu, não atabaque.” Ele diz saber bem o que é intolerância religiosa: “A gente tem de cultuar de dia para que não estorve a vizinhança. Nunca vamos ser compreendidos e defendidos. Os evangélicos colocam carro [na frente da casa] com culto-relâmpago, com alto-falante. Já fui ameaçado de morte”.

Cultos-relâmpago são cerimônias improvisadas apontadas por evangélicos de Alhandra como momentos de grande conversão de pessoas. Acontecem diariamente nas ruas da cidade, a cada dia num lugar diferente, e neles se realiza a pregação do Evangelho com momentos de cantoria e testemunhos, convidando os moradores à conversão para a fé evangélica, como relataram vários fiéis a Luiz Francisco da Silva Junior.[45] Segundo levantamento desse autor em 2010, havia nas zonas urbana e rural de Alhandra dez templos católicos, vinte evangélicos e nove de Jurema/Umbanda.

O filho de Nina e neto de Jardecilha recusa a designação de Pai Lucas, prefere ser chamado de Lucas Juremeiro. Faz artesanato ligado ao culto, como cachimbos com a madeira dura da jurema, vendido pela internet (sua conta no Instagram somava mais de 2900 seguidores em setembro de 2023). Ele se preocupa com a perda de identidade da Jurema na crescente influência da Umbanda, que localiza na década de 1970, e no presente com a voga neoxamânica ou recreativa que faz uso da jurema como droga, seja na forma de chás de jurema-preta e arruda-da-síria ou na forma de cristais extraídos da primeira planta para combustão em cachimbos usualmente de vidro, a chamada "changa". "Tem vídeo no YouTube ensinando como fazer vinho de jurema com arruda-da-síria, foge totalmente da liturgia indígena para entrar em contato com ancestrais, não por recreação", queixa-se. "Pega o contexto cultural, espreme, espreme, e reduz a um chá que dá barato, um transe, um êxtase externo." Diz, no entanto, que o sincretismo que resultou no surgimento das mesas brancas, quando a Jurema deixou de ser praticada na mata e no chão, foi uma estratégia justificada de sobrevivência diante da perseguição policial. Quando o espiritismo chegou ao Brasil, no século 19, foi bem aceito, por ser europeu, argumenta. A polícia não via problema com trabalho de mesa, e por isso juremeiros teriam começado a trabalhar dentro de casa, meios que a Jurema usou para se reinventar e permanecer. "Em vez de maracá, a campa, a sineta, copos d'água. Quando a polícia chegava, não tinha a prova física [de feitiçaria]. Muitos juremeiros morreram na época porque bateram de frente." Flósculo e Zezinho eram tidos como bruxos pagãos, lamenta.

Lucas atribui à "sapiência do negro" o recurso às tronqueiras (pedaços de troncos comuns entre assentamentos de terreiros), quando se perdeu a condição de cultuar os pés vivos de jurema, porque a polícia cortava as árvores. Nos quilombos, afirma, as duas tradições comungaram e os africanos passaram para indígenas a prática dos sacrifícios, que não existiam no Catimbó, para dar vida a um pedaço de madeira cortada, dar encanto. Nos dias de hoje, é a intolerância religiosa capitaneada por neopentecostalistas que ameaça esse encontro de religiosidades de três continentes amalgamadas no Catimbó/Jurema:

> Estão querendo tirar a tradição cristã da Jurema, por achar que não cabe. Mesmo sabendo que os indígenas foram catequizados forçadamente, temos de entender que a condição cristã na Jurema foi miscigenada, totalmente modificada, intensificada por nossos ancestrais.

Eriberto Carvalho Ribeiro, o Pai Beto de Xangô, havia marcado a entrevista no bairro Cidade Verde II, em João Pessoa, para 15h30 e sugeriu que eu chegasse um pouco antes. Bati às 15h na casa, que tem uma estátua de Cristo na rua, junto ao muro revestido de ladrilhos marrom-claros, encimada pela copa de um grande pé de jurema-preta plantado do lado de dentro, mas ninguém atendeu. Pedi ajuda do rapaz da barbearia vizinha, que disse que ele deveria estar dormindo. Logo chegou um grupo de cinco pessoas de branco carregando o que me pareceu serem vasilhames de comida. Entrei com eles e um dos rapazes começou a me mostrar as salas amplas no térreo que abrigam o acervo minimalista do Museu Paraibano da Cultura Afro-Brasileira e Indígena (Mupai). Na coleção modesta, figura o sino da igrejinha do Acais, uma das maiores mágoas de alguns juremeiros de Alhandra com Pai Beto, que se intitula Guardião da Jurema Sagrada e trouxe as relíquias da meca da Jurema para sua casa-museu na capital da Paraíba.

Pai Beto apareceu, descendo a escada que dá acesso a seus aposentos, e entramos na biblioteca forrada de pastilhas azuis, com mesa ornada por colares de contas verdes, amarelas e brancas, onde o sacerdote se sentou numa cadeira de ferro de espaldar alto, com um pequeno machado de duas lâminas no topo (símbolo de Xangô). Alto e forte aos 49 anos, estava de bermuda e camisa, ambas brancas, assim como a touca rendada. No bíceps esquerdo, uma braçadeira com búzios. Em contraste com outros lugares de culto de Jurema visitados no Nordeste, este impressiona pelo que se poderia chamar de opulência. Pai Beto mantém outras duas instalações em Alhandra: o Templo dos Doze Reinados da Jurema Santa e Sagrada, com suas quatro colunas na fachada branca separada da rua Claudionor Falsar por grade e portão de ferro trabalhado, e o sítio Reino do Bom Florar, onde ergueu "o maior cruzeiro-mestre do mundo".

Sua iniciação no culto de orixás é recente, pouco mais de uma década. Antes disso, trabalhava só com Jurema, na qual foi iniciado por Maria dos Prazeres Santos Soares, a Mãe Maria do Peixe. Diz que começou a visitar Alhandra, percorrendo os 41 quilômetros desde a capital, porque a cidade é o berço da Jurema Sagrada, mas passou a se preocupar com o estado precário de locais santos como a igrejinha e a fazenda do Acais e o memorial de Zezinho do Acais. "Cidades" (pés de jurema) estavam sendo cortadas, e havia relatos de ataques por intolerância religiosa da parcela evangélica da população, como os fiéis da Assembleia de Deus* que começaram a se fixar na região na década de 1950.[46] Pai Beto foi um dos organizadores, em 20 de junho de 2009, da Passeata da Paz em defesa de uma das juremas no terreiro de Mestra Jardecilha, ameaçada de corte na partilha do terreno entre herdeiros por descendentes convertidos à fé evangélica. No mesmo ano, com o tombamento do sítio e da capela de Maria do Acais, foi um dos líderes da Passeata da Vitória — vitória de Pirro, cabe dizer, porque a casa da mestra pioneira já havia sido demolida.

* Segundo o Censo de 2010, os evangélicos formam 21% da população de Alhandra, o que corresponde à média do Brasil, mas está acima da parcela paraibana, de 15%.

Pai Beto conta que decidiu erguer o Templo dos Doze Reinados da Jurema Santa e Sagrada em Alhandra, com sua fachada "suntuosa", como a descreve, para deixar claro que ser juremeiro ou catimbozeiro não era coisa de pobre, de quem não tem nada na vida: "Quis mostrar para os evangélicos que não é bem assim", diz. "A pessoa passa na frente [de uma igreja evangélica] e sabe que é um templo religioso." Ali, realiza rituais a cada quinzena. Os adeptos de João Pessoa viajam até o local de automóvel, o que motiva comentários na cidade, até mesmo de alguns juremeiros, dizendo que no Templo dos Doze Reinados não entra quem não tem carro. "A minha luta é contra a intolerância religiosa, fazer o resgate da Jurema. Não me envolvo em fofoca de ninguém, estou há dezoito anos em Alhandra."

O vinho da jurema ele só usa em ocasiões especiais, como batismos de iniciação e outros trabalhos internos do terreiro, ou então para dar passes em pessoas convidadas com depressão, obsedadas, com dor de cabeça que não passa, para despertar a pessoa para a vida. Mas em quantidade pequena, só de maneira simbólica. A exemplo do rival Lucas, critica quem faz uso da jurema como chá psicodélico, adicionando por exemplo arruda-da-síria, ou abusa do álcool em cerimônias de Jurema: "Quem tem direito de tomar uísque é um Guardião da Rua [Exu]. Quem tem direito de tomar uma taça de champanhe — estou falando de uma taça, não uma garrafa — é pombajira, é Maria Padilha", pontifica. "Quem tem direito de tomar vinho da jurema é caboclo, é quem necessita. Se a pessoa passa mal, não me convence que [o uso] é sagrado. É droga. São juremeiros aproveitadores."

Ao final da entrevista, naquele 8 de dezembro de 2022, dia de Nossa Senhora da Conceição (Iemanjá, no sincretismo afro-brasileiro), canta a pedido dois pontos de Jurema de sua escolha, o primeiro deles entoado na praia de Tambaba quando batiza juremeiros:

No fundo do mar tem uma pedra
Debaixo da pedra tem ciência
Quem tiver perturbado neste mundo
Peça a Deus pra lhe dar a paciência
Sustenta eu, Jurema, sustenta eu
Segura eu, Juremá, segura eu

A igreja do Acais só se abre por detrás
E a padroeira da igreja é Maria do Acais
Maria do Acais, por ela posso chamar
Nunca enganou ninguém, pra ninguém não enganar
Eu tô portanto correndo, eu tô que não aguento mais
Eu vou levar meu desespero pra Maria do Acais

Três meses depois da entrevista no Mupai, Pai Beto permite acompanhá-lo durante rito de Jurema Sagrada no terreiro Casa do Catimbó no afastado bairro de Mangabeira 2, em João Pessoa. Muito iluminado, o barracão tem algo entre 150 e 200 m² e piso de porcelanato branco brilhante. Uma das paredes ostenta um cartaz com normas a serem respeitadas pelos filhos e filhas de santo do terreiro, que também leva o nome de Ylé Asé Sangò Ògòdò (Ilê Axé Xangô Ogodô), entre as quais chama a atenção a regra de número seis: "É extremamente proibido falar da vida alheia". Ao longo de duas paredes, há fileiras de cadeiras de plástico branco, cerca de cinquenta; no centro do salão, um círculo menor com catorze delas e uma espécie de poltrona de ferro que parece idêntica àquela em que se sentara Pai Beto para a entrevista de dezembro do ano anterior. No fundo, uma estante em formato de estrela de seis pontas (o signo de Salomão) com imagens multicoloridas de santos, mestres, caboclos e pretos velhos. O chão no meio do círculo menor de cadeiras está coberto de folhas verdes, estatuetas e chapéus de palha.

Entre 18h30 e 19h, o salão vai se enchendo, já são mais de trinta pessoas. Os iniciados se acomodam na roda interna, homens de calça clara e camisa de chita florida, mulheres de saias ou vestidos brancos, algumas com turbantes e blusas estampadas. Há um certo burburinho quando chega Pai Beto, que estala os dedos três vezes diante de uma porta coberta com a imagem de Xangô e acende velas na estante atrás de seu trono metálico. Dá início à cerimônia com boas-vindas e um discurso que corrobora a sexta regra de conduta na parede: "A vida é feita de escolhas. A pessoa será responsável por seus atos. A maldita língua: depois de tudo falado, não adianta querer responsabilizar a vida, Deus, sua família, por seus erros", prega. "Assuma seus B.O.'s. Ter fé e usar o autocontrole é o que resta. Muita energia na vida para ser, simplesmente. Morreu, acabou."

Emenda pontos de saudação a Exu para abrir o trabalho de Jurema de chão, acompanhados apenas por palmas (dois tambores ao fundo permanecem cobertos com panos brancos):

Lá no portão eu deixei meu sentinela
Mas eu deixei seu Tranca-Rua
Tomando conta da cancela

Eu tava na encruza em pé
Chegou um galo e beliscou meu pé
Você brinca com Exu porque quer
Exu é homem não é mulher

Os cantos e palmas seguem até 19h40, quando Pai Beto exclama: "Exu quer, Exu pode, Exu manda". Uma mulher na roda interna gargalha e começa a sacudir os ombros, levantando mais um lado que o outro, dando início à série de incorporações de entidades, neste caso uma pombajira. Um rapaz de calça cor-de-rosa adota gestos semelhantes e anda pelo salão, após uma mulher de blusa amarela, possivelmente uma auxiliar de Pai Beto, providenciar-lhe uma espécie de bata ou vestido de cor branca sobre as roupas comuns. "Mexer com Maria Padilha é mexer com a tampa de seu [próprio] caixão", proclama Beto de Xangô. A mulher de amarelo diz algo em voz baixa ao ouvido do rapaz, que em seguida desincorpora. O mestre da cerimônia entoa:

Abre a porteira que Exu vai embora
Exu bebeu, Exu já comeu, Exu vai embora

Já são 20h20 quando começa o trabalho de Jurema propriamente dito. A auxiliar circula pelo salão oferecendo água de cheiro a cada um dos presentes. Pai Beto acende um cachimbo e, soprando com a boca no fornilho, espalha a fumaça que sai em profusão pela piteira, dando um giro de 360° em torno de si próprio. Um dos rapazes do círculo interno começa a puxar os pontos de Jurema. As incorporações recomeçam, e agora é o turno dos mestres, como Zé Bebim. Às 21h30, há pelo menos cinco pessoas "irradiadas" caminhando pelo salão. Mais duas mulheres da audiência recebem entidades, às quais a ajudante de amarelo socorre com a mesma bata branca e um chapéu. Às 21h50, os chapéus dos sete médiuns começam a ser recolhidos, e Pai Beto anuncia que a Jurema vai embora cantando a variação de um ponto de Umbanda:

Eu fecho meus trabalho
Com Deus e Nossa Senhora
Eu fecho meus trabalho
Com Deus e os pretos de Angola

Às 22h cravadas a cerimônia termina, deixando no ar certo espanto com a pontualidade e a obediência das entidades aos comandos de Pai Beto, em contraste com a sessão um tanto caótica da casa de Mestre Ciriaco, em Alhandra. Abrem-se as vendas na mesa de entrada, e compro um cachimbo tradicional por vinte reais. Em nenhum momento ocorreu o consumo de qualquer bebida preparada com jurema-preta, indício claro de que o vinho comungado com os ancestrais já se acha sublimado em uma nuvem de símbolos e ecos da religiosidade que sobreviveu com os indígenas do Nordeste e se fortaleceu na aliança com os escravizados arrancados da África.

A força da Jurema na resistência indígena do Nordeste

A liberdade não é nem uma invenção jurídica nem um tesouro filosófico, propriedade cara de civilizações mais dignas do que outras por terem sabido produzi-la ou preservá-la.
Claude Lévi-Strauss, *Tristes trópicos*

Intrigado com as raízes culturais do uso da jurema-preta no sertão nordestino, fiz outras viagens à região para conhecer as práticas indígenas seculares, ou milenares, que ali ainda sobrevivem e, mais que isso, vicejam como elemento de afirmação étnica. Uma das primeiras incursões me levou ao Centro Acadêmico do Agreste (CAA), um campus da UFPE, em Caruaru. As aulas do curso de licenciatura intercultural indígena no centro são sempre precedidas de um toré, dança circular típica de indígenas do Nordeste. Os alunos de diversos povos indígenas normalmente cantam e batem os pés no pátio ajardinado do setor de antropologia, mas, naquela quarta-feira de novembro de 2022, a chuva confinou o toré à sala de aula de Sandro Guimarães de Salles. Os professores indígenas em formação cantam de pé em seus lugares, sem dançar, apenas tocando os maracás, instrumento musical feito com cabaças e sementes, um chocalho avantajado que constitui outro elemento onipresente entre povos originários da região. Um dos rapazes puxa o ponto, ou linha, como são conhecidos os cantos dialogados entre cantor e coro característicos de alguns rituais afro-indígenas, nesse caso uma indagação respondida pelo vozerio de mulheres:

Ô meu caboclo lindo
O que é que anda fazendo aqui
Eu ando é por terra alheia
Procurando minha aldeia

Os pontos vão se sucedendo, certas vezes iniciados por uma jovem:

Vamos com Deus e a Virgem Maria
Vamos com Deus e Nossa Senhora da Guia
Reina reiá, reina reina reiô
Reina reiá, reina reina reiô

Surgem nos versos referências a sereias, Cabocla Jurema, São Jorge, Salomão, Mãe de Deus, Nossa Senhora da Conceição... Ao final de cada ponto os maracás seguem zoando, enquanto se lançam as invocações: "Louvado seja Nosso Senhor Jesus Cristo/ Para sempre seja louvado". Há vivas para os pajés e as lideranças indígenas. Alguém grita: "Salve os Orixás!".

A licenciatura intercultural teve início em 2009 e já formou duas turmas de professores indígenas dos doze povos presentes em Pernambuco. O calendário se rege pela chamada alternância pedagógica entre aldeia e campo: na última semana de cada mês os alunos acorrem ao CAA/UFPE para aulas de manhã e à tarde, e nas outras três semanas atuam nas aldeias. O vaivém cumpre dois objetivos: não afastar os futuros licenciados dos saberes e práticas indígenas e apresentá-los à universidade e à cidade, na esperança de que isso colabore para reduzir os preconceitos.

João Batista do Nascimento, um pankará da aldeia Lagoa, se desloca cerca de 400 quilômetros para as aulas de licenciatura desde o município Carnaubeira da Penha (PE) até Caruaru. São cerca de 3 mil habitantes em meia centena de aldeias na

Terra Indígena Pankará da Serra do Arapuá, cujos 15 mil hectares foram identificados em 2018, mas ainda carecem de declaração e homologação.[1] Aos 48 anos, embora aparente menos, parece ter clara ascendência sobre os colegas de curso. Filho do octogenário pajé Manuelzinho do Caxeado (Manuel Antônio do Nascimento), está ele próprio se iniciando nos mistérios da jurema para se tornar também pajé: "Jurema é a base de nossa existência, da força de nossa ancestralidade", diz em entrevista no intervalo da aula. "A jurema é para todos, mas nem todos são para a jurema", agrega, enigmático. Confirma que a bebida ingerida pelos pajés nos torés se produz com a casca da raiz, mas não dá mais detalhes, recorrendo ao segredo com que essas etnias quase sempre cercam o que chamam de ciência da jurema. Um item importante dos rituais é o cachimbo, empregado para "cruzar" a jurema (soprar a fumaça traçando uma cruz sobre o vasilhame da bebida), que também "faz a gente ter contato com os ancestrais". Ocorrem incorporações de entidades nos rituais de sua aldeia, mas só entre os que se encontram preparados para receber os seres encantados.

A jurema-preta já foi denominada *Mimosa hostilis*, talvez por defender-se com muitos espinhos, e depois teve o nome científico amenizado para *M. tenuiflora* (alusão às flores pequenas). Embora ambos contenham a DMT, o chamado vinho da jurema, ou ajucá, é diferente do chá ayahuasca, ou daime. Do pouco que se sabe sobre as receitas tradicionais de confecção, indígenas do semiárido nordestino preparam o vinho a frio e não por cozimento, como no caso do chá de origem amazônica. Espremem a entrecasca da raiz em água à temperatura ambiente, que se torna vermelha e chega a espumar, segundo algumas descrições de quem teve oportunidade de testemunhar o processo, sobre o qual pajés não gostam de falar. Permanece um enigma qual seria a fonte do inibidor das enzimas que degradam a DMT no vinho originalmente utilizado. Há duas décadas se encontrou na própria jurema-preta um composto, batizado juremamina,[2] que poderia funcionar como inibidor de MAO [monoamina oxidase], mas isso é pouco mais que uma hipótese sobre a planta e a bebida pouco estudadas. Outros relatos indicam como ingredientes candidatos a catalisadores psicodélicos da DMT espécies silvestres de caju e maracujá supostamente empregadas por indígenas, mas não se conhecem suas receitas antigas.

"Não existe povo indígena no Nordeste que não tenha essa relação com a jurema-preta e os encantados, entidades muito ligadas à Jurema indígena", explica o professor Salles em entrevista durante o intervalo das aulas. Ela reafirma o valor, a identidade indígena, assim como o toré. As línguas, que noutras partes do Brasil se tornaram o veículo da manutenção da "indianidade" — afinal se extinguiram entre os povos nordestinos, com exceção dos fulni-ô, que mantiveram o idioma iatê —, foram duramente reprimidas pelos jesuítas em seus aldeamentos, mas a religião podia ser praticada longe dos olhos dos padres, consagrando a bebida em silêncio ou em rituais embrenhados na mata. Nos aldeamentos, os encantados da Jurema foram assimilados como as divindades da terra até pelos negros, com quem os indígenas travavam contato desde a Guerra dos Bárbaros, entre 1650 e 1720, resultante das incursões dos portugueses pelo semiárido e nos descimentos para o litoral.

Essa população de mestiços que se formou no Nordeste, herdeira das tradições indígenas que convergiam para o uso ritual da jurema, viu suas raízes culturais miscigenadas tornarem-se invisíveis sob a denominação genérica e em aparência amorfa de "caboclos". A perda progressiva de territórios só começou a ser revertida na década de 1920, com o início do reconhecimento de glebas para povos originários realizado pelo Serviço de Proteção aos Índios (SPI). O lento processo de recuperação das identidades e culturas particulares, em que torés e o culto da jurema desempenhariam papel importante, ganhou força a partir dos anos 1980 e culminou com a criação, em 1990, da Articulação dos Povos Indígenas do Nordeste, Minas Gerais e Espírito Santo (Apoinme), que congrega setenta povos distribuídos em 130 territórios em estágios variados de demarcação, nos quais vivem 213 mil pessoas.[3] Revogavam-se, assim, mais de quatro séculos do esbulho possessório deslegitimado pela Constituição de 1988, que consagrou o direito originário às terras tradicionais e impulsionou o movimento de reemergência étnica com epicentro no Nordeste. Como resultado, no Censo de 2022, o IBGE apontou Bahia e Pernambuco como segundo e quarto estados com maior população autodeclarada indígena, respectivamente 229 mil e 107 mil habitantes, atrás de Amazonas (491 mil) e Mato Grosso do Sul (116 mil).[4]

Pode-se dizer que a Jurema é a primeira religião brasileira, pois tem os registros mais antigos, afirma Salles. "É o milagre da Jurema diante de tanta perseguição. Incrível a força da experiência religiosa com a jurema, com a bebida, que assegura sua continuidade." Além de professor, antropólogo e autor do livro *À sombra da Jurema encantada: Mestres juremeiros na Umbanda de Alhandra*, Salles é músico, violonista de mão cheia e compositor. Uma de suas suítes para violão é dedicada a Malunguinho, título conferido a líderes do quilombo de Catucá, que resistiu por mais de uma década na mata de mesmo nome, no município de Abreu e Lima (PE). O último Malunguinho teria sido João Batista, mas sua estirpe terminou imortalizada num tipo de deidade coletiva celebrada na Jurema como Reis Malunguinho. Da mesma maneira se cultua o plural Reis Canindé, reminiscência de comandantes indígenas na Guerra dos

Bárbaros contra os portugueses, que ao baixar num terreiro de Jurema "irradia" todo mundo, com várias pessoas marcando a incorporação da entidade com indicador e polegar em formato de ponta de flecha. "É indiscutível a força de Canindé e Malunguinho nessa área da Paraíba", afirma Salles referindo-se à cidade de Alhandra.

Na opinião do antropólogo, é muito difícil traçar uma história linear da religião no Brasil: "Tradições se alimentam da ruptura. A busca pela pureza leva a um beco sem saída", diz ao criticar a visão que identifica degeneração na presença de elementos africanos na religiosidade de matriz indígena que ficaria conhecida (e perseguida) como Catimbó, ultimamente rebatizada como Jurema Sagrada. "Mestres juremeiros não estão preocupados em ser fiéis a uma categoria dos acadêmicos."

Na mesma viagem em que participei como cobaia do experimento-piloto com DMT no ICeUFRN, em Natal, aluguei um carro para ir até Baía da Traição, na Paraíba, onde combinei de me encontrar com o pajé Isaias Marculino da Silva, o Guarapirá, em 16 de maio de 2022. Nós nos conhecemos no quintal cheio de árvores de sua casa na Terra Indígena Potiguara, onde o entrevistei sobre os esforços para reviver, ou melhor, reinventar, as práticas tradicionais de seu povo. No centro da empreitada está o Ritual da Lua Cheia, para o qual nos encaminhamos após a conversa.

Então com 34 anos, Guarapirá chega já pintado à matinha do Pau-Ferro, ilha de árvores no mar de cana-de-açúcar em volta do território indígena.[5] No porta-malas do carro alugado por mim vão bombos (tambores), cachimbos, garrafão com o vinho de jurema, cocar de penas e saiote de fibras de embira. Nessa segunda-feira realiza-se mais uma vez o ritual que se repete a cada mês desde 2013. Isaias discursa para cerca de trinta participantes e explica que o homenageado da noite é Pajé Chico, o mais velho da região, morto cinco dias antes aos 76 anos: "Não está mais entre nós em matéria, mas sim em espírito". Diz que não foi apenas enterrado, mas plantado na terra, mudando de plano para fortalecer o tronco dos potiguara — uma das muitas metáforas relativas a árvores que brotam entre cultuadores da jurema.

O pajé agradece a Pai Tupã, aos encantados e aos ancestrais, assim como a presença de todos, com destaque para Seu Tonhô, de 88 anos, companheiro do finado Chico nas batalhas pela retomada, nome dado pelos indígenas ressurgidos no Nordeste para as lutas de recuperação de terras. Explica em seu discurso de abertura da cerimônia que o Ritual da Lua Cheia é um reencontro de gerações, não importa a crença da pessoa, um ritual indígena que dá o norte, que abre espaço para os antepassados de todos:

> A atrapalhação da pandemia mexeu muito com o psicológico de todo mundo. O Ritual da Lua Cheia também é isso: se fortalecer psicologicamente e espiritualmente. Nós acreditamos que dentro de um problema psicológico existe um problema espiritual. Quando a gente se trata espiritualmente, ficamos mais fortes e suportamos o sofrimento do dia a dia, a luta. Por isso não se pode viver sem a espiritualidade, independente de religião, de cor, de crença. Aqui é uma troca de energia, de espiritualidade. Aqui somos todos iguais, somos irmãos, cada um com sua fé, um ritual de entrega. Não tenha medo dessas energias, aqui ninguém está sozinho, abandonado.

A chamada "mesa de Jurema", em que pese o nome, está posta no chão. Tem velas acesas, a bebida cerimonial, cachimbos (um deles com várias piteiras espetadas no mesmo fornilho), prato de cerâmica com tabaco, maracás. À direita, um grupo de senhoras vestidas de embira se acomoda em cadeiras de plástico.

Um dos filhos de Isaias, Iakarynauê, de dez anos, também enverga saiote de fibras, como o pai.

Diferentemente desse grupo do litoral, etnias do sertão costumam manter fechadas a não indígenas suas cerimônias, como o retiro chamado de Ouricuri pelo povo fulni-ô. Não é o caso dos potiguara, que abrem seu Ritual da Lua Cheia para quem quiser. Chega uma van da UFPB com estudantes trazidos por Lusival Antonio Barcellos, professor de ciências da religião. No grupo está Surama Santos Ismael da Costa, matemática que três semanas depois defenderá uma tese de doutorado sobre esse mesmo ritual na UFPB,[6] com supervisão de Barcellos (que também orienta o mestrado de Isaias). Surama explica que a alocução incompreensível para o jornalista é um pai-nosso em tupi-guarani:

Oré rub, ybákype tekoar
I moetepýramo nde rera t'oîkó
T'our nde Reino!
T'onhemonhang nde remimotara ybype
Ybákype i nhemonhanga îabé!
Oré remi'u, 'ara îabi'ondûara, eîme'eng kori orébe.
Nde nhyró oré angaîpaba resé orébe, oré rerekomemûãsara supé oré nhyrõ iabé.
Oré mo'arukar ume îepé tentação pupé, oré pysyrõte îepé mba'ea'iba suí.

Acesa a fogueira, o ritual se abre com a gaita, espécie de flauta de cabaça cujo som lembra os pífaros do Nordeste. O canto de abertura é iniciado pelo pajé, e as estrofes são em seguida repetidas pelos demais. "Quem pintou a louça fina/ Foi a Flor da Maravilha/ Pai e Filho e Espírito Santo/ Filho da Virgem Maria", reza uma delas.

Serve-se a bebida feita por Isaias com jurema-branca, água fria, vinho, mel, folhas, cascas, raízes ou sementes de jurema e outras plantas, que não são reveladas: "É coisa de pajé". Ele não sabe dizer se a bebida era originalmente usada pelos potiguara, mas afirma que o uso cerimonial já vem sendo praticado há décadas por seu povo — há séculos, corrige-se. Cada visitante recebe cerca de 100 mililitros da beberagem que chamam de vinho, meio copo descartável de plástico, imposição da pandemia (antes se usava a mesma cumbuca para todos). Apenas o pajé, os mais velhos e os iniciados tomam a bebida várias vezes ao longo da cerimônia. O sabor é vegetal, doce e alcoólico, lembra licor de jenipapo e a bebida oferecida por Dona Raquel em Alhandra. O efeito psicodélico é nulo, como alerta o pajé. "Não tem alucinógeno, mas tem energia", assegura Isaias. "É um portal de permissão para a espiritualidade. Se permitir, vai abrir um portal para uma concentração maior, mas também depende muito da pessoa e da ocasião." Na tese resultante de quatro anos envolvida com o ritual, Surama da Costa descreve o efeito que a bebida teve sobre ela:[7]

> Depois da terceira cuia de jurema, a paz reinou dentro de mim. Ele [Isaias] se curvou aos meus pés e começou o ritual de defumação. Tive medo de me sentir mal com a fumaça, mas, para minha surpresa, à medida que o caboclo [incorporado pelo pajé] soprava seu cachimbo, encostando a boca na abertura do forno, no lado oposto ao que se costuma fumar, sua fumaça aguçava os meus sentidos enquanto cobria meu corpo.
>
> Senti um cheiro maravilhoso das ervas sendo queimadas, senti o som do maracá mais intenso e limpo, e senti, ainda mais, o gosto doce da jurema em minha boca. Fiquei com o corpo trêmulo. Sem forças nas pernas, caí de joelhos ao chão. Nesse momento, tive uma explosão no coração, que o fez bater num ritmo acelerado, incompatível com a calmaria que habitava em mim.

A cerimônia segue com várias linhas entoadas até as dez da noite, a invocar Jurema, outros caboclos vários e Oxóssi.

Chamo as cabocas de pena, eu chamei ela pra vim nos ajudar
Cadê a força da Jurema, cadê a força que a Jurema dá
Oh caboca de pena, oh caboca de pena, tem pena de mim, tem dó

Alguns participantes dançam em círculo em torno da mesa, rodeados pelas árvores, no sentido anti-horário, batendo os pés descalços no chão, enquanto outros marcam o ritmo com maracás. Além de Isaias e um dos anciãos, três mulheres negras entram em transe e recebem encantados. A primeira a incorporar uma entidade é Dona Rosa, que parece ter mais de setenta anos e foi descrita por Guarapirá como uma "índia velha" que tomava jurema sem ter problemas de interferência com medicamentos de uso contínuo. Dobrada sobre si mesma, a rezadeira "há mais de quarenta anos" mantém uma mão na testa e outra nas costas, soltando grunhidos e sons que se parecem por vezes com vocalizações animais.

Ainda na casa do pajé, antes de seguirmos para a mata, ela conta que recebeu de Deus o dom de fazer curas, pelas quais nunca cobrou: "A palavra de Deus não é vendida. Eu vejo, pergunto para a minha cigana", diz, referindo-se a uma classe de entidades cultuada na Umbanda e comum também em sessões de Jurema Sagrada ao lado de mestres, pretos velhos, boiadeiros e marinheiros. Conta ainda que foi "doida" e esteve internada numa colônia psiquiátrica em João Pessoa, da qual teria saído pior do que entrou:

> Eu era bonita, linda, voltei suru [diz-se de animais sem rabo ou com a cauda cortada], o cabelo ia na bunda. Filha de Oxum, de Xangô, da Cabocla Iracema. Foi um médico [da cidade] de Rio Tinto que

descobriu [a mediunidade]. Dia 5 de fevereiro faz quarenta anos que saí. Agora posso dizer que sou livre, maravilhosa, tenho meu dom, minha jurema e meu santo.

A lua brilha entre as folhas de paus-ferro. As duas últimas incorporações tomam conta de Tonhô e Guarapirá após vários goles de jurema. O pajé, cada vez mais rouco e suado, domina o terreiro. Mais para o final da cerimônia, uma das senhoras sentadas convida quem quiser se consultar com o Caboclo das Matas Sagradas manifestado por Guarapirá. Uma longa fila se forma. Uma a uma, as pessoas se ajoelham diante do encantado. O caboclo lhes transmite mensagens em voz inaudível, toca seus ombros, cabeça ou peito, envolvendo-os em fumaça copiosa saindo da piteira do cachimbo soprado pelo fornilho. Fechada a mesa de Jurema, de novo após um toque de gaita, todos entoam:

O caboco da aldeia quando vai para o mar pescar
Dos cabelos faz o fio, do fio faz landuá
*Os cabocos na aldeia sessando a areia**

Terminado o ritual, a comitiva segue para a casa do pajé na aldeia Lagoa do Mato. Uma ceia de tapioca, arroz e peixe é servida em cumbucas de plástico, numa atmosfera de alegria e comunhão. Partilham da refeição dois policiais militares da Patrulha Indígena paraibana. O destacamento foi criado, alega-se, para dar segurança a 32 aldeias potiguaras nas cidades de Baía da Traição, Rio Tinto e Marcação. Nem sempre foi assim. A polícia dos brancos, antes e depois do reconhecimento da etnia, a partir de 1930, sempre esteve mais do lado de usineiros

* Landuá é uma rede de mão afunilada para pegar peixes pequenos, como o puçá, e sessar significa peneirar.

de cana invasores de suas terras. Embora já tivessem recebido de d. Pedro II a doação das áreas que ocupavam, a legalização fundiária se prolongaria até 1991, quando foram homologados 21 mil hectares da Terra Indígena Potiguara, na qual viviam em 2010 cerca de 15 mil pessoas, segundo registros da Funasa.[8]

Isaias conta que ouviu seu chamado num sonho. Estava debaixo de uma árvore que lhe parecia uma caverna: "Foi uma revelação, mesmo, os antepassados falando comigo. Era um ritual de índios do passado e do presente, tristes com a espiritualidade fragilizada dos potiguara. Diziam que precisavam de alguém para retomar esses rituais". O Caboclo da Mata Virgem e a Cabocla de Oxóssi da Jurema o convocavam a buscar a força dos encantados para levantar os potiguara e continuar na luta com firmeza. Guarapirá dedicou-se então a estudar, em duas frentes. Com pajés mais velhos, como o falecido Chico, aprendeu a ciência da Jurema, como preparar o vinho, onde encontrar e usar plantas de poder, a força dos cachimbos, bombos e maracás. Na universidade, formou-se em pedagogia. Estudou tupi antigo para dar aulas da língua e agora faz mestrado em ciências da religião na UFPB. O professor dirige a escola municipal Celina Freire Rodrigues, na vizinha aldeia de Cumaru, que tem cerca de oitenta alunos no ensino fundamental. Leciona tupi também na escola estadual indígena de ensino fundamental e médio Angelita Bezerra, na aldeia Silva de Belém, no município de Rio Tinto, que tem duas centenas de estudantes.

"O ritual espiritual tem de continuar", diz, recusando, porém, a qualificação de Catimbó ou Jurema Sagrada, mesmo com cantos para orixás e santos. "É um ritual próprio dos potiguara, mas que vem traçado dessa miscigenação cultural. A gente se adaptou. Tem essa mistura, mas é ritual nosso, de fortalecimento. O povo teve de se adaptar e reinventar para poder existir."

Segredo, sincretismo e resistência: eis os ingredientes da seiva que sobe das raízes da jurema e dá força ao tronco indígena da população nordestina para não sucumbir de todo ao vendaval da colonização católica. Ele se ramificou e floresceu para chegar ao século 21, mas o cristianismo seguiria no seu encalço.

FULNI-Ô, ÚNICA ETNIA DO SEMIÁRIDO CAPAZ DE MANTER VIVA A PRÓPRIA LÍNGUA

Na busca por conhecer as origens ainda vivas da religiosidade em torno da jurema, fiz outra parada, que se revelaria curta demais, em Águas Belas. Com seus 41548 habitantes, segundo o Censo de 2022, o município tem 99,6% do território dentro da Reserva Indígena fulni-ô, na qual vivem 26300 pessoas (parte delas em Itaíba, outro município pernambucano ao qual a reserva se superpõe). Era quase obrigatório visitar o povo indígena que logrou a façanha não só de sobreviver numa cidade que o engolfou desde tempos coloniais, mas ainda de salvar a própria língua, o iatê, único idioma autóctone a vingar no sertão nordestino.

Não seria exagero afirmar que, sem a jurema-preta, não aconteceria o processo de reemergência étnica dos povos indígenas do Nordeste, em especial daqueles que resistiram no sertão às incursões genocidas dos colonizadores europeus. A bebida preparada com a raiz dessa árvore típica da caatinga ainda ocupa o centro dos rituais de vários desses povos, sempre cercada de segredos, como o que protege o preparo da poção que, segundo relatos vindos do século 18, povoa suas mentes com visões de seres encantados vivendo em outros mundos e reinos inacessíveis para quem vem de fora. O exemplo mais eloquente dessa estratégia é oferecido pelos próprios fulni-ô, grupo que passa parte do ano recolhido a aldeias na mata em cujas cerimônias não indígenas não são bem-vindos.

Fazia sentido, assim, recorrer aos fulni-ô na tentativa de puxar pela ponta do sertão o fio da meada da jurema, mas minha empreitada para desvendar os usos dessa árvore com poderes psicodélicos não seria a primeira nem a última a dar de encontro com uma muralha.

O segredo está no fulcro do Ouricuri, ritual mais importante dessa etnia falante do iatê, um idioma melodioso, cheio de vogais, atribuído ao tronco macro-jê, embora não se encaixe em nenhuma de suas famílias. Por cerca de catorze semanas, entre agosto e dezembro, muitas das famílias fulni-ô que vivem na área urbana de Águas Belas se retiram para uma aldeia separada em que brancos só são admitidos na festa de abertura e em seguida são convidados a deixar o acampamento cerimonial. Lá realizam cantos, danças e rituais com jurema sobre os quais todos os indígenas estão proibidos de falar, sob pena de o boquirroto adoecer e cair morto. Ouricuri é o nome de uma palmeira com cuja palha se faziam no passado as choças da aldeia provisória na mata, mas nos dias de hoje ali existem habitações permanentes, de alvenaria, segundo relatos que ouvi. Também dá nome ao coquinho da palmeira, muito apreciado na região.

Os fulni-ô detêm atualmente 12 mil hectares de terras reservadas em 1926 pelo SPI,[9] órgão antecessor da Fundação Nacional dos Povos Indígenas (Funai), criado em 1910 por Cândido Mariano Rondon. Até 2024, o território carecia de homologação pelo governo federal. É possível cobrir a pé a curta distância que separa a aldeia da praça principal de Águas Belas, passando pelo pórtico em formato de cocar estilizado com penas vermelhas, azuis, verdes e amarelas que demarca a entrada do bairro indígena. A rua central dá acesso à praça onde ficam a escola municipal e a igreja decorada com grafismos indígenas, dedicada a Nossa Senhora da Conceição. Mais uns poucos minutos e o aglomerado de casas pobres em ruas de terra dá lugar a uma sequência de pequenas chácaras, uma das quais com os três casebres em que eu teria uma breve amostra da cultura fulni-ô, levado pelo professor Rangel Lúcio de Matos, o Gel, que em sua língua se chama Ytoá.

Na ocasião dessa visita, nos primeiros dias de dezembro de 2022, o retiro do Ouricuri estava em andamento, já perto do fim. Normalmente teriam permissão para deixar o ritual apenas aqueles indígenas com empregos fixos em Águas Belas, como Ytoá. Contratado pela prefeitura como auxiliar de portaria na escola da aldeia permanente, ele atua como professor de iatê. Aluno do antropólogo Sandro de Salles na UFPE de Caruaru, onde cursa literatura intercultural, Ytoá aceitou guiar-me na breve visita à terra indígena contígua à cidade.

Outros três fulni-ô interromperam o retiro por cerca de uma hora: o ancião Xixiá e os jovens Feá e Thulny. Fizeram uma exceção pragmática para o jornalista, interessados em estabelecer contato com alguém do Sudeste que poderia indicar caminhos para estender a São Paulo e outras cidades suas ocasionais "vivências" (como se diz das apresentações pagas que fazem fora das aldeias, para não indígenas). Mas a hospitalidade dos fulni-ô tem um limite definido, não abarca um convite para visitar a aldeia do Ouricuri nem penetrar os mistérios de seus rituais com jurema.

Aos 73 anos, reverenciado pelos outros três fulni-ô presentes, Xixiá não se encaixa nem de longe no estereótipo que sudestinos fazem de um indígena. Pele clara, óculos de armação grossa com lentes fundo de garrafa, camiseta azul sem mangas, chapeuzinho de palha com fita rodeando a aba curta, poderia passar por um sambista da Velha Guarda da Portela. Sentado na cabana de pau a pique e palha sobre um colchão sem lençol, ele se transforma ao entoar, no ritmo do maracá que traz na mão direita, um dos cânticos em iatê que recebe diretamente dos seres de luz sagrados, como diz, dos guardiões da floresta. Deitado na rede, Feá informa: "Agora nós estamos assumindo a cadeira dele". Ambos fumam cachimbo quase sem parar, um deles com piteira e fornilho coloridos. Outro, em formato cônico sem haste, tem aparência mais tradicional e recebe no sertão nordestino o nome de campiô; Xixiá o empunha com autoridade. Ele teve como irmão João Pontes, o cacique fundador da escola bilíngue em iatê, que liderou os fulni-ô por seis décadas até morrer aos 93 anos, em 2018, reverenciado por sua serenidade e obstinação em resolver disputas pacificamente.[10]

"Fulni-ô não faz jurema para o mal, mas tem pessoas de fora que trabalham a partir dela para fazer o mal", limita-se a dizer Xixiá. "Só para bondade", agrega Feá, "não para interferir na vida de ninguém, prejudicar ninguém. A pessoa tem uma entidade de luz, como o Cacique Pena Branca, e não está sabendo conduzir, e a gente dá jurema para saber conduzir." Essa referência à entidade cabocla das religiões urbanas Jurema Sagrada e Umbanda não chega a destoar da identidade indígena, pois quem se debruça sobre elas e sobre a religiosidade das etnias do Nordeste aprende cedo que não existe pureza ou impermeabilidade em quaisquer dessas formações culturais — antes o contrário.

A explicação prossegue com o Ytoá: "[Quando há uma] casa com energia negativa, usa a jurema para fazer a limpeza daquela pessoa. Ansiedade, depressão, também [estão] muito ligadas ao espírito. Espantar o que é ruim". A cura praticada por pajés, entretanto, fica reservada para quem é da etnia, "no interno". Quem viaja para levar a jurema às cidades são os "guerreiros" como Feá, que tinha viagem marcada para dali a dez dias a Fortaleza, onde iria conduzir uma vivência na companhia de um irmão indígena da Amazônia encarregado de servir ayahuasca. Essas incursões no território urbano servem para melhorar a renda e sustentar as famílias fulni-ô, o que se fazia antes recolhendo recursos da natureza. "Nossa caça está extinta", justifica Feá, "passamos cinco, seis anos sem chuva. A gente tem de ir buscar a caça fora de nossa aldeia, Brasília, Rio de Janeiro, São Paulo. Apresentar nossa medicina sagrada, fazer pajelanças, curas."

Ytoá não participa dessas viagens a capitais, mas se desloca com frequência para Caruaru, a 180 quilômetros de Águas Belas, onde cursa licenciatura intercultural. É a precondição para ser efetivado como docente, na função que de fato já exerce, ensinando a língua iatê. Até que seu objetivo profissional se realize, ele complementa a renda com serviços ocasionais de pedreiro e se descreve também como escritor (tem planos para dois romances), poeta (de letras de canções) e músico (toca violão e bateria).

Soa tranquila, quase melancólica, a melodia cantada por Xixiá. São toadas que receberam em português o enigmático nome "cafurna", algo como esconderijo, de onde saiu o verbo "encafurnar". Os jovens fazem coro quando a estrofe se repete. Ao final da curta reunião, é Thulny, o único indígena paramentado, quem entoa duas cafurnas igualmente suaves, a última delas para abençoar o visitante. Ytoá faz a segunda voz, muito afinado. Sem entender uma palavra do que eles entoam na língua iatê, meus olhos se umedecem, tomados por uma emoção difícil de explicar; agradeço muito ao final, de coração. Pode ter sido só satisfação por estar diante da "indianidade", tão idealizada quanto inesperada, naquela palhoça. Apesar da brevidade, escolho decidir que ocorreu um verdadeiro encontro, ou troca, como os anfitriões repetem a toda hora, mesmo diante da sonegação de informações sobre o Ouricuri e a jurema que eu buscava. Sinto que insistir nas perguntas equivaleria a não participar daquele momento de comunhão que se oferecia, de graça, para mim.

Thulny deixa de lado o iatê e explica em português, porém, de modo cifrado, como seus ancestrais teriam aprendido a preparar a infusão: "Uma anciã queria ter visão além do alcance e fez essa medicina para ingerir à noite e ter a visão dos ancestrais de onde ela veio, trazer a força da natureza", resume o jovem de calção preto, pinturas negras cobrindo o rosto e o peito, este com desenhos lembrando flechas, uma espécie de chapéu de penas amarelas, colar de dentes de animais e maracá de cuité na mão direita, a mesma em que traz um enorme relógio preto de plástico.

"A jurema, ela é mãe, é acolhedora. Medicina de cura, limpeza, firmeza para nosso espírito." Enquanto Thulny fala em português, Xixiá apresenta em sua língua o que me parecem ser instruções sobre o que o jovem deve ou não informar. O rapaz prossegue: "Ela traz a força da mãe terra, sempre ao redor de nós essa energia". Trocam algumas palavras em iatê, e os quatro indígenas riem; pergunto por quê. Meu guia, Ytoá, responde que rir serve para respirar: "Quando fala da espiritualidade, do sagrado, a gente não pode levar a fundo, porque é muito milenar". Explica: "A gente não pode se aprofundar, por isso dá risada. A jurema é como um portal entre o material e o imaterial. Tem de ter muito cuidado. Pode ter muito prejuízo, no sentido da mente. Pode sair da realidade material e corre o risco de não voltar".

Não é nada fácil, já se vê, obter informações lineares sobre os fulni-ô, menos ainda sobre a bebida feita com jurema-preta, ocasionalmente servida para não indígenas nas vivências Brasil afora. Apesar do segredo cultivado com zelo pelos integrantes da etnia, a resposta é complementada em iatê por Feá, com tradução de Ytoá: "A jurema é similar à ayahuasca, a gente prepara, mas não põe muito inibidor, porque ele [o branco] pode não voltar à terra. A gente diminui a dosagem, para abrir o caminho de curas, tanto materiais quanto espirituais". Nesses casos, diz, usam a casca do tronco da árvore da caatinga, não a entrecasca da raiz, que teria mais inibidor natural: "Quando faz da raiz, a visão vem mais forte".

Ytoá me convidou para almoçar no dia seguinte em sua casa na aldeia urbana, noutra escapada do retiro Ouricuri, o que me fez desconfiar de que a observância do costume não é tão estrita quanto se diz. Casado com Luciana, que prepara a comida mantendo na boca um cachimbo rústico de piteira comprida, ele tem uma filha, Vivian, de doze anos, que se prepara para ser cantora. O pai pede que desligue a TV onde passam desenhos do canal Cartoon Network. Pega o violão e liga os microfones do equipamento de karaokê. Canta hits sertanejos com a menina, apoiando-a com a segunda voz nos refrões. A apresentação alcança seu ponto máximo de ecletismo com a menina de óculos entoando com voz grave e potente a canção "Hallelujah", do canadense (e budista) Leonard Cohen, porém em versão livre na língua iatê. Como que a confirmar o verso da letra original em inglês que diz haver um clarão de luz em cada palavra, a cena fere os olhos com uma centelha de emoção:

Sathawasêy djaka ookê,
Saskê ywakêlha-netê yassatholha-afênkya fássatê.
Saf'sêênêsse êdwalhaskê, tha fytxôlha yatxyhãnkya-hê.
Eedjadwalha doowsêy yôôhê lwlya
Yôôhê lwlya, yôôhê lwlya, yôôhê lwlya.

O pai explica então que as palavras de sua versão na língua indígena têm propósito pedagógico. Uma exortação de pai para filhos, em que se lamenta que eles e os amigos não falem iatê, já que as coisas dos não indígenas lhes parecem mais cativantes, como os vídeos de celular. O pai, na letra da canção, alerta que nesse caminho deixarão de ser fulni-ô:

Mais uma vez estou aqui para dizer a vocês que haja respeito entre nós.
Estamos deixando de nos unir, desse jeito estaremos perdidos no paraíso.
Sem Deus somos pequenos (poucos)...
Somos pequenos (poucos)
Somos pequenos (poucos).

Luciana interrompe a cantoria para dizer que o almoço está pronto. Ytoá fala dos livros que pretende escrever, cujos esboços guarda num disco rígido: *Fulni-ô: Nativos do Brasil* e *José de todo mundo*. Diz que gosta de pensar no humano e na história. Escreve poemas, que lhe vêm inclusive durante a noite, e, às vezes, músicas inteiras. "Já perdi muita coisa porque não tinha papel nem gravador à mão", diz, em alusão às minhas ferramentas visíveis.

Engata em seguida um "conselho de irmão de alma" sobre a visita corrida, que terminaria à tarde com uma viagem de retorno ao Recife: "Quem corre cansa, quem caminha vai mais longe". Diz temer que minha profissão me impeça de ser eu mesmo, mais que um jornalista, e afirma que, no seu caso, não importa onde estiver, se sente em casa porque sabe que vai voltar e se recolher no Ouricuri. Pede então que a filha lhe traga a chanduca, cachimbo artesanal lavrado na madeira resistente da aroeira, para pitarmos nas redes após o almoço, noutro momento de comunhão e paz.

A hospitalidade dos fulni-ô exclui o espaço da aldeia rural onde se recolhem para o Ouricuri, e a única exceção ocorre na manhã em que se inicia o retiro ritual, quando acontece uma missa católica no acampamento, na qual não indígenas são aceitos. O antropólogo Miguel Colaço Bittencourt, que viveu na área por vários meses para sua pesquisa de doutorado na UFPE,[11] conta que obteve muita informação sobre o modo de vida e os costumes desse povo, como o uso dos chamados "búzios" (espécie de flauta com som de buzina) nos torés, mas que foi convidado a deixar a comunidade quando começou a fazer perguntas sobre o clã do Porco, um dos grupos de famílias com ancestrais comuns em que se divide essa sociedade indígena, nesse caso, o clã encarregado tradicionalmente de servir a jurema no Ouricuri. Voltaria ao local várias vezes depois disso. Não era de fato um banimento, antes uma explicitação de limites entre o que se mostra para o branco e o que é do indígena e seu segredo: "Pode-se ver o Ouricuri como uma sala de aula que ensina um tempo e um modo de ser indígena no Nordeste, uma escola ritual onde se socializa uma consciência de um nós e de um eu na mesma ação simbólica", escreveu Bittencourt em sua tese.

Conhecedor da ayahuasca desde os dezessete anos, Bittencourt também fez incursões no que alguns neoxamãs chamam de "juremahuasca". Interessou-se pela jurema como tema de pesquisa e, em 2016, iniciou o doutorado com Edwin Reesink, da UFPE, que defendeu em 2022. Durante os períodos em que morou na aldeia, presenciou alguns "torés de búzios" apresentados para não indígenas, chegando à conclusão de que essa prática oferece uma espécie de resumo do toré realizado durante o Ouricuri, ao qual os brancos não têm acesso. Há relatos etnográficos mais antigos — como o de Estêvão Pinto, um dos primeiros estudiosos a reunir informação sobre esse povo, na década de 1940 —, mas os fulni-ô dizem que é tudo mentira, projetando sobre o passado remoto o rigor do sigilo que desenvolveram em um longo histórico de dominação e pressão contra a cultura e as terras.

Esse contato conflituoso com europeus e seus descendentes não se deu sem assimilações e adaptações culturais, por certo. Bittencourt diz que as próprias cafurnas, canções tradicionais desse povo, foram uma inovação introduzida na década de 1970 por ninguém menos que o ancião Xixiá, melodias às quais o líder ancião deu o nome em iatê de "unakesa". Hoje as cafurnas são ingrediente crucial de vivências — ao lado de artesanato, defumações, rezas e um chá não psicodélico de jurema — oferecidas para o turismo indígena em Águas Belas e também nas viagens para cidades grandes. Outra adaptação nas apresentações desponta com o uso de cocares de penas, que os fulni-ô aprenderam a fazer com os kayapós da Amazônia em encontros de povos indígenas, pois antes usavam só o *aloá*, espécie de chapéu de palha da palmeira ouricuri, e a bolsa de fibra de caroá que chamam de *aió*. Há ocasiões em que os búzios tocados são feitos de tubos de PVC. As cafurnas se tornaram também objeto de aliança e intercâmbio com outro povo da região, os Xucuru, a quem ensinaram os cânticos; são os únicos integrantes de outra cultura que os fulni-ô admitem em seu retiro Ouricuri.

O acontecimento público principal na aldeia de Águas Belas é a Festa da Santa, homenagem dos indígenas a Nossa Senhora da Conceição, na praça da igreja a ela dedicada. Os fulni-ô a conhecem como Yasakhlane, e ela figura na posição duvidosa de padroeira do contato cultural. A imagem da santa, diz a história contada pelo cicerone Ytoá, foi encontrada por indígenas, que teriam quebrado um dedo da estátua para se certificar de que não estava viva. A tese de doutorado de Bittencourt traz uma versão menos milagrosa, apresentada a ele por Xixiá, para o encontro da imagem pelos indígenas: na realidade, conta o ancião, a estátua de madeira, em vez de encontrada por acaso, teria sido repetidamente escondida numa lagoa para ser achada pelos nativos. Os colonizadores, em seguida, teriam propagado ser uma mensagem de que a santa queria que os indígenas doassem terra para a construção do templo. Precisamente o que terminaria acontecendo em 1832, 45 anos depois de instituída a freguesia de Nossa Senhora da Conceição de Águas Belas, vilarejo surgido após a dissolução do aldeamento a que os antepassados dos fulni-ô haviam sido reduzidos.

No período de 1876 a 1878 foram demarcados 11 506 hectares para os fulni-ô e reservados oitenta hectares para a igreja e a cidade que surgira à sua volta. A parte indígena era conhecida como aldeia Ipanema, nome do rio na vizinhança. Na década de 1920, avançou no Nordeste o reconhecimento pelo SPI de "reservas" indígenas, para o qual descendentes caboclos dos antigos indígenas deveriam apresentar provas de indianidade, como a realização de torés (que em língua iatê, desprovida da letra "r", se pronuncia *tolê*). Seguiu-se um longo período de idas e vindas na questão fundiária, com a cidade de Águas Belas e arrendatários abocanhando parcelas crescentes do território indígena, até hoje sem homologação definitiva dos 11 572 hectares fixados em medições posteriores,[12] que os fulni-ô querem ver ampliados para 57 mil hectares.

"Existe uma sociedade de meios escassos, que precisa de inovação e criatividade para conseguir ter qualidade de vida", explica Bittencourt. "O branco chega com aquela expectativa de ver os índios originários, que não têm telefone e vivem em choças de palha. Quando vê o índio se pintando com celular [usado como espelho], é como se fosse um rompimento da 'espiritualidade'." O toré turístico, assim, cumpre a função de demonstrar que existem indígenas vivos em Águas Belas, enquanto o Ouricuri serve para sustentar e reproduzir internamente a própria "indianidade", na medida em que ajuda a preservar a língua — para ser reconhecida como fulni-ô, a pessoa nascida de mãe pertencente à etnia tem de observar o Ouricuri, falar ao menos rudimentos de iatê e, acima de tudo, manter o sigilo, sob pena de adoecer e perecer. Segundo Bittencourt,

> [o] *segredo* se tornou no Nordeste indígena o símbolo da manutenção da fronteira da identidade étnica, o qual é constituído de um universo sagrado e religioso. É desta forma que a religião exerce grande influência política. Pois o "segredo" é acionado para expressar uma fronteira ancestral na qual [se] afirma que os índios são os donos da terra.[13]

E, ao lado do segredo, algumas árvores surgem como marcadores de uma cosmologia e uma intimidade com a natureza da terra impermeáveis à religião europeia, ainda que envoltas no sincretismo, como registra o autor: "No pensamento ameríndio nordestino, se Jesus nasceu em uma jurema, Nossa Senhora da Conceição esteve diante do juazeiro e São Pedro aproximou-se da baraúna". Para o estudioso, o pensamento vegetal é um traço de continuidade ameríndia pré-cabralina na compreensão das linhagens de descendência e nas operações rituais para manter vínculos de origem e agrupamento populacional. Nesse sentido, as plantas jurema, ouricuri, juazeiro e as demais nativas têm uma posição primordial no Nordeste, sendo instrumento e veículo para acesso ao reino dos encantos, matéria-prima da bebida dos encantados, que cura males e infortúnios advindos da colonização.

FLEXIBILIDADE, ERVAS E SEGREDO: ARMAS DOS MESTIÇOS CONTRA O COLONIZADOR

Segredo, jurema, cachimbo e maracá formam um complexo ideológico-religioso entre indígenas do Nordeste que não se restringe apenas aos fulni-ô. São marcas culturais comuns aos povos do semiárido, onde floresce a jurema-preta, que depois se espalharam até o litoral, a ponto de se tornarem quase universais na região. Tamanha difusão decorre do fato de esse conjunto de práticas ter adquirido ao longo do tempo o caráter de um núcleo de resistência à colonização portuguesa, ainda que assimilando elementos religiosos europeus em um processo de sincretismo continuado que se estenderia até os séculos 20 e 21.

Colonizados, exterminados ou quase extintos, escravizados, catequizados, desterritorializados, submissos, discriminados, miscigenados, aculturados, civilizados — os indígenas do Nordeste "fizeram a ciência da jurema resistir a tudo isso e sua indianidade está hoje imortalizada nas mais diversas religiosidades juremeiras", defende o antropólogo Rodrigo Grünewald,[14] talvez o mais fértil autor de obras sobre a Jurema. Como fica evidente no caso dos fulni-ô, para quem o Ouricuri se mistura com o culto a Nossa Senhora da Conceição, a mescla paradoxal de sigilo e assimilação marcou a sobrevivência cultural dos indígenas do Nordeste centrada na planta, no vinho e na espiritualidade da Jurema, ao mesmo tempo que os filia a uma estratégia que vem de muito longe.

A mestiçagem religiosa, por assim dizer, se iniciara já nos anos 1500, muito antes de a jurema ser mencionada em documentos oficiais da Coroa ou do Santo Ofício. A propensão ao sincretismo seria fruto de uma maleabilidade inerente aos ameríndios, ao que parece, cujas populações sempre foram caracterizadas por grandes migrações, guerras e contatos interétnicos, com transmissão oral de costumes que não deixava espaço para fixação de dogmas. A capacidade adaptativa indígena foi assinalada por Eduardo Viveiros de Castro num artigo clássico, "O mármore e a murta",[15] imagem que foi buscar no "Sermão do Espírito Santo" de Antônio Vieira, de 1657, em que o padre compara a religiosidade indígena com aquelas estátuas esculpidas à base de poda de arbustos, não raro em formato de animais: "[...] mais fácil de formar, pela facilidade com que se dobram os ramos, mas é necessário andar sempre reformando e trabalhando nela, para que se conserve". Já a fé europeia corresponde à escultura em mármore, que, "depois de feita uma vez, não é necessário que lhe ponham mais a mão: sempre conserva e sustenta a mesma figura".

O que em Vieira é metáfora vegetal da cambiante espiritualidade ameríndia se opõe ao que, para os indígenas do Nordeste, se encarna nas próprias árvores, sendo a jurema-preta um exemplo apropriado. Não por coincidência, a madeira da jurema é dura e cheia de espinhos: tronco e raízes que dão acesso ao que é da terra e dela extraem o sangue de antepassados (e mesmo de Jesus, como depois terminará consagrado no pot-pourri sincrético). A ingestão do vinho da jurema dá acesso a esses mortos divinizados, à fonte em que os povos colonizados encontram forças para resistir à catequese mesmo se submetendo a ela à primeira vista. A propensão a assimilar elementos alheios estimulou jesuítas a buscar correspondências na cosmologia de nativos para inculcar a fé católica nos que atraíam para as missões, por exemplo traduzindo seu próprio Deus monoteísta como Tupã. Abria-se assim a porta para "crer sem fé", como interpretou Viveiros de Castro, o "misto de volubilidade e obstinação, docilidade e recalcitrância, entusiasmo e indiferença com que os Tupinambá receberam a boa nova".

Essa duplicidade assinalada pelo antropólogo já havia sido anotada em 1951 pelo folclorista Luís da Câmara Cascudo ao explicar que a expressão "adjunto de jurema", usada por jesuítas e inquisidores para condenar a magia indígena, designava reuniões e rituais efêmeros em que tomavam a bebida:

> Os indígenas, catequizados por fora, ficaram por dentro com sua crença. E, quando possível, satisfaziam o ritual defeso, dançando a dança de Jurupari [entidade associada com o mal] ao som de maracás e roncos dos instrumentos sagrados que davam a morte às mulheres curiosas.

Faziam a bebida com jurema e a tomavam em cerimônias que não deixaram rastro, acrescenta: "Era remédio, alegria, desabafo e sublimação. Bebiam, sonhavam, amavam. Pensam todos que as festas valiam o atrevimento inaudito da realização clandestina".[16]

O encontro ambíguo dos universos ameríndio e cristão no século 16 deu origem a um fenômeno indígena que ficaria conhecido pela designação genérica de "santidades", cujas primeiras manifestações foram registradas, segundo Ronaldo Vainfas, já por cronistas como Hans Staden em 1557, André Thevet em 1558 e Jean de Léry em 1578.[17] Em que pese o nome paradoxal, as santidades eram mais comumente descritas pelos padres da Companhia de Jesus como seitas heréticas, surgidas com migrações e fugas das reduções jesuítas lideradas em geral por caraíbas, pajés superiores itinerantes que atuavam como profetas ou homens sagrados dos tupinambá e iam de aldeia em aldeia fazendo previsões ou arregimentando seus semelhantes a sair em busca da Terra sem Mal. Sua pregação questionava frontalmente a autoridade religiosa dos europeus, reivindicando para si a condição de santos, que negavam aos brancos escravizadores e catequizadores, contra os quais se levantavam no que Vainfas chamou de "idolatrias insurgentes, atitudes coletivas de negação simbólica e social do colonialismo".

Uma das mais célebres, peça central no livro de Vainfas, foi a Santidade de Jaguaripe, na parte sul do Recôncavo Baiano, objeto de farta documentação produzida na Primeira Visitação do Santo Ofício de Lisboa enviada ao Nordeste (1591-1595). Na década de 1580, um caraíba batizado Antônio por jesuítas e fugido do aldeamento de Tinharé, na capitania de Ilhéus, passou a liderar ou inspirar várias revoltas de indígenas cativos nas fazendas do Recôncavo, que se embrenhavam nas matas em busca de refúgio no local conhecido como Palmeiras Compridas. Duas expedições foram organizadas para encontrar essa espécie de quilombo indígena ancorado em religiosidade sincrética: uma oficial, do governador Teles Barreto, com a missão de destruir a santidade, e outra particular, por iniciativa do fazendeiro Fernão Cabral. Chefiada por um mameluco de nome Tomacaúna, a segunda incursão localizou a sede da revolta indígena e, em vez de dizimá-la, logrou conduzir uma quantidade imprecisa de revoltosos (entre sessenta e duzentos, conforme relatos díspares à Inquisição) para o engenho de Cabral. No destacamento seguiram uma profetisa tupi, a caraíba a quem chamavam de Santa Maria ou Mãe de Deus, e um ídolo de pedra que reverenciavam, mas não o líder Antônio, que fugira.

Na prática, a santidade apenas se deslocou para a fazenda, não desapareceu. Os indígenas ergueram uma igreja na propriedade e passaram a trabalhar para Fernão Cabral, a sugerir que o propósito da expedição capitaneada por Tomacaúna nunca fora desbaratar a revolta. O senhor de engenho dava apoio material à seita, e sua esposa, d. Margarida da Costa, aproximou-se ainda das mulheres que a integravam, recebendo-as como serviçais em sua casa — prova de que a permeabilidade pragmática dos nativos à religião alheia encontrava correspondência na contraparte europeia. Indígenas escravizados fugidos de outras propriedades obtinham abrigo e trabalho ali, multiplicando a mão de obra à disposição do engenho. A revolta dos outros senhores com a prosperidade de Cabral, que aumentava à sua custa na medida em que este enriquecia com o emprego dos fugitivos de outras fazendas, fez o governador Teles Barreto enviar o inquisidor Bernaldim Ribeiro para dar cabo da "idolatria", o que cumpriu com a destruição do templo da santidade na fazenda e do ídolo nela entronizado. Mesmo incriminado e preso por um ano pelo Santo Ofício, a mando do enviado Heitor Furtado de Mendonça, Cabral safou-se com a multa volumosa de mil cruzados (com os quais se compravam à época vinte africanos escravizados) e a punição relativamente branda de degredo de dois anos, que cumpriu em Portugal. Justificava o visitador, na sentença, ser o réu "cristão velho, e a qualidade e a sua nobreza e bom sangue, e a probabilidade que há, e a certeza que se presume, que não teve no entendimento e ânimo erro interior contra a verdade de nossa Santa Fé Católica", conforme relata Vainfas.

Sobre as práticas dos membros da Santidade de Jaguaripe, o que mais se sabe está na Carta Ânua de 1585, escrita provavelmente por José de Anchieta no mesmo ano da destruição da igreja. Os rituais descritos como demoníacos ali apareciam lado a lado com supostos infanticídios, o mito de um navio que chegaria para livrar todos do cativeiro e a ubiquidade do uso de maracás e tabaco — este, no entanto, apresentado como suco que os integrantes da santidade bebiam e seria o causador do transe a tomar conta deles. Para Vainfas, trata-se de um equívoco, dado que indígenas brasileiros costumam fumar e fazer defumações com o tabaco, não o ingerir; equívoco talvez proposital, destinado a evocar em leitores europeus imagens familiares de poções e ritos diabólicos. Há outras possibilidades de interpretação da referência a tais beberagens, que poderiam bem ser cauim, fermentado de vegetais como a mandioca, ou mesmo um vinho de jurema que já naquele tempo os indígenas manteriam longe da vista dos brancos — se bem que, na segunda hipótese, é menos provável o uso da jurema-preta, uma vez que Jaguaripe estava junto ao litoral, e a *Mimosa tenuiflora* viceja na caatinga do interior. De toda maneira, tabaco e jurema permaneceram como plantas sagradas dos indígenas do Nordeste com lugar destacado no esforço de reconexão com antepassados e de resistência ao colonizador, centralidade que já foi descrita como *fitolatria*.

Demoraria algum tempo, porém, para que a Jurema e as práticas rituais indígenas reminiscentes das santidades que se disseminaram pelo Nordeste nos séculos seguintes entrassem na mira e nos registros do colonizador e sua Inquisição. Há, no século 17, citações de cerimônias consideradas feitiçaria, mas sem mencionar a jurema pelo nome, como o relato de 1671 do padre francês Martinho de Nantes, que viveu entre os kariri da Paraíba, citado por Luiz Assunção[18] e que alude a feiticeiros ou impostores que prediziam coisas futuras e curavam doenças. "Podia-se acreditar que alguns deles tinham entendimento com o Diabo, pois não usavam, como remédio, para todos os males, senão a fumaça do tabaco e certas rezas, cantando toadas tão selvagens quanto eles, sem pronunciar qualquer palavra." Para serem felizes na caça ou na pesca, os mestres de cerimônia davam de beber aos jovens "o suco de certas ervas amargas".

Como se lê no livro *Jurema*, de Rodrigo Grünewald,[19] a primeira menção à bebida jurema em documentos do Santo Ofício data de 1720, quando o tabajara Jacob de Sousa e Castro fora a

Lisboa apresentar pleitos de seu povo em nome dos bons serviços prestados à Coroa e testemunhou ao Santo Ofício sobre indígenas acusados de beber jurema e fazer "descer demônios" em meio ao som de maracás e à fumaça de cachimbos. Em 1739, a Junta das Missões Ultramarinas em Pernambuco decidiu punir com prisão indígenas praticantes de feitiçaria diabólica em aldeias de Mamanguape, na Paraíba (região próxima da Baía da Traição, onde testemunhei o Ritual da Lua Cheia dos potiguara), ordem que resultou na morte de uma dezena de nativos.[20] Dois anos depois, o governador da capitania de Pernambuco enviou carta ao rei d. João V citando a prisão de indígenas feiticeiros:

> [...] que se buscassem os meios precisos a remediar os erros que se têm introduzido entre os Índios, tomando certas bebidas, as quais chamam jurema, ficando com elas loucos e com visões e representações diabólicas pelas quais ficam persuadidos não ser verdadeiro caminho o que lhe ensinam os missionários.

A tutela dos jesuítas sobre os indígenas nos aldeamentos e seu quase monopólio na repressão de heresias ameríndias foram interrompidos com a ascensão do Marquês de Pombal ao cargo de primeiro-ministro do rei d. José I, no período de 1755 a 1777. Já em 1757 criou o Diretório dos Índios, com indicação de um funcionário para exercer a tutela sobre os indígenas do Pará e do Maranhão; no ano seguinte, outro Diretório surge para a capitania de Pernambuco, agora com uma proibição direta, "abolindo inteiramente o [uso] das juremas contrário aos bons costumes e nada útil, antes prejudicialíssimo à saúde das gentes".[21]

A transformação dos aldeamentos sob controle da Companhia de Jesus em vilas com administração civil prosseguiu ao longo do século 18, sem, no entanto, colher sucesso na repressão ao consumo de jurema.[22] As reduções jesuítas e as cidades a que deram origem, de um lado, e as santidades, fugas e revoltas de indígenas e pretos escravizados do litoral para o interior, de outro, ofereceram repetidas oportunidades para miscigenação, trocas culturais e sincretismo religioso entre tupis, tapuias, africanos e mestiços que difundiram o culto da jurema, dos maracás e da fumaça por toda parte no Nordeste em que já não estivessem presentes, mesclando-se a religiosidade indígena com elementos de cultos afro, catolicismo popular e magia europeia (e, mais tardiamente, até espiritismo kardecista) que dariam origem ao Catimbó.

"A Jurema e a Santidade [...] são exemplos dessas estratégias de resistência, que incluem acordos, negociações e adaptações às mudanças do contexto cultural", conclui o antropólogo Sandro de Salles. Não raro marcado pelo aspecto messiânico, de resto já presente na busca da Terra sem Mal pelos tupi, o binômio religião/resistência ao colonizador sobreviveria para adentrar o século 19 com reedições estrondosas das santidades do 16.

Quase dois séculos e meio separam a Santidade de Jaguaripe da seita de Pedra Bonita, surgida entre os anos de 1836 e 1838 em Vila Bela (PE), atual município de São José do Belmonte, segundo relato de 1907 de Francisco Pereira da Costa citado por Rodrigo Grünewald.[23] Foi uma das manifestações brasileiras do sebastianismo, movimento profético que predizia o retorno místico do rei português d. Sebastião I, desaparecido em 1578 na batalha de Alcácer-Quibir, no Marrocos. Um mestiço chamado João Antônio dos Santos, do sítio Pedra Bonita, pregava a volta de el-rei e o tempo de fartura que com ele chegaria, no que ganhou a adesão de vários sertanejos para suas peregrinações. Santos terminou por renunciar ao apostolado, sucumbindo à influência de um padre que o convenceu do caráter herético do movimento, mas foi substituído na liderança da seita pelo cunhado João Ferreira, que se intitulou rei e conduzia rituais numa gruta onde servia uma bebida feita com jurema-preta e manacá (*Brunfelsia uniflora*).

A doutrina rezava que o desencantamento do reino exigia lavar as pedras da região com sangue humano e de animais, o que teria conduzido ao sacrifício de trinta crianças, doze homens, onze mulheres e catorze cães entre 14 e 17 de maio de 1838. A suposta matança, por sua vez, motivou a dizimação da seita por um destacamento policial. Pairam dúvidas sobre a veracidade dos alegados sacrifícios, relato feito décadas depois e que pode bem ter sido inventado para justificar o massacre realizado por policiais.

Grünewald anota que a região de Pedra Bonita, hoje conhecida como Pedra do Reino, na tríplice fronteira entre Pernambuco, Paraíba e Ceará, é território de várias etnias nordestinas, como os xocó, pankará, pipipan e atikum. "Essa perspectiva de associar formações rochosas a reinados encantados é muito comum entre os índios juremeiros da região", anota o antropólogo. "Toda essa região é hoje marcada por jurema, reinados encantados e, saliente-se, a violência."

A Jurema Sagrada na encruzilhada entre Catimbó e Umbanda

Nego falava de Umbanda
Branco ficava cabreiro
Fica longe desse nego
Esse nego é feiticeiro
Geraldo Filme, "Vá cuidar da sua vida"

Um pé de manga e outro de angico sombreiam o terreiro Casa das Matas do Reis Malunguinho, no alto do bairro do Cajueiro, em Recife. Em volta do tronco da mangueira se apoia uma fileira de bengalas de madeira pintada, listradas de branco, vermelho, preto, azul e verde. Por volta das três da tarde de 19 de março, dia de São José e da semeadura do milho no Nordeste, começam a entrar os convivas para a Festa dos Mestres da Jurema e a caranguejada para Seu Zé: muitas calças, saias e vestidos brancos, vários turbantes e blusas vermelhas, camisas de chita florida. Não faltam chapéus de palha e maracás. No quintal que se estende à direita da casa, para lá do pé de manga, um cruzeiro perante o qual se realizará um ritual de Jurema de chão, com dezenas de copos d'água e velas sobre o solo. Na longa parede branca, um círculo vermelho e verde com uma estrela de sete pontas e embaixo a frase: "Aqui nada se ensina, mas tudo se aprende".

Os que chegam se cumprimentam. Demonstram especial reverência a Teca de Oyá, 77 anos na época, umbandista com meio século de prática e anéis em todos os dedos, convidada especial de Alexandre L'Omi L'Odó, dono do terreiro. Alguns seguem pelo corredor à esquerda da construção, passando pelo vaso branco e verde com a inscrição "Jurema Preta Senhora Rainha" no qual viceja um arbusto de *Mimosa tenuiflora*, em direção ao quartinho de assentamentos repleto de pratos e gamelas com oferendas de frutas e outras comidas. À direita de quem entra no cômodo, uma porta se abre para um recinto menor, pintado de vermelho e preto, com muitos tridentes de exus e estatuetas de pombajiras. Na pequena varanda da casa, o torso nu de um boneco gigante confeccionado pelo artista Sílvio Botelho mostra um homem negro forte sem camisa. Teca de Oyá comenta: "Esse Malunguinho aí arrasou no Carnaval".

Conforme o sol vai descendo, forma-se uma roda entre a mangueira e o cruzeiro, com os filhos da casa sentados em banquinhos à volta dos copos e das velas. Cantam "Chegou agora/ Chegou agora", referindo-se ao Reis Malunguinho. Alexandre, na cabeça um chapéu de palha furado no alto e no pescoço um lenço vermelho, passa a falar com voz rouca, já incorporado com o mestre encantado que dá nome ao terreiro. Os discípulos formam uma fila para tomar sua bênção. A entidade bebe cachaça no gargalo e também o conteúdo de uma garrafa com líquido escuro, que serve para os afilhados, abraçando-os e falando com cada um, como quem dá "recados" (conselhos, recomendações): é o vinho da jurema, que passa de mão em mão e chega até mim; dou um gole na bebida adocicada com gosto vegetal, similar ao licor que Dona Raquel me dera em Alhandra, que vou verificar nas horas seguintes não ter efeito psicodélico.

Um rapaz caminha de costas até o portão de entrada levando uma cuia e uma vela. Na rua, joga a aguardente da cuia no chão. Volta com a vela e a deposita na casinha à esquerda de quem entra, dedicada a Exu. Alguém vem me chamar para falar com Malunguinho, e pergunto se posso entrar no círculo de cabeça descoberta, pois todos ali estão de chapéu, e recebo um pequeno, de feltro marrom, que equilibro sobre o cocuruto.

Alexandre/Malunguinho me abraça com força, a camisa suada, um pouco trêmulo, depois se afasta e defuma meu corpo, soprando pela boca do cachimbo para que o jato copioso de fumaça saia pela piteira. Aproxima-se, põe a mão sobre meu coração e diz que é para cuidar dele, sem deixar claro se se refere ao órgão vital ou à sede simbólica dos sentimentos, quem sabe às duas coisas, e balbucia algo sobre usar branco. A breve interação com a entidade é carregada de emoção; há algo de genuíno naquela vibração, na intenção e na demanda de cura, que desafiam o ceticismo de jornalista.

Há pelo menos meia centena de pessoas na festa. Cantam os afilhados em torno dos príncipes e princesas, copos e taças com água que aludem às cidades da Jurema: "Segura eu no mundo/ Sustenta eu/ Juremá/ Sustenta eu". Acompanhados apenas pelo som dos maracás, entoam um ponto que eu já tinha ouvido em João Pessoa: "Jurema é um pau encantado/ É um pau de ciência/ Que todos querem saber".

O dono da casa cunhou o termo "juremologia" para designar o estudo da complexa mitologia da Jurema Sagrada, religião herdeira do Catimbó e prima da Umbanda. Empregou o neologismo como título de sua dissertação de mestrado, defendida em 2017 na UFPE, com o subtítulo "Uma busca etnográfica para sistematização de princípios da cosmovisão da Jurema Sagrada". Nascido Alexandre Alberto Santos de Oliveira, o autor mudou seu sobrenome oficialmente para L'Omi L'Odó em 2011, um pioneiro a fazê-lo por razão religiosa; explica que o novo nome significa "das águas dos rios" em iorubá. Todo o povo de terreiro em Pernambuco tem dupla pertença, explica: pratica Jurema e Candomblé, na variante regionalmente conhecida como Xangô, ainda que em dias e rituais separados. Sua casa, no entanto, é só de Jurema, "mas um dia será também de Candomblé".

A família Oliveira tem origem no sertão de Pernambuco, perto de Cabrobó, com antepassados negros e raízes na etnia indígena truká, um dos doze povos originais presentes no estado. Raízes negadas, diz, quando se mudaram para o litoral após as terras da avó serem tomadas, pois não se saber indígena era a regra: "O autorreconhecimento tem só quarenta anos", justifica, referindo-se ao ressurgimento cultural de povos indígenas do Nordeste. Hoje, Alexandre se considera uma continuidade da linha de pajés da família. Encontrou-se com a fé aos treze anos, porém alega já ter nascido "com a ciência", recebendo a formação de Dona Leide, sua madrinha na Jurema. Aos dezessete já "botava as cartas".

"A gente começa de baixo, mesmo", afirmara em entrevista dias antes da festa, apontando as moças e os rapazes que varriam o terreiro e pintavam o cruzeiro. "O importante é cuidar da casa, deixar o ambiente preparado para as boas energias. Fui menino de pegar mato, aprendi as ervas com ela [Dona Leide]", conta. "Colocaram a Jurema como religião de iniciação. Tombo* é fake news. A Jurema é uma ciência inata, não é iniciática como o Candomblé." Para ele, as melhores juremeiras são velhas que nunca pisaram num terreiro.

O encontro que mudaria sua vida se deu com o personagem histórico Malunguinho, até então uma divindade presente apenas nos pontos de Jurema, como aqueles em que o Reis é apresentado como vigia e guardião da Jurema, o guerreiro de 71 batalhões. Foi em 2006, graças a Hildo Leal da Rosa, historiador do terreiro

* Algumas casas de Jurema praticam rituais de iniciação como o tombo (cerimônias especiais com oferendas aos guias da pessoa) e sementação (implante de sementes de jurema-preta sob a pele).

Xambá e coordenador do Arquivo Público Estadual João Emerenciano, em Recife. Paleógrafo, ou seja, um especialista em manuscritos antigos, Rosa ajudou o também historiador Marcus Carvalho a transcrever documentos do século 19 sobre o quilombo Catucá, uma grande região de mata que abrigava escravizados fugitivos. As seguidas menções a Malunguinho como líder dos revoltosos chamaram a atenção do paleógrafo, um praticante de cultos afro-brasileiros que conhecia esse nome dos pontos que ouvia nos terreiros.[1]

Alexandre ainda estava cursando graduação em história, mas conhecia Rosa. Com ele e João Monteiro, iniciou em 2004 um grupo de estudos que daria origem ao Quilombo Cultural Malunguinho (QCM). Diferentemente do movimento para reconhecer o Quilombo dos Palmares (AL), que envolveu estudos arqueológicos, nesse caso havia apenas a história documental para embasar um reconhecimento como patrimônio cultural e religioso, não tanto territorial. No mesmo ano de 2006, o grupo organizou o primeiro festival Kipupa Malunguinho, reunindo cinquenta pessoas no local de que Alexandre teve indicação por "recado" da própria divindade: dirigindo-se a uma propriedade em que arqueólogos faziam escavações de um possível quilombo na zona rural de Abreu e Lima, o ônibus quebrou num sítio cujo proprietário, Juarez, era juremeiro. Estavam no Catucá.

O evento se repetiria todos os anos por duas décadas, com público crescente até a pandemia de covid-19, ocasião em que o festival encolheu para menos de uma centena de pessoas. No auge, em 2019, chegou a reunir milhares de participantes na mata de difícil acesso, com 12 quilômetros de estrada de terra no trajeto. A mobilização, que Alexandre, em sua dissertação, chamou de "Revolução Catimbó" e qualificou de levante intelectual,[2] levou à adoção da Lei Estadual nº 16 241, de 2017, instituindo a Semana da Cultura Afro-Pernambucana entre 12 e

18 de setembro, em homenagem a Malunguinho. Líder do movimento, Alexandre deu palestra em Brasília para membros do Instituto do Patrimônio Histórico e Artístico Nacional (Iphan) como parte do processo para tornar Catucá e Malunguinho patrimônios culturais do Brasil, processo que foi paralisado durante o governo antiquilombola de Jair Bolsonaro.

O calunga (boneco gigante), cujo torso se encontra estacionado na varanda da sede do terreiro a comandar a admiração de Teca de Oyá, tem a aparência despojada de um negro forte sem camisa. Sua aparição no Carnaval, assim como o festival Kipupa, coroou o ressurgimento de Malunguinho para o mundo da cultura, dando visibilidade a um personagem antes soterrado entre os papéis esquecidos nos arquivos, porém muito vivo nos rituais juremeiros e seus pontos cantados, ainda que dissociado do líder quilombola histórico. Não estranha, assim, que Malunguinho esteja no centro da festa do terreiro que leva seu nome e que seja incorporado pelo anfitrião, padrinho de todos por ali.

Outros médiuns presentes também recebem entidades, como ocorre com a cantora e jornalista Joanah Flor, em quem se acosta Cigana, uma pombajira. Muito sensual, ela baixa no começo da comemoração, quando batem os tambores numa gira para Exu, com taça de espumante numa mão e cigarro aceso na outra. Veio até mim, tomou um cachimbo e passou a soprar muita fumaça de alto a baixo em meu corpo, pela frente e depois pelas costas, para efeito de purificação. Em seguida, fez o mesmo com a câmera fotográfica e o bloco de notas que eu segurava. Pediu então que eu deixasse os apetrechos de lado num banco e juntasse nas mãos tudo aquilo de que precisasse — amor, por certo — e, depois da fumaçada, jogasse "para o mundo" (no caso, para cima). A bênção da entidade me emocionou da mesma maneira que o encontro com Malunguinho por intermédio de Alexandre, como de resto viria a acontecer em outras ocasiões, para certa surpresa do visitante, que permaneceria ateu, apesar dos pesares.

Noutro momento da festa, quando o ritual era de Jurema de chão, Joanah incorporou sua entidade guia, Mestra Luziara. A cantora, cujo transe envolve possessão completa, que não deixa registro na memória, identificou a encantada somente depois, por uma fotografia que fiz dela durante a cerimônia: face serena, delicada e discretamente sorridente, em contraste com a exuberância da Cigana dançante que a precedera. Luziara teria sido amante de d. João VI, diz uma narrativa juremeira, e se refugiou em Pernambuco após a volta da família real a Portugal. Segundo Joanah, é considerada a mestra mais antiga da Jurema, e há quem preveja que ela deixe de baixar do reino dos encantados para trabalhar nos terreiros, como asseguram vários juremeiros já ter sido o caso de Zé Pelintra, para muitos retirado, embora alguns ainda afirmem incorporá-lo, como Pai Ciriaco em Alhandra.

Joanah realizou um documentário sobre Jurema Sagrada que seu padrinho, Alexandre, considera uma das melhores obras audiovisuais sobre a religião. Intitulado "Jurema Sagrada: A ciência dos encantados",[3] o filmete de 22min45s, produzido em 2008 para a conclusão do curso de jornalismo na Universidade Católica de Pernambuco (Unicap), contém depoimentos e cenas em várias casas de Jurema, inclusive nas ruínas do sítio de Maria do Acais em Alhandra, das quais não sobrariam depois nem vestígios. A cantora conta que não gravou o documentário só para cumprir a obrigação acadêmica, mas atendendo a um chamado espiritual, "tudo místico". Nascida em família do Leste do Maranhão, "muito catequizada", nem sabia o que era Jurema até iniciar a pesquisa para o trabalho.

Pedi ajuda de Joanah para encontrar um maracá tradicional de cuité, um tipo de cabaça muito redonda que cresce como um fruto de verde intenso na árvore cuieira (*Crescentia cujete*). Percorremos vários boxes no mercado São José, zona portuária do Recife, até encontrarmos um maracá com chiado intenso, uniforme e agudo. A entrevista transcorreu num almoço com escondidinho de bode e macaxeira, na rua da Guia, famosa região de meretrício recifense associada também com mestras da Jurema, como Ritinha, com quem me encontrei no bairro Redinha de Natal. De volta ao terreiro no bairro do Cajueiro, em que a saleta de assentamentos ostenta uma antiga placa da rua da Guia em esmalte azul com letras brancas, ela cantou dois pontos de Jurema, um para Cigana e outro para Malunguinho:

Preste atenção, seu moço
Não brinque com mulher não
Um dia cê tá em cima
No outro cê tá no chão

Preste atenção, seu moço
Veja que o que cê faz
Eu sou pombajira Cigana
E tenho olho atrás

Até quando o mar vai viver
Até quando vai sobreviver
Até quando o rio vai correr
Até quando você vai sorrir
Vendo assim tudo desaparecer
Desaparecer

E quando o Sol se queimar
E a Lua nunca mais se ver

E não puder nem respirar
Vai fugir, vai correr sem chegar
Em nenhum lugar, ou cansar

Meu amor da mata
Na semente, na flor, na casca
Na raiz da mata
No sertão na cidade, bem longe daqui

Sobô Nirê, Sobô Nirê
Sobô Nirê, Sobô Nirê
Firmei meu ponto, sim
No meio da mata, sim

Sobô Nirê, Sobô Nirê
Sobô Nirê, Sobô Nirê
Malunguinho na mata é Rei
Malunguinho na mata é Rei

OS ANCESTRAIS AMERÍNDIOS E AFRO-BRASILEIROS ANTERIORES À UMBANDA

A presença de Zé Pelintra nos cultos juremeiros, assim como exus, pombajiras, mestres e mestras que também comparecem em rituais de Umbanda, como Ritinha, Luziara e Maria Padilha, impõe uma questão difícil de responder: afinal, a Jurema Sagrada é um ramo da Umbanda ou uma religião separada, autônoma? Quanto comporta de Orixás do Candomblé, do Xangô? A dúvida acompanhou muitas visitas a casas e terreiros de Jurema, no Nordeste e fora dele — por exemplo, em Belo Horizonte e Santo André (SP) —, sem que terminasse dirimida de todo. Ao contrário, essa ambiguidade, essa indeterminação de fronteiras, parece revelar algo de essencial a esse complexo nordestino peculiar da religiosidade de matriz ameríndia-africana.

Sandro Guimarães de Salles informa que Zefa de Tiíno, como também era conhecida Mestra Jardecilha, foi representante e fiscal em Alhandra da Federação dos Cultos Africanos do Estado da Paraíba,[4] entidade que abrigou e resgatou a Jurema da perseguição policial. O templo abriga ilus, tambores usados para toques de óbvia inspiração africana ausentes de rituais indígenas, em que predominam os maracás. Nina, filha de Jardecilha, conta que a matriarca recebia Exu. O próprio filho, Lucas, é sacerdote de Candomblé, embora pratique os cultos separadamente e se apresente só como Lucas Juremeiro. Ele admite que a "miscigenação" levou à perda de identidade da Jurema — cita o caso da sementação (implantação de semente de jurema-preta sob a pele do iniciado), que não era praticada por indígenas ou no Catimbó e terminou assimilada por influência do Candomblé. Com efeito, é usual ouvir de praticantes — como Pai Ciriaco, Dona Raquel e Nayanne, em Alhandra, ou Alexandre L'Omi L'Odó, em Recife — que juremeiro já nasce feito, não carece de ritos iniciáticos e de reclusão, embora outros preconizem a necessidade de batismo, sementação e tombo.

No caso específico da Umbanda, o argumento contrário à noção de que a Jurema Sagrada seria um ramo seu se esteia no anacronismo: a matriz indígena e nordestina do Catimbó que lhe deu origem se perde na bruma das eras colonial e pré-colonial. Como diz Alexandre, "o tempo da existência da Jurema no Nordeste é infinitamente superior ao tempo da existência da Umbanda no país".[5] A Umbanda surgiu no início do século 20, de acordo com o que Luiz Antonio Simas denomina mito de origem: em 15 de novembro de 1908, na Federação Espírita de Niterói (RJ), o jovem Zélio Fernandino de Moraes foi levado a uma sessão que subverteu ao incorporar um espírito que se anunciou como Caboclo das Sete Encruzilhadas. Em encarnação anterior o Caboclo teria sido um padre jesuíta, Gabriel Malagrida, morto em fogueira do Santo Ofício no século 18. Depois disso, Zélio fundaria o Templo Espírita Nossa Senhora da Piedade, que se anunciava umbandista, cristão e brasileiro.[6]

A menção à encruzilhada, a caboclos (indígenas), a pretos velhos e a outros elementos do culto assim surgido remete, como assinala Simas, a uma óbvia assimilação de elementos africanos e ameríndios numa mescla que, paradoxalmente, pode também ser encarada como processo de embranquecimento, por meio da imposição da disciplina evolucionista kardecista a uma plêiade de entidades supostamente primitivas, carentes de doutrina. O amálgama se institucionalizou na forma de federações estaduais de Umbanda, que proliferaram a partir de 1939, com a primeira surgindo no Rio de Janeiro.[7] A da Paraíba nasceria em 1966, quando passou a registrar e proteger os terreiros de Jurema anteriores a ela. Nesse sentido, ao menos em sua forma institucionalizada, é evidente que a Umbanda não poderia ser a fonte da Jurema Sagrada.

Outra coisa, bem diversa, são elementos da Jurema anteriores à Umbanda oriundos da copiosa matriz africana que alguns designam pelo termo genérico de "macumbas". Desde muito cedo, bem antes do sincretismo urbano, talvez já no século 18 e certamente no 19, ocorriam muitas trocas entre indígenas e africanos escravizados, fosse nos aldeamentos e nas fazendas contíguas mantidas por padres donos de escravizados, fosse nos acampamentos — mocambos e quilombos — fundados por fugitivos do jugo europeu e nas fazendas de gado do sertão com seus vaqueiros negros. Das santidades do século 16 ao Candomblé de Caboclo do 19, há um fio condutor que entrelaça o uso de jurema, cachimbos e maracás com ervas, transes e cultos de ancestrais (eguns) comuns em ritos africanos, como assinala Clélia Moreira Pinto.[8]

Mário de Andrade diria, entre milhares de notas e fichas reproduzidas no volume *Música de feitiçaria no Brasil* (organizado postumamente por Oneyda Alvarenga), que lhe parecia indiscutível a procedência indígena do Catimbó, "o que de mais intimamente nacional deu a nossa religiosidade". Houve contato com a macumba, não há dúvida, afirma o escritor, porém o forte da mitologia catimbozeira é amazônica, a liturgia tem bastante de ameríndia, e a música no geral adquire um lusitanismo esvaziado de Portugal, quase nada respirando da África (a não ser em produtos francamente africanos, dedicados a Mestres afro-brasileiros), "tem uma molenguice que evoca uma existência tapuia, uma fusão de portuga e ameríndios".[9]

Ao enfatizar os componentes indígena e europeu do Catimbó, Mário de Andrade segue as noções de Câmara Cascudo, anfitrião na viagem que o folclorista de São Paulo fizera a Natal em 1928, quando Andrade fechou o corpo num terreiro. Cascudo, um pioneiro no estudo da religiosidade que daria origem à Jurema Sagrada de hoje, define o Catimbó como caudal resultante de um "amável sincretismo acolhedor entre os 'Mestres do Além', africanos, indígenas, mestiços nacionais",[10] como veios de um mesmo bloco de mármore, ou três águas inseparáveis que correm para o mar. No entanto, e na medida em que acentua os serviços lenitivos que o Catimbó presta à população pobre do Nordeste, ele privilegia os ingredientes europeus das práticas mágicas em torno da planta jurema: "Os processos de feitiçaria, catimbó, bruxaria, no Brasil, são mais de oitenta por cento de origem europeia". Mais que isso, catimbozeiros estariam respondendo a uma urgência humana de fundo universal, ainda que uma universalidade eivada de eurocentrismo, como se percebe quando Cascudo resume o propósito de seu livro sobre o Catimbó: "*Meleagro* tenta evidenciar a antiguidade de muitos dos elementos sedutores no catimbó", escreve.

> Antiguidade de Grécia e Roma, velhice oriental, segredos da Idade Média, não pesariam tanto se não fossem uma continuidade, rio obscuro e teimoso, desaguando na linfa mais moderna das conquistas moderníssimas. Os bruxos do catimbó vivem em todos os países do mundo.

Mestre e mestra são as designações reservadas para grandes catimbozeiros e juremeiros que, em vida, se mostram capazes de operar curas admiráveis, dar conselhos certeiros e lançar ou desfazer feitiços poderosos. Após a morte, encantam-se como entidades que preservam o título, como Mestra Jardecilha, Mestre Carlos e Mestre Manoel Cadete. Quando baixam em rituais de Jurema, é mais uma vez para trabalhar, quer dizer, promover curas, prescrever obrigações e dar "recados", como os que recebi de Zé Pelintra, Zé Bebim, Malunguinho e Cigana, ou receitas de saúde. Embora se utilize muito a fumaça do cachimbo, prática de evidente origem ameríndia, Cascudo relaciona essa medicina de pobres para pobres menos a pajés e feiticeiros africanos que a curandeiros e bruxos herdeiros da magia europeia, possuidores dessa outra "ciência".

Ao encantar-se, mestras e mestres passam a viver em outro plano de realidade, em cidades, estados ou reinos específicos. Essa geografia mitológica da Jurema também parece ter evidente origem europeia, pois tais divisões administrativas, por assim dizer, não teriam muito sentido entre indígenas brasileiros e escravizados africanos. A forte contribuição branca para o Catimbó se manifesta, ainda, na onipresença do catolicismo popular de origem ibérica, acrescido do espiritismo kardecista ainda no século 19, antes do advento da Umbanda.

Essa forma de embranquecimento do Catimbó afro-ameríndio, que Cascudo em suas passagens mais generosas define como fruto de "sincretismo acolhedor", aparece como degeneração entre estudiosos da religião em gerações subsequentes, como Roger Bastide, que enxerga juremeiros como "pobres caipiras" condenados a uma "existência medíocre" e atraídos pelo "orgulho de falar com os encantados":[11] segundo ele, duas psicologias coletivas inteiramente diferentes se marcam no Candomblé e no Catimbó, a do africano e a do indígena. Mas, se a mitologia do Candomblé é rica e complexa, a do Catimbó seria, em sua opinião, pobre e incipiente, porque a antiga mitologia indígena se perdeu na desintegração dos povos originários, na passagem da cultura local para a cultura dos brancos, que estavam dispostos a aceitar os ritos, porém não os dogmas pagãos, na sua fidelidade ao catolicismo. Para Bastide, o Catimbó foi concebido mais como magia do que como religião propriamente dita, devido aos elementos perigosos e temíveis e às perseguições da igreja e da polícia.

O fascínio exercido sobre acadêmicos pela suposta pureza africana no Candomblé eclipsou por décadas o estudo do Catimbó, após os trabalhos pioneiros de Cascudo e Andrade na primeira metade do século 20, que só seria retomado com afinco a partir da década de 1970, sobretudo por autores do Nordeste, como René Vandezande. Ainda que pouco reconhecida nas universidades do Sudeste, uma escola de estudos antropológicos de Catimbó e Jurema surgiu nos anos 1990 com os trabalhos de Rodrigo Grünewald, que pesquisou as práticas indígenas com jurema entre os atikum da Serra do Umã (PE); e de Luiz Assunção e Sandro Guimarães de Salles, que privilegiaram as relações contemporâneas entre a Jurema e a Umbanda, como se pode ver pelos títulos de seus livros, respectivamente *O reino dos mestres: A tradição da jurema na Umbanda nordestina* (2006) e *À sombra da Jurema encantada: Mestres juremeiros na Umbanda de Alhandra* (2010). O trio daria origem a uma fieira de dissertações de mestrado e teses de doutorado sobre Jurema, parte delas incluída na bibliografia deste livro.

Assunção conta que, ao iniciar sua investigação etnográfica, só conhecia Candomblé e Umbanda. Percorreu por dois anos o interior de Paraíba, Pernambuco, Piauí e Ceará, quando descobriu algo a mais nos terreiros de Umbanda — a Jurema. "Era o que mantinha a casa de pé, o que a movia", disse numa entrevista em maio de 2022, referindo-se às consultas dadas pelos juremeiros, profundos conhecedores de ervas, uma herança indígena: "Um dos pontos que eu defendo, o principal que eu quis mostrar e fui buscar no sertão, era exatamente que a Jurema sempre existiu como prática ritualística". A intolerância fez com que ela se fechasse, diz, mas a Jurema também sempre foi, nessa passagem para o universo urbano, uma prática de pequenos grupos, em torno de um mestre vivo em sua comunidade, que atendia as pessoas do grupo.

É o processo que Alexandre L'Omi L'Odó apelidaria de "alvenarização",[12] quando rituais originalmente praticados na mata migram para as salas e cozinhas dos casebres para escapar da perseguição religiosa e policial. A partir dos anos 1960, a Umbanda institucionalizada permite que a Jurema deixe os espaços apertados entre quatro paredes para espalhar-se nos terreiros registrados como umbandistas por juremeiros praticantes. "Tocam para Exu na abertura da mesa e depois para os mestres da Jurema", resume Assunção. Não deixa de ser uma outra forma de invisibilização, paralela ao desprezo acadêmico perante uma religiosidade vista como degeneração do Candomblé ou como apêndice da Umbanda, ou pelo menos de ocultamento das raízes mais profundas da Jurema no passado ameríndio-africano do Nordeste.

Isso começaria a mudar na passagem para o século 21, quando o movimento identitário liderado por figuras como Alexandre L'Omi L'Odó começou a reivindicar a precedência da Jurema no Nordeste, com os olhos voltados mais para o sertão, onde vicejam a jurema-preta e a mestiçagem negra, indígena e europeia, do que para o litoral e a Zona da Mata coberta de cana-de-açúcar pelas mãos de escravizados, em que outros prefeririam ver a idealizada pureza africana do Candomblé. Em 2010, um censo de terreiros realizado pelo Ministério do Desenvolvimento Social e pela Unesco em quatro regiões metropolitanas brasileiras (Belém, Belo Horizonte, Porto Alegre e Recife) mostrou que a Umbanda é a mais praticada nas três primeiras, mas não na metrópole pernambucana, em que 896 casas indicaram a Jurema como predominante, seguidas por Candomblé (703) e Umbanda (365).[13]

O descaso de pesquisadores de religião de fora do Nordeste com a Jurema produz efeitos até hoje. A historiadora e antropóloga mineira Dilaine Soares Sampaio já contava uma década de estudos sobre religiões de terreiro quando foi aprovada em concurso para a UFPB, mas não conhecia Jurema. "Aqui, pirei, achando que não sabia mais nada", contou em entrevista de dezembro de 2022. "Fui estudar. Senti necessidade de mapear o tema, muito relegado. Bastide tem um único texto sobre isso." Sua maior surpresa foi topar com o trabalho de Mário de Andrade. Logo descobriria os trabalhos de Luiz Assunção e Sandro de Salles.

Sampaio foi criada em Juiz de Fora (MG), nos preceitos rígidos da Igreja Metodista, mas a matriz africana não estava distante de seu núcleo familiar: uma tia era filha de Iemanjá; outro tio mais velho, apelidado de "Vô", era curandeiro e tinha lá o seu caboclo e seu preto velho. Após a graduação em história na Universidade Federal de Juiz de Fora (UFJF), ela fez iniciação científica com a antropóloga fluminense Fátima Tavares, ficando encarregada de levantar a posição de organizações profissionais de medicina a respeito das práticas alternativas em terreiros, que seriam visitados por um colega. Este, no entanto, pediu para trocar de função, e "o mundo se abriu" para ela: na primeira visita à casa de Candomblé Angola de Pai Angelo, ficou arrepiada. Planejava pesquisar no mestrado a Igreja Universal do Reino de Deus, mas a professora a convenceu a estudar o discurso católico sobre a Umbanda nos anos de 1940 a 1965. No doutorado, fez a etnografia do terreiro Ilê Axé Opô Afonjá, de Mãe Stella de Oxóssi, em Salvador.

Em João Pessoa, para onde se mudou em 2010, enquanto ainda redigia o doutorado sobre Candomblé, Sampaio se deparou em terreiros com uma mistura de Umbanda, Nagô e Jurema: "Um dia, ouvi um ponto de pombajira, mas corporalmente muito diferente — [a pessoa incorporada] não era pombajira, era mestra de Jurema, com chapéu de cangaceira". As diferenças, porém, penetravam muito mais fundo que a mera caracterização das entidades, alcançando o plano do que a pesquisadora prefere chamar de "cosmopercepção" — a matriz de noções que organizam o mundo vivido, mas recebida por todos os sentidos, com o corpo, sem privilegiar a visão e a razão.

São muitos os elementos específicos da Jurema: cachimbo e fumaça, a jurema como planta de poder, maracás, cidades onde moram os encantados. Verdade que nos textos mais antigos sobre Catimbó não se encontra menção a exus e pombajiras, nem a recolhimento e iniciação, mas nenhuma religião fica parada, defende Sampaio, antes reinventa continuamente a tradição.

Nesses doze anos, diz, ela conseguiu ver e entender melhor o Catimbó-Jurema: "Tem candomblecização, em alguns terreiros? Tem. Tem influência forte da Umbanda? Tem. Mas Jurema é uma religião distinta da Umbanda e do Candomblé. Discordo, não vejo como Umbanda Nordestina".

Numa Festa dos Mestres a que a especialista compareceu, havia uma torre de chope da qual jorrava vinho de jurema, qualquer um podia chegar e tomar à vontade, embora sem obter efeito psicodélico. "Tomei quatro cuias e curei resfriado." A antropóloga prefere falar em expansão da consciência, ainda que sem manifestações visuais ao estilo das mirações da ayahuasca. "O Mestre chega, pede cachimbo e jurema. Desce para trabalhar, ajudar as pessoas. Dá a bebida a você, mas não é mais só a jurema, pode ser cerveja, vinho — está sacralizada", ensina. Ela não se considera uma praticante de Jurema, Umbanda ou Candomblé, mas tampouco saiu incólume, como pesquisadora, da frequência a terreiros: "O campo vai atravessando a sua vida pessoal. Não tem essa coisa de separar o pesquisador e a pessoa que você é. As entidades misturam tudo, não querem nem saber. Elas estão lá para fazer o trabalho delas, e a gente, para fazer o nosso".

Talvez nem seja o caso de designar pelo termo "sincretismo" esse vórtice de tradições, sacramentos e rituais que compõe a Jurema Sagrada, mesmo que na acepção generosa de Cascudo ao caracterizá-lo como "sincretismo acolhedor". Parece fazer sentido a proposta de René Vandezande de recuperar o conceito de "bricolagem" aplicado ao pensamento mítico por Claude Lévi-Strauss, em que elementos heterogêneos, pedaços e restos da história de indivíduos e sociedades aparecem recriados como símbolos numa nova estrutura, não como categorias em um sistema classificatório ou peças de formato ditado por um plano prévio. Cada catimbozeiro mobiliza os elementos disponíveis à sua maneira, ensina Vandezande: "Estes símbolos são misturados e de novo relacionados e de novo utilizados em combinações sempre novas e originais. Sem qualquer referência, porém, à realidade simbolizada originalmente".

Está aí a razão pela qual se mostra tão infrutífera, para não dizer frustrante, a expectativa de estabelecer qual é a doutrina da Jurema e designar-lhe um local definido no espectro das religiões de matriz ameríndia-africana no Brasil. Os próprios juremeiros vivem às turras uns com os outros, cada um pontificando sobre qual seria a "verdadeira" Jurema, se comporta sementação ou não, se exus e pombajiras têm ou não lugar nela, se o vinho da jurema leva cachaça ou não, se faz sentido usar só camisas de chita florida ou se admitem também as de acetinado em cores berrantes, se os pontos devem ser acompanhados só por maracás ou se aceitam também o toque de ilus, ou qual é a lista mais correta das cidades e dos reinos encantados.

Como no transe, a Jurema é o domínio por excelência da liberdade e da criatividade, ou seja, de uma plasticidade que resiste a toda classificação, da carnavalização em que reinam Eros e Dioniso, exus e pombajiras na companhia de Reis Malunguinho e Canindé, de Cigana e Mestra Luziara, de Caboclos Pena Branca e Pena Preta, Pretas e Pretos Velhos, Vaqueiros, Boiadeiros, Marinheiros... No levante de revalorização da Jurema das últimas três décadas está implícito também algum distanciamento da Umbanda e do Candomblé, com suas pretensões, respectivamente, de institucionalização e pureza. É como se Canindé e Malunguinho reclamassem o direito de cidadania encantada para que seus pajés e feiticeiros possam praticar a magia eclética de seus antepassados sem precisar mais temer a violência policial e religiosa, o desprezo acadêmico pela suposta degeneração ou a repugnância moral despertada em brancos pela mescla de macumbas e pajelanças com catolicismo popular e baixo espiritismo, como se dizia pejorativamente na primeira metade do século 20, quando juremeiros apanhavam da polícia e eram conduzidos presos com suas mesas de trabalho na cabeça, para depois serem obrigados a repetir seu ritual na delegacia.[14]

Muito da perseguição voltada no passado contra o Catimbó e hoje contra a Jurema se associa a bruxaria e feitiçaria, o que os próprios juremeiros chamam de trabalhos "de esquerda", ou seja, aquilo que o mestre proporciona ao consulente para protegê-lo de malefícios ou causá-los a seus inimigos. É uma "lata de lixo simbólica", anota Alexandre L'Omi L'Odó, pronta para receber tudo que é alijado pela sociedade: "[...] a Jurema, com a Ciência da Esquerda, assumiria a ideologia e a identidade de tudo que fora rejeitado, excluído, vilipendiado, e de que sofre preconceito e violência na sociedade". No seu modo de ver, não podemos observar a Jurema e resumi-la unicamente à experiência religiosa vista pelo prisma da lógica de sagrado ocidental, que preza por sua hegemonia, olhando o mundo a partir do cristianismo e da noção de bem desse universo cultural, muito forte no Brasil.

A esquerda da Jurema seria o rompimento com a cosmovisão judaico-cristã, da moral, da ética e dos bons costumes. Por essa característica própria, ela sofre preconceito inclusive por parte dos praticantes do Xangô ou Candomblé.[15]

Em contraste com os distantes e silentes Orixás, Trunqueiros como Malunguinho e Zé Pelintra estão fadados a decair no conceito de pesquisadores acadêmicos, com suas obsessões essencialistas e fixistas, ancoradas num eurocentrismo que rebaixa como magia tudo que difere das religiões estabelecidas dotadas de doutrinas sólidas. Desde os primeiros estudiosos do Catimbó, como Luís da Câmara Cascudo e Mário de Andrade, nota-se esse viés desqualificador, como na descrição de Malunguinho por esse último folclorista após sua visita a terreiros de Natal levado pelo primeiro:

> Negro africano feiticeiro malévolo. Só pratica o mal. Trabalha com a cabeça no chão. Trabalho à meia-noite, com panos pretos. É capaz de tomar mais de uma garrafa de cauim [jurema, possivelmente] de uma vez e até duas. Serviço dele outro espírito não desmancha. É um espírito atrasado, convive em mundos inferiores, no geral não é chamado. Manda enterrar sapos cururus na porta de quem a gente quer infelicitar.[16]

CABOCLO ABOIADOR E WALTER BENJAMIN NA RODA DOS PRAIÁS PANKARARÉ

O café da manhã na cozinha coletiva do terreiro acabava de ganhar o quitute de tripas fritas quando soaram os silvos. Eram gaitas anunciando a chegada da comitiva de Brejo do Burgo. Fogos de artifício começaram a espocar, e todos deixaram a comida para se dirigir ao pórtico da área sagrada dos pankararé.[17] Começava a Festa da Ciência do Amaro, aberta para o público desde 1995. Liderando o grupo vindo da aldeia, distante 14 quilômetros dali, despontava Edézia Maria da Conceição Feitoza, a Mãe Véia do terreiro, também conhecida como Dona Deza, casada com o cacique Afonso Enéas.

A líder foi recebida pelos integrantes desse povo indígena da Bahia nos portões azuis sob um arco de alvenaria caiada, com uma cruz no alto, no qual se lia "Deus abençoe a todos". Boa parte deles vestidos com os saiotes cerimoniais de fibra de caroá, estavam organizados em duas filas a partir da entrada enfeitada com folhas de palmeira. O assobio das gaitas, instrumento a meio caminho entre apito e flauta, deu lugar ao chiado envolvente dos maracás, sempre a acompanhar as toantes, canções de poucos versos puxados por uma pessoa e repetidos por todas as outras. Um exemplo:

Na minha ciência tem muitos encantados pra brincar
Com a força da Jurema e a força do Juremá
No terreiro do Amaro nós iremos festejar
Com os Encantados das matas e do meu pé de jatobá.

Não se trata de qualquer jatobá, mas da árvore sagrada que deu origem ao terreiro do Amaro e serve de morada para o Caboclo Aboiador, encantado que ocupa um lugar central no panteão pankararé. Em meio à caatinga estorricada, a copa sempre verde do jatobá cobre uma área cercada com seus 400 m², na qual só se entra pela construção circular chamada de Poró dos Homens. Apenas pessoas desse sexo e maiores de dezesseis anos podem adentrar o espaço. Ali se reúnem os jovens que dançarão à noite paramentados como praiás, caracterizados pela vestimenta feita também de caroá, que os cobre da cabeça aos pés e representa as forças encantadas da mata. Sob um pequeno telheiro está guardado o vinho da jurema, sacramento dos pankararé para facilitar a comunicação com encantados. "A jurema é aquilo que Nosso Senhor benzeu para a população beber", respondeu o cacique vagamente, após alguns segundos de silêncio, à pergunta sobre o papel da bebida no ritual. Limitou-se a explicar que o vinho só pode ser feito com a jurema-de-caboclo, uma variedade sem espinhos.

Os pankararé, como outros povos originários do Nordeste, são indígenas muito diversos dos parentes da Amazônia, pois não correspondem ao estereótipo de cabelos lisos, olhos amendoados e adornos de penas (embora em festividades como a do

Amaro haja cocares à vista, alguns feitos de palha). Trata-se de uma população cabocla, miscigenada, cujos costumes foram quase inteiramente apagados no período colonial, a exemplo de todas as outras etnias submetidas aos aldeamentos forçados dos jesuítas e outras ordens católicas. A invisibilidade tornou-se também um expediente de sobrevivência, que se manifesta ainda hoje no segredo em torno da chamada ciência, daí a relutância de Afonso Enéas em detalhar o preparo do vinho da jurema.

"Fui muito perseguido", contou o cacique na entrevista de 28 de outubro de 2023. Chegou a ter sua roça de feijão e milho queimada, e as cercas, derrubadas. Os conflitos envolviam posseiros e até pessoas de seu povo que não queriam ser identificadas como indígenas, quando se iniciaram os trabalhos de demarcação do território pela Funai, nos anos 1980. Hoje estão homologados para os 2400 pankararé um total de 47,5 mil hectares (475 km²). O território fica no município de Glória (BA), perto de Paulo Afonso (BA), na margem direita do rio São Francisco. Com a construção da hidrelétrica de Itaparica, muita gente foi retirada das terras e realocada, inclusive, na área indígena. Processo semelhante acompanhou a criação da vizinha Estação Ecológica Raso da Catarina, refúgio da arara-azul-de-lear, ameaçada de extinção. A região ficou famosa também pelas andanças do bando de Lampião, que fazia acampamentos por ali.

Em 1979, durante a luta pela demarcação, o então cacique Ângelo Pereira Xavier foi assassinado numa emboscada, informa Elaine Patrícia de Sousa Oliveira, nora de Dona Deza e Afonso Enéas, em sua dissertação de mestrado.[18] Anos depois, Afonso assumiria a liderança e concluiria o processo de reconhecimento do território pankararé. Os conflitos continuavam, dificultando a realização de rituais que sobreviviam só na forma oral, como as toantes que a Mãe Véia dos Praiás, Dona Deza, cantava desde menina.

Andando pela caatinga com o gado, criado de modo extensivo no sistema fundo de pasto,* Afonso um dia se viu vencido pelo sol causticante quando o rebanho estourou. Encontrou sombra sob um pé de jatobá, única vegetação com folhas na secura a perder de vista, e parou para descansar com a cabeça apoiada no tronco. Dormiu. O gado retornou sozinho e começou a lamber seus pés. Ali o cacique viveu a primeira aparição do Caboclo Aboiador, entidade encantada no epicentro da Festa do Amaro que seu povo passou a organizar, naquele mesmo local, a cada último sábado de outubro. "Toda força que a gente teve [na luta pela demarcação] foi daqui, do Amaro", diz o cacique.

No altar da igreja se revela toda a bricolagem da religiosidade sertaneja. São muitas as imagens: além do Caboclo Aboiador, um índio de torso nu e chapéu de couro, há estatuetas de Padre Cícero, Jesus Cristo, São Jorge, Iemanjá, Caboclo Pena Branca, Nossa Senhora Aparecida, Cosme e Damião... Após a chegada da comitiva encabeçada por Dona Deza e o toré que se segue, o ritual seguinte da Festa do Amaro são as bênçãos do cacique na capela. Ele puxa uma toante com estrofes como esta:

Eu estou com Deus
Com Deus eu estou
Eu sou Caboclo Aboiador
Proteja esta casa que nós estamos
Proteja quem chegou e aqui está

Depois ocorre na igrejinha a reza do meio-dia. No recinto apinhado, sucedem-se as toantes e as orações de um terço completo, cantadas sob comando de três anciãos. Ocorrem incorporações de encantados, como o Capitão das Matas recebido

* Áreas de uso comum, em que os animais circulam livremente.

por Dona Deza, entidade cujo nome próprio não pode ser revelado pelos pankararé. Quando todos já deixavam a igrejinha, dirigi-me à Mãe Véia para agradecer a hospitalidade. A senhora abraçou-me com braços firmes e passou a proferir bênçãos, pedindo que o manto de Nossa Senhora me cobrisse de amor. Caí no choro nos ombros daquela mulher, sem entender por quê. Foi perturbador e, ao mesmo tempo, arrebatador, uma emoção que retorna a cada vez que revisito o momento. É preciso muita fé para permanecer ateu, diz um amigo em tom de gracejo. Patrícia, nora de Dona Deza, explica que em realidade fui abraçado pelo Capitão, não pela matriarca do Amaro.

Um pouco antes da reza do meio-dia, no cercado do Poró dos Homens sob o jatobá, um senhor servia o vinho da jurema. Entrei na fila, ajoelhei e entornei uma cuia do líquido preparado a frio, só com água e fibras da raiz de jurema macerada, como explicara o cacique Afonso (outras receitas podem levar mel, especiarias, frutos e cachaça). Não houve efeito psicodélico perceptível. Para os indígenas do Nordeste, vivenciar o contato com os encantados não depende disso. A comunhão com os espíritos da natureza surge do ritual como um todo: torés, maracás, toantes, fumaça dos campiôs (cachimbos cônicos), trajes de caroá, orações, penitências, praiás, a portentosa copa do jatobá, a celebração das raízes culturais e a partilha de refeições oferecidas de graça pelos organizadores da festa, com muita carne, cuscuz, arroz e feijão. O enlevo era marca evidente no rosto de todos, sem economia de sorrisos. As crianças, em especial, pareciam tomadas de um entusiasmo orgulhoso por envergar seus saiotes de caroá e maracás enfiados nos aiós (bolsas de fibra).

No final da tarde, teve lugar longa procissão pela caatinga. Liderando o cortejo ia um andor com a imagem do Caboclo Aboiador, rodeado por outras figuras, como Nossa Senhora, Santa Bárbara e Cosme e Damião, e sustentado por duplas que se revezavam, inclusive mulheres como Patrícia. O destino da procissão era o cruzeiro da colina em frente, dedicado a Maria Mulambeira, outra entidade marcante do panteão pankararé. A caminhada sobre areia fofa pelando só comportou paradas em algumas árvores, como umbuzeiros, reverenciadas pelos indígenas que lhes atavam fitas coloridas. Sob a cruz caiada, onde se liam em azul as palavras "Maria e José", cacique Afonso se sentou junto do andor. De pé a seu lado, Patrícia erguia o maracá para acompanhar as toantes e orações, em evidente êxtase. Várias pessoas buscavam nichos entre as rochas para acender velas e abrigá-las do vento que varria a caatinga.

A descida de retorno ao terreiro do Amaro se deu por outro caminho, mais curto e íngreme. O percurso todo, na percepção dos indígenas, se assemelha à tradicional representação oval do rosário católico. O sol se pôs durante a caminhada de volta, tingindo de tons avermelhados a mata branca, um emaranhado de troncos e galhos sem folhas. No lado oposto do poente nasceu a lua cheia, mas desfalcada de um naco no flanco direito — um eclipse lunar parcial, para completar.

Na chegada à sede da festa, um bando de meninos aprendizes de praiás saíram do Poró das Crianças para sua apresentação. Dançaram e cantaram no lusco-fusco, muito aplaudidos em seu esforço para continuar a tradição. Os verdadeiros praiás apareceriam só após o jantar. Ouviram-se de novo os apitos de gaitas, vindos da mata à esquerda do jatobá e do Poró dos Homens. Baixaram talvez duas dezenas de figuras fantasmagóricas, enchendo o terreiro, iluminadas somente pela luz da lua e de fogueiras. Com o "folguedo" (traje) a lhes ocultar os pés, seus passos rápidos pareciam fazer com que deslizassem sobre a areia. A máscara com dois pequenos orifícios para os olhos vai encimada por um adorno circular de penas, tornando as figuras ainda mais altas e imponentes. Capas coloridas sobre as costas traziam cruzes brancas, reminiscentes de cruzadas medievais.

Uma fileira de mulheres, Dona Deza ao centro, puxava os toantes para os praiás dançarem. Após algumas evoluções em fila, algumas acompanhadas de mulheres, eles se reuniam em círculos e emitiam gritos meio grunhidos, produzindo em uníssono um som visceral — *Huh! Huh!* — que ressoava no peito de cada um dos presentes. Foi o ponto alto da festa. Dezenas, talvez centenas de rojões foram disparados ao longo de todo o festejo e entraram pela noite. Seguiu-se um toré, com a participação de todos.

A confluência miscigenadora dos três veios do Catimbó-Jurema, o ameríndio, o africano e o europeu, representa um caroço duro de moer na máquina classificadora da ciência ocidental. De início, um autor como Cascudo escolheu privilegiar como dominantes as águas da bruxaria, que ele dá como constante universal na espécie humana, a ponto de escolher como título enigmático de seu livro pioneiro o nome de um príncipe da mitologia grega que morre quando a mãe, encolerizada por ele ter matado os tios, irmãos dela, atira ao fogo a acha de madeira à qual se ligava a vida do herói: "Quem matou Meleagro foi a Magia que vive no Catimbó".[19] O saber acadêmico sempre se inclina por destacar um componente dominante, essencial, e o folclorista potiguar se decide pelo colonizador, ainda que em aparência menos civilizada: "Nome, organização, funcionamento, tudo está escuro, misturado, confuso. É uma soma de influência e convergência, como todos os cultos. A feição mais decisiva é da feitiçaria europeia, o 'mestre' e seu prestígio, a consulta sem obrigação de adesão".[20]

Recentemente, após um hiato da produção acadêmica sobre a Jurema, alguns preferem enfatizar a Umbanda, como Luiz Assunção e Sandro de Salles, enquanto outros ainda assinalarão as raízes ameríndias e sua ressurgência no Nordeste atual, como Rodrigo Grünewald, Alexandre L'Omi L'Odó e Miguel Bittencourt. Roberto Motta chegou mesmo a organizar em três etapas o processo de acumulação cultural do Catimbó, segundo Grünewald e Savoldi. A primeira delas estaria ligada à introdução da figura do mestre e das técnicas mágicas de origem europeia, como privilegia Cascudo. A segunda corresponderia à influência do espiritismo kardecista, que, antes mesmo da criação da Umbanda, codificava um mediunismo popular. A última remeteria à influência das religiões "afro-cariocas", como a entrada de novos espíritos (como os exus) ou o sacrifício de animais — aspectos até então desconhecidos dos juremeiros.[21]

Todos, contudo, reconhecem e enfatizam a condição indelevelmente mestiça dessa religião. Jurema não é Umbanda, exceto quando é.

Sua plasticidade inerente terá servido, também, ao papel que desempenhou e ainda desempenha na sobrevivência cultural de populações e povos marginalizados, como os pankararé de Brejo do Burgo, os fulni-ô de Águas Belas ou os potiguara de Baía da Traição. Um tipo de sincretismo em série, bricolagem ou ecletismo de base fez com que hoje indígenas do sertão, onde estão as raízes do Catimbó que floresceu na zona da mata, recebam de volta do litoral os frutos da umbandização na segunda metade do século 20 e entoem pontos, toantes e linhas falando de Zé Pelintra, Exu, Pombajira e Boiadeiros — como o Caboclo Aboiador cultuado na Festa da Ciência do Amaro. À sua maneira,[22] caboclos realizam com a força da jurema o milagre da continuidade em meio à trajetória devastadora do Nordeste e do Brasil todo, como o anjo da história, aquele que tem os olhos voltados para trás e "quer permanecer, acordar os mortos e remontar o que foi despedaçado", como escreveu Walter Benjamin em suas *Teses sobre a filosofia da história*.

Juremahuasca, sacramento contestador de doutrinas

"Jurema é o cosmos num copinho", costuma repetir Rodrigo Grünewald sobre a bebida e a planta que lhe marcaram a carreira de antropólogo. Ele a adotou depois de ouvi-la, na segunda metade dos anos 1990, de um senhor com seus oitenta anos, Natanael, que compareceu a um dos rituais fechados que Rodrigo organizava em seu sítio em Jacarepaguá, zona oeste do Rio de Janeiro. Na realidade, *meio* copinho: por segurança, como era a primeira experiência do idoso com o enteógeno, Rodrigo lhe deu apenas metade da dose habitual. Passada meia hora ou pouco mais, o homem exclamava: "Sai daqui, toma esse poder para você! Ninguém aguenta esse poder!". Horas depois, passado o efeito da bebida, Natanael explicou à sua maneira o que vivenciara: "Essa jurema de vocês é o cosmos num copinho".[1]

Não se tratava, contudo, do chamado vinho da jurema-preta, de origem indígena, cujo uso ritual o antropólogo carioca vinha estudando desde 1990, quando rumou para Carnaubeira da Penha (PE), para o trabalho etnográfico com o povo atikum que abordaria em sua dissertação de mestrado.[2] Em lugar do *anjucá*, bebida avermelhada (daí a descrição como vinho) obtida da infusão a frio de casca da raiz de *Mimosa tenuiflora* macerada, nas cerimônias em Jacarepaguá se consagrava *juremahuasca*, uma inovação psiconáutica introduzida no Brasil em 6 de janeiro de 1997, Dia de Reis, pela terapeuta natural recém-chegada da Holanda Wanda Maria da Silveira Barbosa, mais conhecida como Yatra, tendo Rodrigo como anfitrião.

O antropólogo percorrera uma trilha incomum até se tornar protagonista do ato inicial que espalharia o poder da jurema pelo Brasil, muito além do sertão e do litoral nordestino em que estivera confinada por séculos. Filho do jornalista, tradutor e crítico de cinema José Lino Grünewald, cresceu cercado de literatura, cinema, agnosticismo e contracultura. Nos anos 1980, "tomava todas", como muitos outros dessa geração sexo--drogas-rock'n'roll, e não queria nada com religião.

Na graduação em ciências sociais na Universidade Federal do Rio de Janeiro (UFRJ), foi aluno de Clarice Novaes da Mota, psicóloga social e etnobotânica pioneira no estudo da jurema entre etnias do semiárido do Nordeste, como os Kariri-Xocó. Por influência dela, foi levado a estudar os atikum, defendendo a dissertação em 1993, mas ficou poucos meses na Serra do Umã, deixando-a por força do agravamento dos conflitos fundiários na região.

A guinada veio em 1995, ano em que conheceu o sociólogo de religiões ayahuasqueiras Edward John Baptista das Neves MacRae, que lhe foi apresentado em João Pessoa, onde se realizava um congresso da Associação Brasileira de Antropologia. Rodrigo propôs a MacRae uma mesa sobre a religiosidade em torno da jurema para o 1º Encontro de Estudos sobre Rituais Religiosos e Sociais e o Uso de Plantas Psicoativas, que se realizaria em Salvador no segundo semestre. Sua apresentação no painel chamou a atenção do daimista de origem colombiana Luis Eduardo Luna, que lhe pediu uma cópia do disquete, mídia então em uso para armazenar documentos digitais. No mesmo ano, Rodrigo foi convidado por seu conhecido Philippe Bandeira de Mello para um ritual de daime na igreja Barquinha, quando tomou pela primeira vez o chá psicodélico de origem amazônica. "Não acreditava em nada, mas senti certa resignação — existe algo mais do que eu", relembra.[3] Nesses rituais encontrou Jonathan Ott, um psiconauta norte-americano que cumpriria papel decisivo na disseminação da juremahuasca pelo Brasil e pelo mundo. Ott se encontrava no Rio de Janeiro para um congresso da igreja ayahuasqueira União do Vegetal (UDV) realizado no Hotel Glória.

Cabe aqui um parêntese sobre a juremahuasca. Como indica o neologismo, o preparado se define como um análogo da ayahuasca, ou *anahuasca*. A jurema-preta contém em suas raízes grande concentração do mesmo psicodélico (DMT) presente na chacrona, um dos dois ingredientes do chá amazônico, que leva ainda o cipó mariri. Sem os inibidores do cipó, a DMT não chegaria ao cérebro nem produziria as mirações da ayahuasca. Como em geral o vinho da jurema dos indígenas atuais do Nordeste não apresenta tais inibidores, ele dificilmente produz o efeito psicodélico. Para obtê-lo a partir da *Mimosa tenuiflora*, surgiu a técnica de misturar na confecção da bebida sementes de uma planta exótica, a arruda-da-síria (*Peganum harmala*).

A essa combinação de jurema-preta com arruda-da-síria Jonathan Ott deu o nome de *juremahuasca*. Rodrigo só viria a conhecer e beber tal análogo da ayahuasca dois anos depois do congresso, após uma triangulação de eventos que teve por vértices Holanda, México e Brasil.

O CAMINHO DA JUREMA-PRETA: DA HOLANDA E DO MÉXICO ATÉ O RIO DE JANEIRO

A daimista brasileira Wanda Maria da Silveira Barbosa adotou o nome religioso Yatra, que no idioma hindi significa algo como "peregrinação". Radicada em Amsterdam, onde fundou a organização Friends of the Forest, dedicou-se a tratar dependentes de drogas, em particular de heroína, com ajuda da ayahuasca. "Logo no primeiro ritual já dei com a cara no muro", contou, entre risadas, numa transmissão ao vivo da Rede Saberes Ancestrais e Cura Integrativa (Saci) com Rodrigo Grünewald e a pajé Amanacy Potiguara, em 29 de junho de 2022.[4] Dependentes de heroína queriam se livrar da droga, mas rejeitavam a doutrina do Santo Daime, refratários a uma cerimônia com aquele bando de gente fardada (farda é sinônimo de uniforme, roupas formais brancas e azul-marinho usadas na igreja daimista).

Além da reticência dos adictos europeus, Yatra conta que passou a enfrentar uma dificuldade adicional: obter o chá feito com plantas da Amazônia e usá-lo legalmente na Holanda. Em busca de alternativa, em 1995 procurou Jonathan Ott, o químico e psiconauta norte-americano radicado em Veracruz, no México, que desde 1976 publicava livros e artigos sobre plantas alucinógenas[5] e lançara em 1992 *Pharmacotheon*,[6] um clássico da literatura psicodélica em que propunha a ideia de uma *anahuasca*, que prescindiria da chacrona e do cipó, às vezes referida como *pharmahuasca*, combinando outras fontes de DMT e inibidores.

Em 1996, Yatra passou a usar juremahuasca com a receita de Ott contendo sementes de arruda-da-síria, disponíveis comercialmente e empregadas em medicina tradicional, como tempero e também como fonte de pigmento vermelho. O outro ingrediente era a jurema-preta, de início *Mimosa tenuiflora* proveniente do México, onde a árvore é chamada de *tepezcohui-*

te e é usada como fitoterápico para feridas e queimaduras. Yatra fazia sessões de três em três dias, mais ou menos o tempo de duração do chamado *afterglow* (brilho residual) deixado pela bebida, para impedir que os participantes se desligassem das sensações boas. Manteve a administração de metadona, opioide substituto da heroína usado para redução de danos, mas em mistura com mel e água, na qual foi reduzindo progressivamente a concentração do opioide, sem que os dependentes soubessem. Após três semanas, quando todo mundo estava sem os terríveis sintomas da síndrome de abstinência, que deveriam aparecer após a interrupção da metadona, Yatra revelou o embuste. "Você nos enganou", protestaram os dependentes. "Enganei com o maior carinho", retrucou a terapeuta.

Yatra informou no painel da rede Saci, com Grünewald e Amanacy, que foi viciada em cocaína e heroína por muitos anos e só saiu da dependência com o daime. Se ele a havia tirado da dependência, iria resgatá-los também, era sua convicção. A substituição do daime pela juremahuasca revelou-se melhor que a encomenda: "Foi lindo. Deixei a doutrina [Santo Daime], entreguei a farda, recebi muitos hinos da Jurema, a Cabocla no meu coração. É um caminho sem fim: a pessoa se conhece sem julgamentos", disse a terapeuta na live. Os viciados não só não acreditavam como não conheciam a espiritualidade. "Estão cegos. Não sabem nem o que é alma, cabocla, espírito. Nem tentei explicar: era só aplicar os ensinamentos da Jurema."

Não sabiam o que esperar, só não queriam doutrina e uniforme. A Jurema foi lhes dizendo o que fazer, acendeu a luz, tudo que estava no escuro apareceu, mas de uma maneira suave, verdadeira segundo Yatra: "Essa Cabocla está aí para ajudar. Uma coisa tão simples: bondade consigo mesmo. A Jurema tira esse véu. A gente chega achando que tem um destino e sai dali com outra visão da vida, do que é amor".

Sabendo que a jurema-preta crescia também no semiárido nordestino e era usada em rituais indígenas, Yatra procurou Luis Eduardo Luna em busca de informações para organizar uma expedição a seu país natal. Luna lhe enviou então o disquete com a palestra de Grünewald um ano antes, em Salvador, e os dados de contato do antropólogo carioca. "Foi com surpresa que um dia em fins de 1996, em frente à tela preta do computador, me chegou uma mensagem de Yatra em letras verdes", conta ele no livro *Jurema*, "estabelecendo contato para que eu fizesse a ponte para ela conhecer comunidades de índios juremeiros."

Grünewald recebeu Yatra no Rio em janeiro de 1997. No Dia de Reis, organizaram uma cerimônia na casa de Jacarepaguá com a juremahuasca que ela havia trazido da Europa, da qual participaram Philippe Bandeira de Mello e outros frequentadores da Barquinha. "Tem um momento pré-Yatra e outro momento pós-Yatra", afirma o antropólogo sobre a cena psiconáutica do Rio de Janeiro nos anos 1990, que, embalada pela juremahuasca, começa a escapar da órbita daimista e de sua doutrina, abrindo espaço para cerimônias mais ecléticas, com a bricolagem de mantras, pontos de Umbanda, música sufi, linhas da Jurema e hinos do Santo Daime a colorir os rituais e viagens. Antropólogos têm mania de criar caixinhas, diz o pesquisador, mas a Jurema transcende tudo, Catimbó, Umbanda etc.: "Será que na natureza e no cosmos não tem geração de valor? É arrogância dos humanos achar que só nós criamos valor. [...] Os filhos da Jurema sabem do que estou falando. Ela comunica algo que parece infinito".[7]

Após a sessão inaugural com juremahuasca no Rio de Janeiro, Yatra rumou para a esotérica cidade de Alto Paraíso (GO), onde realizou rodas de juremahuasca com amigos *sannyasin*, adeptos do controverso guru indiano Rajneesh Chandra Mohan Jain, o Osho. No ano 2000, participou ali da fundação do templo Mãe

D'Água, quando se mudou temporariamente para o Brasil após ser impedida de seguir atendendo dependentes químicos na Holanda, onde a DMT tinha sido proscrita. Na visita de 1997, de Alto Paraíso seguiu para Salvador, onde se hospedou na casa de MacRae. Ele e outros antropólogos a acompanharam então em visitas a aldeias indígenas no Nordeste, como as comunidades atikum, alojando-se na casa da cacica Ana. Yatra levou consigo sementes de arruda-da-síria para fazer juremahuasca, que apresentou para os bebedores do tradicional vinho da jurema, como conta Grünewald em seu livro. Lá foi conhecer os ritos atikum e preparou por sua própria iniciativa a jurema misturada com *Peganum harmala* — experiência que, quando rememorada pelos locais, não é narrada de forma positiva ou significativa. Falam apenas da "mulher que chegou com os amigos", estimulando-os a preparar a jurema de outro jeito. Os atikum em geral não sentiram diferença entre a sua jurema e aquela servida por Yatra, embora em depoimento uma mulher tenha ressaltado, anos depois, que quando foi dormir, após o trabalho com a jurema de Yatra, ela estava "maneirinha".[8]

A própria Yatra, entretanto, contou no painel da rede Saci em 2022 que dez integrantes da etnia atikum tomaram sua juremahuasca e que a mãe de sua anfitriã caiu no chão, "bum!". Todos os indígenas se viraram para a forasteira "com aquele olhão", e ela achou que não a deixariam mais sair dali. Sentou-se ao lado da senhora idosa, pôs-lhe a mão na cabeça e começou a cantar seus hinos, pedindo ajuda da Cabocla Jurema naquela situação. "De repente ela levantou, começou a dançar o toré no meio da sala e falou: 'Ué, eu estive em casa, foi?'. Um alívio", lembrou Yatra na live, rindo muito.

Antes de retornar à Holanda, Yatra esteve novamente no Rio, onde preparou juremahuasca em Jacarepaguá, ensinando a Grünewald e Bandeira de Mello como fazer a bebida com arruda-

-da-síria. Entravam na receita também flores conhecidas como trombetas (*Brugmansia suaveolens*), que contêm alcaloides poderosos, como escopolamina e atropina, capazes de engendrar delírios e estupor. Eram três cozimentos, na proporção de uma única flor para quinze pessoas, mas, nos preparos que seguiria fazendo nos anos seguintes, o antropólogo usou a trombeta só duas vezes: "O efeito é escuro, pantanoso. Ela continua presente, pesada, não é luminosa como o Rio [de Janeiro] e a DMT". Suas cerimônias com juremahuasca eram caseiras, fechadas para poucos amigos e conhecidos. Caminho bem diferente trilhou o amigo juremahuasqueiro Bandeira de Mello, que fundou no mesmo ano o Círculo Holístico Arca da Montanha Azul, após seis anos dirigindo um ponto da Barquinha no Rio que estava se dissolvendo, como contou seu líder a Marcos Albuquerque. Em 1997 recebeu a jurema, aprendendo o feitio, numa quantidade suficiente para trabalhar durante um ano, das mãos de Yatra: na falta de daime, a jurema foi a planta sagrada que iniciou e abençoou a Arca, seu novo local de trabalho.[9]

Grünewald, de seu lado, enveredou por outros caminhos. Prestou concurso público para se tornar professor da Universidade Federal de Campina Grande (UFCG) e chegou a ser vice-presidente da Barquinha, responsável por uma filial da igreja na cidade paraibana. Tomava daime ou jurema toda semana, rezava o pai-nosso nos rituais e, numa romaria de Nossa Senhora, chegou a ver a passagem de almas na sua frente. Como agnóstico que era, a razão lhe dizia que não era possível, mas seus olhos se enchiam d'água. "Cara, fica quieto e aceita esse negócio", disse para si próprio. Achou que deveria se batizar, mas não queria ter de fazer o cursinho da Igreja católica — acabou recebendo o sacramento cristão de um padre ortodoxo. Mas a religiosidade seguia equilibrando-se na tensão entre razão e fé: "Na luz [sob efeito da DMT], vejo um monte de coisas e digo: isto aqui é real, não é alucinação, não é triptamina", contou em entrevista de 2023. "Daqui a pouco não estou vendo mais isso e, trabalhando [intelectualmente], na lembrança fica: como é que eu podia estar achando que era real? [Estava] sugestionado e tal."

Continuou fazendo daime, com as folhas e o cipó que cultiva em casa, sem recurso à arruda-da-síria ou à jurema-preta, mas raramente ainda toma: "Fiquei achando que minha cabeça estava com informação demais, fui diminuindo, e a coisa esfria quando não [se] pratica muito, a chama da fé foi indo, foi indo". No ano anterior à nossa conversa, tinha bebido o chá no máximo três vezes. Parte dessa deriva pode ser atribuída à jurema, que, à diferença do daime, não arrasta o peso de uma igreja institucionalizada e, assim, não conduz à doutrinação que os adictos holandeses rejeitavam. A ayahuasca e suas doutrinas terminaram abandonadas pela própria Yatra, após ouvir as instruções da Cabocla Jurema nesse sentido. Grünewald, de sua parte, não recebeu um chamado tão forte para seguir trabalhando com terceiros, muito menos no rumo da institucionalização adotado por Bandeira de Mello:

> Uma potência tão forte de conexão com o cosmos, todas as possibilidades, o subjuntivo total, não o imperativo da fé, da crença, mas o subjuntivo de que tudo é possível. Oferecer uma bebida tão forte... isso não é brincadeira. A gente vai ficando mais responsável, ou mais medroso, ou mais cansado.

O antropólogo mantém contato esporádico com os atikum, não mais para registrar, classificar, categorizar o que eles fazem. Da convivência estreita no passado ficaram a memória de caminhar na mata com eles depois de tomar o vinho da jurema e, mesmo sem efeito psicodélico óbvio, ser possuído por um sentimento mágico e coletivo de comunhão com a natureza, avesso à separação racional entre profano e sagrado que tão pouco sentido faz nas cosmovisões ameríndias. A primeira coisa é abrir um sorriso de orelha a orelha: "É dar um preenchimento, no sentido de integração com a natureza. Viver a natureza como encantada é para mim a característica muito rica da jurema". Ficou também a convicção de que a fala da natureza é tão legítima quanto a da ciência, e de que para ouvi-la é necessário ficar em silêncio, como lhe ensinou o pajé Augusto após a insistente pergunta pelo significado da iconografia interessante gravada num campiô (cachimbo indígena): "Rodrigo, você não sabe que tudo que é bom vem calado?".

Rodrigo falou pouco no painel de 2022. Na abertura, contou como Yatra lhe apresentou a juremahuasca, um marco em sua vida, e agradeceu a ela pela trajetória compartilhada na jurema e na espiritualidade. Após quase duas horas de debate, que ouvia em silêncio, foi chamado a dar sua contribuição final e se debruçou sobre a questão de por que a jurema não teve a mesma repercussão e penetração que o daime na cena contracultural dos anos 1970 e 1980, mesmo estando mais próxima e acessível, no Nordeste, que a ayahuasca nos confins da Amazônia, junto à fronteira com Peru e Colômbia. Na sua opinião, os mochileiros que enveredaram pela floresta estavam em busca de uma suposta pureza indígena, de uma fonte límpida em que pudessem beber um elixir que os tornasse capazes de encontrar um caminho alternativo à integração numa sociedade corroída pela ditadura militar (1964-1985).

A jurema, por seu lado, oferecia a imagem proverbial da mestiçagem, vista aqui e ali como degradação, empregada como era por indígenas que ainda preferiam não se reivindicar indígenas, em meio a sangrentos conflitos fundiários, e que nem seus rituais e suas línguas originais tinham podido preservar após séculos de aldeamentos forçados e repressão religiosa ou policial. O antropólogo fechou sua fala assinalando que a força da jurema, na verdade, está precisamente em sua capacidade de transcender o mito duvidoso de pureza cultural, e saiu em sua defesa dizendo que precisamos quebrar esse preconceito com uma planta que é usada por gente que fala português, mestiça na alma, no corpo, na fala, no sangue:

> O pessoal separa muito o sagrado do profano, como se o sagrado estivesse [só] lá no ritual. O que a gente está fazendo aqui é tão sagrado quanto quando a gente está falando com os espíritos nos rituais. Precisamos acabar com essas dicotomias e trazer o sagrado para o nosso cotidiano.

Yatra foi a última a se despedir no painel, e o fez com poucas palavras: "Muita paz, muita luz, muito amor". Portadora de doença grave, imperceptível no vídeo em que aparecia corada e rindo animadamente, quase um mês depois determinou que se desligassem os aparelhos que a mantinham viva, para que fizesse a passagem, como se diz em seu meio. Foi em 25 de julho, data que teria sido escolhida por ser o "dia fora do tempo" do calendário lunar Maia, aquele que não pertence nem ao ano passado nem ao ano futuro.

TRANSE E TRANSCENDÊNCIA PARA TODOS COM OS FARMACOLOGISTAS DO SUBMUNDO

Dois pesquisadores sui generis foram fundamentais para disseminar a fama mundial da DMT da ayahuasca e da juremahuasca como enteógeno acessível: Jonathan Ott, que introduziu a segunda bebida na Holanda e, indiretamente, no Brasil, pelas mãos de Yatra; e Rick Strassman, autor do influente livro *DMT: A molécula do espírito*, lançado no ano 2000. Sete anos antes, Ott tinha publicado sua bíblia enteogênica, *Pharmacotheon*, com 639 páginas na edição em inglês e 735 em espanhol.

O prólogo desse compêndio de drogas psicodélicas foi escrito por ninguém menos que Albert Hofmann, químico do laboratório Sandoz que sintetizara o LSD em 1938, na Suíça, e constatou seu efeito lisérgico no cérebro em 1943. Ambos os feitos estão narrados no livro autobiográfico *LSD: Mein Sorgenkind* [LSD: Meu filho especial], aliás traduzido para o inglês por Ott e publicado em 1980 sob o título *LSD: My Problem Child*. O suíço destaca na introdução a característica mais marcante de *Pharmacotheon*, o fato de ser baseado em autoexperimentação, ou seja, o autor não se apoiou apenas em análises químicas para descrever cada droga, mas as ingeriu ou injetou para poder descrever o efeito subjetivo desencadeado pelas substâncias, o que se chama de fenomenologia.

O próprio Ott contaria numa entrevista de 1998[10] que tirou da gaveta o manuscrito iniciado em 1979 ou 1980 depois de ler outro clássico da literatura psicodélica, *PiHKAL: A Chemical Love Story* [PiHKAL: Uma história de amor química], de Ann e Alexander Shulgin, que narra as experiências do casal com os compostos psicoativos que "Sasha" produzia no laboratório de casa e tomava com a esposa e um círculo de amigos psiconautas. Na conversa, Ott se recrimina por ter cedido à autocensura, que atribui ao clima político conservador imperante nos Estados Unidos — ele se exilaria de seu país, rumo ao México, depois da eleição, em 1980, de Ronald Reagan, o presidente republicano conservador que hoje pareceria um estadista em comparação com Donald Trump. Instalou-se em Veracruz e foi morar num sítio batizado como Ololiuhqui, uma planta sagrada de uso tradicional no México, cujas sementes contêm LSA, um parente próximo do LSD. Hofmann expõe no prólogo por que considera importantes a autoexperimentação e a fenomenologia. Para ele, as experiências místicas de Ott com enteógenos e com a natureza determinaram decisivamente a visão de mundo do norte-americano e seu caminho na vida: "Tais substâncias lhe abriram os olhos para a maravilha dessa realidade profunda e universal em que todos nascemos como parte da criação". Na sua visão, essa realidade, descrita por todos os grandes místicos e fundadores de religiões, é o autêntico reino dos céus destinado à humanidade. "A diferença fundamental reside em que se conhece essa realidade somente através de relatos de outras *pessoas, ou que se a tenha experimentado em momentos beatíficos, espontaneamente ou com ajuda de enteógenos.*"*

Ott nasceu em New Haven, Connecticut, no leste dos Estados Unidos. Na nota biográfica que abre a edição espanhola de *Pharmacotheon*, o catalão Josep Maria Fericgla o descreve como típico *self-made man*, "criativo, tenaz, sugestivo e livre". Para escapar de convocação para a Guerra do Vietnã, a partir de 1968 ficou três anos percorrendo o submundo da sociedade norte-americana, onde travou contato com LSD. Graduou-se em química na Universidade de Washington, no noroeste do país, e ali assistiu, em 1973, a uma conferência de Richard Evans Schultes, outro luminar do campo psicodélico, que publicou em 1992 o volume ilustrado *Plantas dos deuses*, tendo Hofmann e Christian Rätsch como coautores. Schultes o convidou para uma visita a sua biblioteca especializada na Universidade Harvard, narra Fericgla, o que ocorreria no ano seguinte. Nesse encontro, Ott foi apresentado a Robert Gordon Wasson, mais um gigante da psicodelia, o banqueiro e micologista que havia

* Trecho em itálico no original.

dado a conhecimento no Ocidente os cogumelos sagrados do povo Mazateca, no México, em reportagem de 1957 na revista *Life* com o título "Em busca do cogumelo mágico". Wasson, por sua vez, o convidou para sua própria casa, em Danbury, Connecticut, visita que mudou o destino de Ott: ele abandonou a pós-graduação formal para se tornar aprendiz de Schultes, Wasson e Hofmann, segundo Fericgla. Dois anos depois sairia seu primeiro livro sobre etnobotânica: *Plantas alucinógenas da América do Norte*.

Em 1979, insatisfeito com a conotação pejorativa usada para o termo "psicodélico", na esteira proibicionista de demonização do LSD levantada pela Guerra às Drogas, Ott propõe com Wasson, Carl Ruck, Jeremy Bigwood e Danny Staples o neologismo *enteógeno*, a partir de radicais gregos que encapsulam a noção de "gerador do divino interno", para designar "drogas que provocam êxtase e têm sido utilizadas tradicionalmente como inebriantes xamânicos ou religiosos, assim como seus princípios ativos e congêneres sintéticos". Ott deriva para uma concepção concomitantemente mística e naturalista do poder dos enteógenos, como recurso universal para entrar em contato com a divindade, impulso que estaria presente até em outras espécies animais, não só a humana. Nessa busca, não haveria diferença fundamental entre exploradores do passado e do futuro:

> Que possam dar-se as mãos e trabalhar juntos o xamã e o cientista [...] que o psiconauta possa em seguida ser aceito e estimado como um valoroso explorador da imensidão desconhecida, exterior ainda que de alguma maneira interior, tão vasta, não cartografada e envolta em perigo como os insondáveis vazios do espaço interestelar.

Agraciado por outras visões sagradas, sua vida se transformou e se enriqueceu: "Converti-me em um iniciado nos sagrados mistérios da antiguidade, naquilo que os antigos gregos chamavam de *epoptes*, aquele que contemplou o divino".

O êxtase corresponderia a experimentar o universo menos como matéria do que como energia, um conceito vago e sem definição (certamente não a definição física) que se propagaria dali por diante no meio psicodélico e esotérico Nova Era. Na cultura ocidental, porém, o cosmos se afigura apenas como matéria, erradicando a possibilidade do êxtase e da compreensão de que todo lugar é sagrado, prega Ott, o que emprestaria aos enteógenos uma virtude missionária, pré-ambientalista, associação que de fato permeou e definiu toda a contracultura: "Creio firmemente que o uso espiritual de enteógenos é hoje uma das esperanças humanas mais brilhantes para superar a crise ecológica".

Nos anos 1960 e 1970, populariza-se o uso da DMT fumada a partir de cristais que livros e revistas ensinavam como produzir — quando chegou a figurar como uma das drogas preferidas do guru psicodélico Timothy Leary. Mas é ao chamado efeito ayahuasca, obtido com a combinação de DMT e inibidores, que Ott dedicará muito de seu esforço com autoexperimentação, guiado pelo objetivo de criar análogos da bebida destinados não só a popularizar o enteógeno como também a diminuir a pressão sobre as populações naturais de chacrona e cipó-mariri, e a "destruição cultural" que o turismo ayahuasqueiro poderia induzir em comunidades remotas do Peru, por exemplo.

Nesse processo, Ott fixou-se na arruda-da-síria como fonte de inibidores, entre centenas de espécies vegetais com esses alcaloides, e na jurema-preta, apesar de existirem outras tantas plantas que produzem a DMT. A arruda se mostra muito mais eficiente que o mariri, pois suas sementes contêm 2%

a 7% de betacarbolinas (inibidores), contra 0,45% do cipó. As amostras de vinho da jurema analisadas, por sua vez, continham algo entre 1,25 e 6,5 vezes mais DMT do que porções de daime submetidas a teste. O psiconauta dedicou três dúzias de ensaios com seu próprio corpo e sua própria mente para escrutinar as doses em que cada substância e suas combinações produziam efeitos psicodélicos, chegando à conclusão de que 15 gramas de sementes de *Peganum harmala* moídas e fervidas por uma hora com 30% de suco de limão já se mostravam psicoativos, independentemente de associação com DMT, embora sem provocar visões, apenas uma sedação suave, zumbido e sensação de estremecimento. Ele constatou algo semelhante com a jurema-preta, após descartar a versão de que o maracujá incluído em algumas receitas do vinho enteogênico do Nordeste pudesse ser a fonte do inibidor: a bebida tradicional seria, sim, psicodélica, a depender da quantidade ingerida e não de componentes mantidos em segredo por indígenas. Seu argumento: existe a possibilidade de que algum composto inibidor de MAO desconhecido exista na jurema-preta. "Em todo caso, é evidente que não há nenhum ingrediente perdido ou faltante, e o vinho da jurema é poderosamente visionário por si só, preparado da maneira tradicional e presumindo-se uma dose adequada."

Em 1997, mesma época em que produziu juremahuasca para Yatra, Ott afirma que a fonte mais usada de DMT para a bebida a se espalhar pelo campo psiconáutico era a entrecasca da raiz de jurema-preta. No ano seguinte, fica evidente numa entrevista seu entusiasmo com o enteogênico alternativo como origem de um surto empreendedor que o engajaria em algumas iniciativas comerciais, como a criação na Holanda da empresa Pharmacophilia. Para ele, tratava-se só de desobediência civil, do dever democrático sagrado "quando um governo é patife, porque podemos ver realmente com clareza que eles têm uma política muito malevolente, antiética, antiecológica, antieconômica, racista, defeituosa e falha".

Em sua concepção visionária, o que chamou de engenharia psicofarmacológica se tornaria a maior nova indústria do mundo, dando origem à "Microsoft do psicocosmos". A janela de oportunidade ficaria aberta por dez anos, previu então. Passou-se mais de um quarto de século desde a profecia, que, no entanto, ainda não se realizou, se bem que na última década deslanchou o chamado Renascimento Psicodélico, em que compostos alteradores da consciência a muito custo buscam a regulamentação oficial para uso terapêutico contra transtornos mentais, não exatamente a revolução enteogênica idealizada por Ott e tantos psiconautas.

Por outro lado, a divindade interior que essas substâncias permitiriam entrever e, quiçá, salvar o mundo, na perspectiva de quem viveu a contracultura, não engendra para ele uma convicção metafísica poderosa. Ao ser questionado por Beifuss e Hanna, na entrevista de 1998, sobre sua crença em Deus, Ott explicita a tensão entre razão e fé dizendo que realmente não tem a segunda, ainda que não alimente tampouco descrença e declare não se importar com isso. Em realidade, Ott admite nunca ter tido visões de entidades numa realidade paralela, mais fundamental ou mais verdadeira, como defendem certos místicos. Ele pensa que o universo é nosso criador, e o divino, o próprio universo, sem que ciência nem religião possam lhe explicar a origem desse universo. "Isso é incognoscível. Não o experimentei como espíritos vegetais, e, portanto, não posso chancelar esse modo particular de ver a coisa", diz na entrevista. "Devo admitir que isso é possível. E é certamente plausível. E, assim, tento não acreditar em nada, mas o outro lado dessa moeda é não desacreditar de nada, tampouco."

A HIPÓTESE DA PINEAL COMO ANTENA RECEPTORA PARA REALIDADES PARALELAS

A relutância metafísica de Jonathan Ott contrasta com a entrega a ela de Rick Strassman em *DMT: A molécula do espírito*, não por acaso editado no Brasil por uma igreja ayahuasqueira, o Centro Espírita Beneficente União do Vegetal. Outra diferença marcante entre obras do químico marginal, como *Pharmacotheon*, e a do médico e professor universitário Strassman está em quem figura como sujeito da experimentação fenomenológica com a droga: enquanto Ott narra o que sentiu na própria carne, seu parceiro mais ilustre na popularização da DMT entre psiconautas ancora suas especulações nos relatos das dezenas de voluntários que arregimentou para seus experimentos. O próprio pesquisador se recusa a informar se teria ficado alguma vez sob a influência da molécula do espírito, como declarou Strassman ao se esquivar de uma pergunta direta de David Jay Brown.[11] Essa atitude tem algo a ver com a proeza alcançada por Strassman, que logrou realizar estudos com um composto psicodélico bem no auge da hegemonia proibicionista em uma instituição acadêmica, necessitando manter ou simular distanciamento estrito com seu objeto de pesquisa.

Graduado em biologia na Universidade Stanford, Strassman conta no livro que em 1982 cursou especialização de um ano em psicofarmacologia na Universidade da Califórnia em San Diego. Certo dia, enquanto andavam pelos corredores do Hospital de Veteranos da cidade, tomou coragem e falou a seu supervisor do interesse na glândula pineal e no papel que ela poderia ter na secreção da DMT endógena, ou seja, produzida pelo próprio cérebro humano, como fora constatado por Juan Saavedra e Julius Axelrod em 1972.[12] O dr. K., como aparece no livro, parou imediatamente de andar e se virou, sério, com uma frase peremptória: "Deixa eu te dizer uma coisa, Rick. *A pineal não tem nada a ver com drogas psicodélicas*".

À pergunta sobre a função da DMT no cérebro, ou por que ela é produzida no corpo humano, a primeira hipótese foi a de que causaria doenças mentais, como a psicose, o que acabou sendo descartado. Strassman partiu então no encalço de corroboração para sua própria resposta: "Porque DMT é a molécula do espírito". Uma molécula do espírito, afirma, precisa suscitar, com razoável confiabilidade, certos estados psicológicos "espirituais". Tais estados são caracterizados por sentimentos de extraordinária felicidade, atemporalidade e a certeza de que o que se vivencia é "mais real do que o real". Uma substância desse tipo seria capaz de levar a aceitar a convivência entre os opostos, como a vida e a morte, o bem e o mal; a um conhecimento de que a consciência continua após a morte; "a um entendimento mais profundo da unidade primordial de todos os fenômenos e a um sentido de sabedoria ou amor permeando toda a existência". Uma molécula do espírito também conduziria a reinos espirituais, ou domínios que costumam ser invisíveis para nós e nossos instrumentos, inacessíveis ao nosso estado habitual de consciência.

A formação médica de Strassman ocorreu na Faculdade Albert Einstein da Universidade Yeshiva, em Nova York, na qual se viu admirado com a ausência quase completa de referências às substâncias psicodélicas. Encontrou abrigo para reabrir esse campo de pesquisa na Universidade do Novo México, onde apresentou, no final de 1988, o pedido ao comitê de ética em pesquisa com seres humanos para estudar a DMT. Demorou um ano e meio para obter todas as licenças federais das agências DEA (drogas ilícitas) e FDA (fármacos) e assim poder encomendar legalmente a substância no grau de pureza exigido para uso humano. A DMT terminaria sendo produzida por David Nichols na Universidade Purdue, com o primeiro lote de 5 gramas entregue em julho de 1990. Mais alguns meses de testes e burocracia transcorreram até que Strassman se visse em condições de dosar o primeiro voluntário com DMT, em 19 de novembro, tornando-se o primeiro pesquisador nos Estados Unidos a conduzir um ensaio clínico com substância psicodélica utilizando recursos públicos desde sua proscrição no calor da Guerra às Drogas.

Entre 1990 e 1995 Strassman administrou cerca de quatrocentas doses de DMT a 55 voluntários no campus da Universidade do Novo México, em Albuquerque. Ele conta no livro ter ficado surpreso com a frequência com que os participantes dos experimentos reportavam encontros com seres conscientes parecidos com palhaços, répteis, louva-a-deus, abelhas e aranhas. Resolveu levar a sério esses relatos, ou ao menos com neutralidade, em lugar de tentar convencer essas pessoas de que as aparições eram criação apenas de suas mentes — coisa que elas negavam com veemência. Algo parecido com a atitude de um antropólogo: "[...] as culturas indígenas têm contato regular com habitantes da paisagem invisível e não encontram problema algum em fazer pontes entre esses dois mundos", justificou.

A partir desse ponto, *DMT: A molécula do espírito* envereda decididamente por uma senda metafísica. Strassman compara o estado normal do cérebro com um aparelho de TV no qual se ajusta a imagem de um mesmo canal (a realidade objetiva, como se diz, o Canal Normal), ao passo que o efeito da DMT equivaleria a trocar de emissora e sintonizar outros planos de existência. Da metáfora ele parte para a pura especulação, como o próprio autor admite, mas não são poucos os que levam ao pé da letra, entre psiconautas e esotéricos, sua fantasia limítrofe com a ciência. "Eu ainda sei pouco a respeito da física por trás das teorias sobre universos paralelos e matéria escura. Mas o que já conheço me faz considerá-los como possíveis lugares aos quais a DMT é capaz de nos levar, após sairmos do âmbito pessoal", elucubra. "É possível que a DMT viabilize ao nosso cérebro, o receptor, a capacidade de perceber esses multiversos."

"A DMT é o cosmos num copinho", poderia repetir Rodrigo Grünewald acerca das especulações metafísicas de Rick Strassman. O brasileiro critica, contudo, a sacralização da molécula operada pelo pesquisador norte-americano e encampada ingenuamente pelo neoxamanismo urbano, gente mais interessada no efeito químico do que em tradições e coerência. Tem implicância, também, com a banalização irrefletida da noção de sagrado, como na repaginação contemporânea do Catimbó como Jurema Sagrada: "Não gosto do nome. Já se viu Hinduísmo Sagrado? Catolicismo Sagrado?". Ressalva que compreende a atitude política, com epicentro em Recife e Olinda, de desestigmatizar essa religiosidade tornada invisível, providenciando uma denominação menos carregada de preconceito dentro e fora do Nordeste. Hoje vê com bons olhos, por outro lado, que esse trânsito incessante da Jurema entre o sertão semiárido e a zona da mata, onde planta e bebida ganharam seu nome tupi (*yu-rema*, cheia de espinhos), leve a entidade Malunguinho a ser cantada tanto num festival com centenas ou milhares de pessoas na zona da mata de Abreu e Lima quanto nas cerimônias atikum em casebres de indígenas do sertão em Carnaubeira da Penha. O ritual, para o antropólogo, é tão ou mais importante que o enteógeno.

Com ele concorda seu ex-aluno Estêvão Palitot. Levado por Grünewald, ele acompanhou rituais elaborados em casinhas de taipa dos atikum, com vinho da jurema sem arruda-da-síria ou outra fonte óbvia de inibidores, nos quais se vislumbra uma realidade outra, tão real quanto o mundo real, ao menos na ótica da antropologia. "Eles criam um mundo. Cada grupo desses é criador de realidades culturais", diz. "Essa espiritualidade está presente o tempo todo. O enteógeno talvez seja só a via larga, desimpedida."

Nascido em família muito religiosa, católica e kardecista, Palitot já tomou ayahuasca, vinho da jurema e juremahuasca. Como o mentor Grünewald, já viu almas passarem na sua frente, tomadas por dor e desorientação, mas não as teme nem no âmbito emocional nem no científico. Presenciou pretos velhos e entidades antropomórficas, teve experiências de incorporação e, numa sessão da UDV, sentiu um tronco de cipó brotando das entranhas e saindo pela boca, deixando nela um gosto de terra. Mas nem por isso crê que esteja perdendo algo como intelectual; ao contrário, como deixou claro em vários trechos da conversa. Para fazer ciência é preciso ter uma certa abertura para essa dimensão imaginária, pondera: "Se não tiver, você vê algumas coisas; se tiver, vê essas coisas e mais algumas outras". "Quem sou eu para dizer que sereias não existem?", pergunta Grünewald, seu mentor e amigo. "Quem só pensa em moléculas acha que [juremeiros] estão inventando contos de fadas."

Changa e cristais de DMT, motores do neoxamanismo cosmopolita

Meu primeiro contato imediato com a DMT da jurema-preta não se deu por intermédio da juremahuasca, mas na forma do vapor de cristais aquecidos num *pipe* de vidro. A experiência inaugural teve lugar num festival neoxamânico, Equinox, realizado na semana do equinócio de outono, nos últimos dias de março no hemisfério Sul, na praia de Algodões, sul da Bahia.

Antes da cerimônia em que fumei DMT, Claudia e eu havíamos participado de um belo ritual sob a lua cheia de 18 de março de 2022, dois dias antes da efeméride planetária em que dia e noite têm duração exatamente igual.[1] A cerimônia do fogo começa ao pôr do sol na Matinha, uma casa embrenhada na mata atlântica, em torno de uma fogueira com paus arranjados segundo os pontos cardeais, um altar com frutas, velas e imagem de Nossa Senhora. Duas dezenas de participantes iniciam o ritual que dura oito horas, recebendo de uma curandeira mexicana um graveto e um fio de lã vermelha, ou mais de um, se necessário. Dão nele nós correspondentes a cada pessoa com quem já tiveram relações sexuais, mentalizam um agradecimento, enrolam no pauzinho e, um por um, circulam a fogueira no sentido anti-horário para jogar o objeto nas chamas.

Após muitos rezos (orações), cantos, discursos e lágrimas, um rapaz se ajoelha diante do fogo e pede permissão para compartilhar algo pessoal. Crispa as mãos abaixo do umbigo e fala do aperto que o aflige. Sua manifestação entra em um crescendo: tremores, choro, suores, contorções, suspiros, gritos, urros. Prostrado, o jovem afunda a cara na areia e estica os braços para a fogueira. A tensão no círculo de celebrantes cresce; o rapaz parece atraído pelas chamas. À direita, um jovem se levanta e toma as rédeas do que parece uma possessão: abraça o rapaz alterado, passa a mão e pinga água sobre sua cabeça, assopra e beija o rosto atormentado, sussurra-lhe palavras ao ouvido. Alguém puxa um cântico a Oxum, orixá da água doce. Várias mulheres, maioria em torno da fogueira, se levantam e aderem ao abraço. Todos cantam em volta, enquanto o moço se acalma à reiteração prolongada das palavras "amor" e "alegria", terminando por sorrir e agradecer.

A cerimônia prossegue até as 2h30. Outras começarão a partir das 5h — meditação, ioga, sagrado feminino e masculino, constelações, detox. Há vivências com plantas e substâncias de poder, como ayahuasca, tabaco e cacau. O Festival Equinox, aberto cinco dias antes, reunia cerca de quarenta pessoas na praia baiana da península de Maraú e terminaria oficialmente só no domingo seguinte.

O neoxamanismo, ou xamanismo urbano, corre como um rio subterrâneo sob a terra firme das religiões estabelecidas. Sua marca é o ecletismo, mais que o sincretismo, pois o caleidoscópio místico não chega a compor uma doutrina a coordenar elementos de outros credos. É plural, fluido, flexível, aberto a qualquer forma de espiritualidade, sem atenção para consistência. Nos festivais, há lugar para *abuelos* mexicanos, cristais, orixás, caboclos de Umbanda, cartas de tarô, mantras tibetanos, odes à Jurema e hinos daimistas. A eles acorrem integrantes de uma tribo cosmopolita, os filhos e netos da Nova Era, que se identificam pela busca individual do bem-estar e seus sinônimos — cura, harmonia, equilíbrio, felicidade, amor, compaixão, luz divina, transcendência, paz. Não importa de onde vêm ou no que acreditam, mas sim que se prestem a entoar em uníssono: "Que todos os seres sejam bem-aventurados, que sintam em seus corações o mais puro amor, que todos sejam iluminados pela luz da verdade e vivam em paz, harmonia e prosperidade". Ou então que cantem sob o tipi da Casa del Mar, um cone de troncos com 4 ou 5 metros de altura a evocar as tendas cerimoniais de indígenas norte-americanos:

Jurema, ô juremá
Jurema, ô juremá
Tava na mata com minha flecha na mão
E Mamãe Jurema dentro do meu coração
E lá na mata encontrei Tupinambá
E Mamãe Jurema para me acompanhar
Jurema, ô juremá
Jurema, ô juremá
Foi lá na mata que encontrei inspiração
Para eu seguir o caminho do coração.

Qualquer um pode se tornar pajé ou guru. O que se reverencia ali é a figura abstrata do xamã, não o curandeiro ou feiticeiro de povos e culturas específicos da Sibéria ou da América Latina, mulher ou homem sagrado de carne e osso que desempenha funções de bênção ou divinação segundo rituais rígidos. São coletivos fugazes, coagulados para um encontro único, não uma comunidade formada por laços de sangue, mitos e cosmologia ímpares. Pouco têm a ver com o xamanismo tradicional estudado por Mircea Eliade, por exemplo. Não poucos entre os neoxamanistas brasileiros têm uma origem comum nas religiões ayahuasqueiras, como Santo Daime, Barquinha e União do Vegetal. Uma matriz surgida na Amazônia do século 20, ela mesma marcada pelo sincretismo, na medida em que concilia elementos de ritos e crenças ameríndios (começando pelo chá psicodélico), cristãos, africanos e kardecistas. Um misticismo teologicamente poroso e passível de ser adaptado a diferentes culturas, localidades e concepções religiosas, permitindo formas variadas de arranjos e bricolagem de crenças. Em tempos de desamparo existencial, com a política degradada em molecagem via redes sociais, o trabalho precarizado, as identidades fragmentadas, o clima do planeta enlouquecido, as pandemias ameaçadoras, a guerra rediviva e os templos vendidos, insinua-se uma espiritualidade de grande ressonância para profissionais de classe média urbana, espremidos até o osso na engrenagem corporativa.

No Equinox, várias mulheres tinham a mesma história para contar: desiludidas com a carreira, mesmo que bem-sucedida e não raro incompatível com a maternidade, largam tudo e escolhem para si e os filhos uma vida simples no litoral baiano. Foi o caso de Alessandra Rossi, que deixou um bom emprego numa empresa de software para tocar a pousada Na Villa dos Algodões e se tornar uma das organizadoras do festival, ao lado da espanhola Amaya Arguedas, da Casa del Mar, e de Gabi Pimienta. Também é o caso de Michelle "Tukiama" Button, mexicana que conduzira a cerimônia do fogo e que havia interrompido sua carreira de relações públicas para marcas de luxo iniciando-se nas práticas do povo Wixárika com o cacto peiote (*Lophophora wiliamsii*), que chamam de *hikuri*.

Existem no Brasil dezenas de povos indígenas que usam ayahuasca de modo cerimonial. Assim como as religiões ayahuasqueiras receberam deles o método para feitio (preparo) do chá, misturando no caldeirão os ingredientes de cultos e doutrinas extrafloresta, os neoxamânicos se distanciaram dessas igrejas mantendo apenas algumas de suas âncoras, como os hinos daimistas com letras singelas e bonitas, agregando fragmentos de práticas religiosas e místicas de toda parte, da América do Norte à África e à Ásia. A figura prototípica do xamã, entretanto, não é mais a do feiticeiro do norte da Ásia que deu origem ao nome hoje globalizado — pessoas com o poder de curar, visitar os mortos, voar para outras dimensões e prever o futuro, em transe, função originalmente estudada nos povos siberianos chukchi e koryak. Agora, prevalece um pajé ameríndio genérico, espécie de reminiscência coletiva da iniciação na força da ayahuasca que tantas dessas pessoas em busca de equilíbrio foram encontrar nas matas do Acre, do Amazonas ou do Peru. Há lugar também para curandeiros da América Central e do Norte que usam cogumelos "mágicos" com psilocibina e o cacto peiote com mescalina para transitar entre os mundos.

Pode-se discutir se esse ecletismo, ao negligenciar o que é específico e sagrado nos rituais de cada povo, não importaria em apropriação cultural. Seria purismo antropológico, porém, por desconhecer que esses povos já se engajaram no circuito mundializado da ayahuasca, viajando a capitais do Brasil e outros países para apresentar suas pajelanças, cosmologias e medicinas a pessoas com meios de pagar por essas "vivências", embora o pagamento dos serviços com dinheiro seja muitas vezes referido com o eufemismo "troca de energia".

Em palestra no Festival Equinox, Paulo de Azevedo, ou Purna Chandra, apresentou o sistema de tratamento Vibra Quantum invocando a "metacognição" — em seu conceito, a necessidade de cada pessoa dar-se conta do que desconhece sobre si própria para poder se curar e romper os padrões de comportamento, explicação e reação em que tantos se encontram aprisionados. Nada de novo para quem já fez psicoterapia, mas também nada de novo para neurocientistas e psiquiatras que entendem o transtorno da depressão, por exemplo, como a rede cerebral de modo padrão em grau turbinado, culminando na ruminação de pensamentos negativos que pode levar o doente à prostração e a ideações suicidas. Para alguns, pelo menos, uma molécula como a DMT pode abrir caminho para novas conexões cerebrais e outras maneiras de encarar os problemas, caso a droga seja consumida em um contexto acolhedor.

Essa era a proposta de Purna para a vivência do último dia do Equinox. Vestido de branco, com um sinal pintado na testa, ele monta na Oca, grande telheiro oval na mata da pousada Casa del Mar, um altar em que se reúnem cristais, frascos com água de cheiro, cartas de tarô, pedras, plumas, incenso e sinos orientais. Em destaque, três garrafas com ayahuasca de diversas procedências, para as três primeiras fases do trabalho, quatro ao todo. Após a primeira dose, ou despacho, cada participante deve se concentrar no autoconhecimento, refletindo sobre o que, no ano anterior, lhe despertou curiosidade, tristeza, raiva, medo, alegria e entusiasmo. Na segunda fase, deve focalizar *insights* (lampejos), desafios atuais, ciclos fechados e abertos recentemente. Na terceira, de celebração, deve fixar objetivos de curto e longo prazo, com a criação de imagens para ancorar as metas. A quarta fase se destina a relaxamento e *download*, a roda sem consagração de daime em que um maracá passa de mão em mão, dando a palavra a cada um para manifestar-se sobre o que experimentara naquelas seis horas de concentração.

A primeira ayahuasca, de cor marrom-amarelada, fermentada, fez ruído de gás escapando da garrafa quando aberta. O aparelho de som passou a tocar uma *playlist* de gosto eclético, melodias indígenas, hindus e também hinos do Daime, como "Divina luz":

Divina luz onde está o meu perdão
Eu quero ser um filho da Virgem Mãe
Ela é a chave pra chegar em Jesus Cristo
Divina luz ilumina a escuridão

A escuridão que habita o meu ser
E os inimigos que guardo dentro de mim
Divina luz rodeando os seus filhos
Iluminando no caminho da salvação

O amor é chave que abre a primeira porta
E a segunda se abre é com o perdão
Para passar essa porta é bem estreita
Depois que passa lá dentro é um salão

Divina luz só o amor e o perdão
Só bem sincero só se for de coração
Divina luz quero ver o vosso brilho
Que esse filho já cansou da escuridão

Ainda respondendo ao primeiro questionário que Purna havia proposto, para atilar a concentração, comecei a sentir a força do daime chegando. Meditei sentado e deitado, de maneira alternada. Emocionei-me seguidamente, com lágrimas de alegria que subiam enquanto cantava as letras ingênuas das melodias simples dos hinos, com os soluços habituais que sobem à garganta quando a música enleva, e ao ouvir Purna passando pelo salão e cantando com sua voz anasalada solta, agitando suas plumas, aspergindo água de cheiro e fumaça de incenso sobre os psiconautas presentes. Notei que conseguia controlar mais os sentimentos e as lágrimas quando articulava as palavras das letras e cantava alto, pondo a emoção para fora, não a engolindo com temor do julgamento alheio.

No segundo despacho de ayahuasca, Purna me pediu que não me levantasse para ser servido quando tocasse a sineta. Havíamos combinado de satisfazer meu desejo de conhecer o poder da jurema-preta, substituindo a bebida distribuída a todos por uma cachimbada de cristais de DMT extraídos da raiz da árvore da caatinga. A pedido dele, Daniel, que tem larga experiência com DMT e changa, veio até meu colchonete, ajoelhando-se ao meu lado. Estava sem camisa, deixando ver o torso tatuado, e me encarou com seus olhos claros e intensos, tendo na mão o cachimbo de vidro que chamou de "dispositivo". Sob efeito da expectativa, meu coração batia forte, acelerado. Ele perguntou se já tinha fumado DMT (não) e se conseguiria puxar a fumaça sem tossir e segurar por seis segundos (talvez sim). Poderia dar até três cachimbadas em seguida, mas que não me preocupasse: "A medicina", disse, "é autodosante" — eu saberia a hora de parar e sentiria necessidade de me deitar.

Dito e feito. Já na segunda puxada fiz sinal de que pararia e me estiquei no colchonete. Os olhos se encheram de volutas e arabescos em tons predominantes de rosa, como se adentrasse uma mesquita fantástica. Sentia um gosto ultravegetal na boca, diferente de qualquer outro sabor que já tivesse experimentado. A ponta da língua e o trecho dos lábios onde o cachimbo encostara ficaram amortecidos, como sob o efeito de jambu, a erva anestesiadora da culinária amazônica. Impacto fortíssimo, enlevante. Fiquei muito tempo deitado, ou assim pareceu, o peito cheio de sentimentos fortes e bons, amor, compaixão, comunhão, congraçamento, empatia — nem todos os sinônimos do mundo poderiam descrever adequadamente o que transbordava. A brisa sobre o corpo era amiga, uma acariciante fonte de prazer. O incenso e as águas de cheiro eram deliciosos ao olfato, quase coloridos de tão intensos. Identificação acentuada com os hinos, mas curiosamente poucos pensamentos articulados em conexão com as emoções, que só fui anotar quatro dias depois, já de volta a São Paulo, ainda sob o brilho residual daquela luz ofuscante.

Ao soar o sinal da terceira fase da sessão Vibra Quantum, Purna não me serviu a mesma ayahuasca dada aos outros, mas sim a que estava numa garrafa colorida, um líquido muito escuro, quase negro, que deixou uma borra no fundo do copo e um travo horrível na boca. O silêncio reinante nas etapas um e dois cedeu lugar a um pouco de tudo nas fases três (celebração) e quatro (integração). Uma mãe dançava com os filhos pequenos, casais se abraçavam, amigas choravam juntas, desconhecidos se beijavam, lágrimas corriam com as canções ou sob a água perfumada que Purna aspergia de tempos em tempos sobre quem meditava sentado ou deitado, no auge do efeito da ayahuasca. Ateu renitente, vi-me imerso em gratidão pelas dádivas simples daquela roda e da natureza. Gente que dançava e cantava, festejando o fato de se encontrar e suspender o juízo sobre tudo, aceitando sem medo o que se apresenta diante dos olhos, abertos ou fechados. Entrei decidido na celebração, dancei abraçado com Claudia e a curandeira mexicana Tukiama e lhe disse que era "*mi hermanita desde siempre*", do que ela riu. "Nos encontramos, finalmente", reforcei. Abracei Daniel e lhe agradeci por me apresentar a DMT da jurema.

A única visão que tive nas sete horas de trabalho foi o rosto redondo de minha neta por nascer, Marina, a quem prometi mais calma e paciência do que tivera com seu irmão, Antônio, e os primos Alice e Tomás. Anotei no terceiro questionário de Purna que, após terminar este livro, enfrentaria o desafio sempre adiado de escrever ficção. E, quem sabe, estudar canto. Na quarta parte da cerimônia, a única a não ser precedida por uma dose de ayahuasca, fui o terceiro a receber o maracá e a palavra. Agradeci a Alessandra e Amaya pelo acolhimento e a Tukiama e Purna pelas sessões transportadoras. Disse que havia sido uma tarde de muitas lágrimas, a maioria delas vertidas por alegria e comunhão. Abracei Tukiama e Paulo com força na despedida. A francesa Sara veio até nós, o casal mais velho por ali, contando que vira muito de seus próprios pais em nós, e nos beijamos. "*Merci beaucoup*", saquei da memória do menino que cursara os anos iniciais do ensino fundamental no Liceu Pasteur de São Paulo. Claudia e eu fomos para a pousada pela praia, de mãos dadas e felizes, caminhando sob a lua cheia.

AUTONOMIA DA CURA COM JUREMAS DO NORDESTE E ACÁCIAS DA AUSTRÁLIA

O psicanalista Paulo de Azevedo recebeu o nome de Purna Chandra por graça do guru Purushatraya Swami, em sua primeira iniciação em Bhakti Yoga. Hoje usa mais ayahuasca em seus trabalhos, mas tem larga experiência com changa e cristais puros de DMT extraídos da jurema-preta. Contava 47 anos quando o visitei em seu sítio perto da praia de Pium, em Parnamirim (RN), município vizinho de Natal, em março de 2023, seis meses depois da cerimônia Vibra Quantum em Algodões. Assim que terminou o treino de jiu-jitsu com o instrutor Antônio Almeida no terraço amplo da casa do sítio, mostrou-me o panelão em que prepara o daime numa clareira perto do riozinho onde as copas das árvores se fecham formando o que ele chama de oca natural, local onde também realiza seus trabalhos coletivos. Não gosta de ser chamado de neoxamã, pois seu objetivo profissional é levar bem-estar para os clientes, não necessariamente despertar-lhes a espiritualidade. Para desenvolver seu sistema Vibra Quantum, conta que se dedicou a estudar mecânica quântica e psicanálise, mas que hoje vai além das questões de transferência entre analista e analisado e da cura pela palavra, recorrendo às vibrações musicais e à ferramenta poderosa da ayahuasca.

Foi a música, de resto, que o encaminhou para a psicodelia. Criado em Belo Horizonte, acompanhava desde pequeno o pai em suas compras de discos na loja Hi-Fi no BH Shopping. Aos onze anos, entrou sozinho no estabelecimento e saiu de lá com discos das bandas Led Zeppelin e AC/DC, tornando-se fã incondicional de rock psicodélico. Aos catorze anos, obteve seu primeiro mixer, para criar e ouvir música no quarto, mas logo começaria a se apresentar como DJ em festas da família e, em seguida, profissionalmente. Chegou a tocar em festivais como Skol Beats e Universo Paralello. Nessa cena conheceu MDMA e LSD, mas tinha dificuldade para se abastecer com modificadores da consciência na Belo Horizonte dos anos 1990, até descobrir que havia um psicodélico abundante ali mesmo, no Santo Daime, e no ano 2000 se fardou, ou seja, tornou-se membro pleno da igreja daimista.

Na mesma época foi apresentado à jurema-preta em uma rave pelo amigo Daniel Strickland (o mesmo Daniel que me iniciara em Algodões). Ganhou dele um vidrinho com cristais e um cachimbo de vidro, acompanhado de explicações sobre como dosar e usar. Começou com meia dose, achou o efeito semelhante ao da ayahuasca e pulou para uma dose e meia. "O altar do meu quarto se transformou num parque de diversões, uma montanha-russa ocupando o cômodo inteiro", descreveu. "O carrinho parou e me pegou, mostrando coisas que eu nem sabia que existiam. Esta substância aqui, eu preciso conhecer ela melhor", concluiu na época. "A pessoa troca de óculos", disse na entrevista sob as árvores de sua oca natural em Pium, coberto pelas flores da camisa preta estampada e da tatuagem que lhe cobre o braço direito, comparando as visões da DMT com a descoberta de uma nova maneira de enxergar a vida.

O uso da DMT em festivais de música eletrônica ou neoxamânicos, não exatamente espiritual, sofre restrições da parte do xamanismo tradicional de origem indígena e de religiões ayahuasqueiras estabelecidas. Ele costuma ser pejorativamente nomeado como uso "recreativo", ou condenado como "enteotenimento", neologismo criado para estigmatizar quem mistura enteógenos supostamente sagrados com entretenimento. O preconceito se dirige em especial contra cristais de DMT e changa, que desdenham como "ayahuasca fumável" ou "crack da ayahuasca".[2] Esse consumo é capaz de desencadear uma experiência psicodélica imediata (demora segundos para surtir efeito) e curta (dez a quinze minutos, em geral), descartando assim os rituais de seis horas ou mais e as purgas (vômito, diarreia) e dietas rigorosas que muitas vezes os antecedem.

O químico Jonathan Ott descarta essa visão como "neocalvinismo xamânico" e, embora homenageie xamãs sul-americanos e asiáticos como irmanados aos cientistas contemporâneos em sua experimentação farmacognóstica, defende a democratização desse saber acumulado ao justificar o empenho em criar análogos do daime como a juremahuasca. Ele escreveu num artigo que desejava ajudar as pessoas a se esquivar da proibição de enteógenos e das tentativas da parte de grupos religiosos modernos como Santo Daime de cooptar e monopolizar a tecnologia xamânica, que enxerga como um patrimônio comum de toda a humanidade. Partiu então para franquear às pessoas a elaboração de um enteógeno potente no conforto e na segurança de suas próprias casas, baseado em ervas legais e inocentes que crescem em todos os continentes e na maioria dos ecossistemas.[3] Ott se regozija por ter disseminado pelo mundo uma receita que introduziu a jurema-preta no mercado psicodélico internacional, em 1996, e, em certo momento, fez dela a principal fonte de DMT para psiconautas. Na sua opinião, só misantropos e calvinistas empedernidos poderiam se posicionar contra a obtenção de prazer com a ajuda de enteógenos: "Prazer, contentamento, é o melhor remédio contra qualquer indisposição do espírito, e é sempre bom para as doenças e enfermidades do corpo".

Como Ott, Graham St John, da Universidade Griffith da Austrália, além das aplicações neoxamânicas e gnósticas (autoconhecimento e iluminação), sai em defesa do uso lúdico da changa, segundo ele uma invenção australiana. Ela teria nascido pelo esforço de uma vibrante comunidade psiconáutica em busca não da cura prometida por igrejas ayahuasqueiras, mas do que se poderia chamar de graça, em sentido não religioso: um estado liminar, capaz de estilhaçar o condicionamento social e amplificar experiências visionárias, de catapultar os viajantes a um hiperespaço temível e maravilhoso, afirmativo e subversivo, privado e acelerado, em contraste com o transe cerimonial e purgativo da ayahuasca tradicional. Para St John, perder o controle da mente se mostra essencial para a cura, mas soa paradoxal que ao mesmo tempo se entregue o controle a terceiros, a figuras de autoridade em igrejas ou rodas xamânicas, em franca contradição com o ímpeto libertário e anarquista da contracultura.

No lugar da jurema-preta, a fonte preferencial de DMT na Austrália são as 150 espécies de acácias presentes na ilha-continente. Na receita original de changa criada por Julian Palmer em 2003, a dimetiltriptamina extraída de galhos e folhas da *Acacia obtusifolia*, primordialmente, vai combinada com inibidores do cipó-mariri proveniente da Amazônia. A mistura resulta num produto fumável que tem a função de atenuar a experiência radical propiciada quando se vaporiza o cristal de DMT puro, que pode prostrar o psiconauta e induzi-lo à repulsa de repetir a viagem. A mescla com mariri permitiria também alongar o efeito para algo entre vinte e trinta minutos. Ao se difundir na cena psicodélica australiana, a changa foi adquirindo novas versões, com a adição de ervas e folhas de maracujá, menta, lótus-azul, limão, lavanda, hortelã, arruda-da-síria e pau-d'arco. Da Austrália, a "ayahuasca fumável" se espalharia pelo mundo. Segundo St John, no entanto, no Brasil a changa não costuma conter raspas do mariri da ayahuasca, e de fato a DMT que experimentei no Festival Equinox não incluía inibidor, nem mesmo ervas, apenas cristais obtidos de jurema-preta.

Para exemplificar o que chamou de "teofania psicodélica", a seu ver distante da vida religiosa em igrejas ayahuasqueiras e igualmente do que nelas se despreza como enteotenimento, St John cita as visões triptamínicas de um frequentador do festival Glade de 2009, no Reino Unido, que chegou a cogitar fundar uma religião *Psytrance*:

> [...] os mais fantásticos seres alienígenas dançando, flertando comigo, um casal se beijando e explodindo numa torrente de fragmentos multicoloridos mosaicos, o deus do sol egípcio Hórus irrompendo de uma espuma de fractais em ebulição. Eu vi Homer Simpson comendo uma rosquinha e catedrais de extrema beleza e cor. Foram os quinze minutos mais fantásticos de minha vida.[4]

St John anota que tal "disneyficação" do hiperespaço enteógeno aguça a contrariedade de quem lamenta a comercialização da changa como crack da ayahuasca, mas o autor duvida de que algum dia ela possa ser categorizada propriamente como droga recreativa, dada a sua capacidade de destroçar ilusões e revelar o âmago das coisas, experiência que pode não ser divertida. "Tomadores [de ayahuasca] puristas são tipicamente desconfiados de usuários de DMT — que carecem de certa legitimidade, senão de virtude, tão distanciados das tradições de bebidas e rapés sancionados cultural e teologicamente." Os críticos se ressentem sobretudo da noção de que a changa seja um estágio mais evoluído da ayahuasca e da sugestão implícita de que a DMT da chacrona seja o componente mais importante da bebida, em detrimento das não menos sagradas substâncias fornecidas pelo cipó. O que Ott e St John celebram como compartilhamento universal da tecnologia xamânica os tradicionalistas veem como apropriação cultural de saberes ancestrais para fins inadequados.

A antropóloga Esther Jean Langdon, da Universidade Federal de Santa Catarina, lembra que o xamanismo amazônico, com suas metáforas centrais de predação e canibalismo, nada tem de gentil. Ela discorda da noção de que o xamanismo seja uma tradução fiel de culturas ameríndias puras para não indígenas,[5] preferindo a noção de diálogo e construção coletiva em reação à tragédia que a chegada dos europeus representou para um sem-número de povos cujas práticas variadas, em verdade, são difíceis de enfeixar num tipo ideal criado pela antropologia para descrever a religiosidade estudada em outros continentes. Nem mesmo a ideia de um xamanismo mestiço, como o que se constituiu nas interações entre grupos da floresta e as cidades coloniais consumidoras de pajelanças, daria conta de subsumir religiões urbanas como o Santo Daime, que, no entanto, se supõem caudatárias de tradições indígenas autênticas, originárias, mesmo quando integram redes globalizadas de intercâmbio de enteógenos e crenças. Mais apropriado seria falar de xamanismos, no plural, que de resto não teriam base para desqualificar neoxamãs ou xamãs brancos como desprovidos de credenciais e raízes autênticas.

"Xamanismos nativos, hoje, devem ser encarados como o produto do encontro colonial [...] e não como uma religião arcaica do passado", defende. "O foco específico em feitiçaria indicou que os aspectos escuros, não amáveis, do xamanismo são estratégias importantes nesse encontro [...] em que xamanismos urbanos e mestiços exprimem as preocupações das classes subalternas numa economia capitalista." Em substituição aos voos dos xamãs entre mundos, cresce a importância da possessão como essência do transe, assim como o acréscimo de elementos, ritmos e animismo africanos aos rituais, ao lado de santos católicos. As classes urbanas mais pobres priorizam em suas demandas aflições quanto a questões de amor, doença, má sorte, desemprego, comércio e outras fontes de infortúnio. Vistos desse ângulo, os frequentadores de festivais, pessoas em geral de classe média, não diferem tanto assim dos pobres que acorriam às mesas de Catimbó em Alhandra ou a sessões de ayahuasca na Amazônia e hoje se misturam a gente mais rica nos terreiros de Jurema Sagrada ou igrejas daimistas: estão todos em busca de transcendência e alívio com ajuda de enteógenos, sejam eles o daime, o vinho da jurema, a changa ou os cristais de DMT pura. E não será com a reivindicação de doutrinas ou tradições tidas como mais verdadeiras ou autênticas que se logrará desqualificar como degeneração ou apropriação cultural a reinvenção de tecnologias xamânicas que diferentes povos ameríndios vêm trocando entre si há milênios na luta para se manterem vivos, saudáveis e, bem, indígenas.

A MOBILIZAÇÃO DE ENTEÓGENOS CONTRA O PENSAMENTO COLONIAL NA UNIVERSIDADE

Para os povos originários do Nordeste brasileiro, no epicentro desse esforço de autopreservação está uma planta de poder, a jurema-preta. Engana-se, porém, quem imagina que a resistência associada aos enteógenos do vinho da jurema é coisa do passado colonial distante, enterrada na memória mal documentada das santidades e revoltas indígenas ou quilombolas. Tampouco seria correto concluir que a jurema cumpriu seu papel na reemergência, nos anos 1980, de etnias nordestinas que comprovavam a própria "indianidade" para a Funai dançando torés e bebendo o vinho, e que depois disso o culto em torno dessa árvore perdeu importância. O fato de a religiosidade ser quase ignorada pelas instituições acadêmicas e pela população de outras regiões do Brasil, quando não desprezada, não invalida o papel de destaque que ela ainda tem na articulação de demandas por regularização fundiária (demarcação e homologação de terras indígenas), promoção de saúde e sobrevivência cultural, como pude testemunhar no 7º Encontro de Pajés, Parteiras e Detentores de Saberes Tradicionais Indígenas de Pernambuco, em outubro de 2023, no território Kambiwá do município de Ibimirim (PE). Na reunião realizada na aldeia Baixa da Alexandra, há representantes de quase todas as doze etnias presentes no sertão de Pernambuco, que têm o uso da jurema-preta como um dos elementos comuns mais marcantes entre elas.

Após umas quatro voltas do toré no pátio de areia, todos entram na oca sob o som intenso de maracás e a fumaça adocicada de campiôs, os cachimbos cônicos característicos desses povos. Um jovem xucuru, assumindo gestual de quem incorpora um preto velho (fala enrolada, acaipirada, o torso encurvado, olhos esbugalhados), toma o microfone e puxa o coro: "Salve a Jurema

Sagrada! Salve os pretos velhos! Salve a espiritualidade!". Todos entoam em seguida o ponto "Salve a Jurema Sagrada":

Eu sou filho da Jurema
Eu venho lá do Juremá
Vou chamar os meus caboclos
Para virem trabalhar

Logo após o almoço, encontro um grupo de pankarás ao lado da oca tomando a bebida escura guardada numa garrafa plástica de Fanta, servida numa cuia, e eles confirmam que se trata de vinho da jurema-preta. Oferecem-me a beberagem; pergunto se estou autorizado não sendo indígena (iludido pelo raciocínio de que a cor da minha pele poderia me levar a ser confundido com um deles), e o homem mais velho, em posse da garrafa, enche a cuia até a boca, estendendo-a em minha direção. Tomo tudo em três ou quatro goles, sem tirar a cuia dos lábios, mesmo incomodado com o amargor e o sabor intenso de fumaça. Um deles recusa o vinho, alegando que acabou de almoçar, ao que reajo, um pouco alarmado: "Eu também!". Nenhum efeito perceptível se apresenta nas horas seguintes, contudo, ainda que antes mesmo de beber eu já estivesse tomado por uma sensação de paz e contentamento ao ver tanta gente reunida, celebrando e resistindo.

Os discursos se sucedem ao longo de dois dias, alguns mais burocráticos, outros mais visionários e militantes. Um dos mais exaltados é o pankará Manuel Pedro dos Santos, o juremeiro Manezinho, que põe a questão da terra indígena no centro da roda cantando: "Quero ela demarcada, quero ela desintrusada,* quero ela homologada! Tô com o maracá na mão para acordar

* Desintrusão significa tirar da terra indígena habitantes e posseiros que ali se instalaram após o início dos trabalhos de identificação do território tradicional.

essa Funai e começar a trabalhar". Ele é irmão da cacica Maria das Dores dos Santos, a Dorinha, primeira mulher pankará a assumir o posto de liderança e a terceira no estado de Pernambuco. Com 59 anos na época da entrevista, a técnica de enfermagem e parteira tradicional já foi vereadora em Carnaubeira da Penha, liderou bloqueio da rodovia que dá acesso à cidade para reivindicar educação indígena de qualidade e, em 2024, ocupava o cargo de secretária de Assuntos Indígenas e Igualdade Racial de sua cidade. Ela atribui sua força ao fato de ter sido batizada na Jurema e à mediunidade que a planta sagrada e sua cabocla lhe despertaram ainda criança. "Nasci com o dom, acompanhava meu pai e meu avô quando praticavam o ritual", conta. Em 2003, numa cerimônia de Jurema, diz ter recebido em mensagem direta de encantados, o que antes só lhe acontecia em sonhos, a missão de liderar os 5 225 pankará que informa haver nos 15 mil hectares do território identificado na serra do Arapuá, ainda aguardando demarcação e homologação em 2024. "São todos meus filhos", diz a parteira, que calcula já ter ajudado umas 15 mil crianças a nascer.

Não é fácil reconhecer e desembaraçar o fio sinuoso tecido com as raízes da jurema-preta que conecta Dorinha a Julian Palmer, na Austrália, a Rodrigo Grünewald, em Campina Grande e no Rio de Janeiro, ou a Jonathan Ott, nos Estados Unidos e no México. Até mesmo porque, para esse povo e os parentes de Pernambuco, o efeito psicodélico da DMT é o componente menos saliente da planta *Mimosa tenuiflora*. A meada ficará um pouco mais visível para o leitor, espero, se souber que me tornei hóspede dos kambiwá na Baixa da Alexandra por obra do psicólogo Alexandre França Barreto, um professor da Universidade Federal do Vale do São Francisco (Univasf) em Petrolina que, se não se encaixa no figurino de neoxamã, ao menos se qualifica como psiconauta entusiasta da jurema.

Nós nos conhecemos em agosto de 2023 em Vitória, na 26ª Conferência do Instituto Internacional para Análise Bioenergética (IIBA, em inglês), para a qual eu havia sido convidado pelas terapeutas corporais Léia Cardenuto e Liane Zink a falar de meu livro *Psiconautas*. No intervalo para o café, Barreto contou com entusiasmo — componente usual em tudo que faz — as experiências com jurema e com indígenas do sertão nordestino, justamente os assuntos em que eu buscava me aprofundar para este livro. Mais algumas semanas de troca de mensagens e ele preparou um roteiro de visitas para outubro, que me levaria não só à Baixa da Alexandra, para o encontro de parteiras e pajés, como ao Brejo do Burgo, para a Festa do Amaro entre os pankararé — e também a uma cerimônia neoxamânica com juremahuasca, em Petrolina, que figura entre as experiências psicodélicas mais marcantes que vivi.

Barreto se qualifica como viajante calejado em vários sentidos, tendo realizado um périplo extenso entre os vários mundos que compõem o Brasil. Nascido em Recife, por volta dos dois anos de idade sua vida sofreu duas reviravoltas importantes. Na primeira, foi literalmente arremessado contra uma porta de vidro pela rede em que se balançava a mãe, acidente que lhe deixou cicatrizes proeminentes nas costas e na alma. Na segunda, mudaram-se para São Paulo para que o pai assumisse a administração da filial da loja de roupas da família. Artesão e artista negro às voltas com o racismo da família da esposa, o pai acumulou frustrações no comércio e passou a ter problemas de saúde causados pelo consumo de álcool, como uma labirintite que remédio nenhum conseguia controlar. A melhora só viria pela via espiritual, conta o filho, quando começou a frequentar uma casa de Umbanda, Estrela da Paz, e se entregou aos cuidados de pretos velhos. Em paralelo, a mãe, geóloga formada na UFPE, seguiu carreira acadêmica com mestrado e doutorado na USP, estudando o paleoambiente do sertão baiano.

O retorno da família ao Recife se deu quando Barreto já era adolescente, numa época de grande efervescência cultural, com o movimento musical mangue beat na vanguarda. Desenvolveu grande interesse por psicoativos, militou num grupo de pichação, "dava muito trabalho". Cético, entrou para o movimento estudantil. A dor continuava lá, não conseguia criar vínculo com mulher nenhuma, buscou ajuda na psicoterapia e passou três meses chorando nos quarenta minutos de cada sessão. Guiado pelo pai, procurou um templo da seita eclética Vale do Amanhecer, aonde ia todo fim de semana, e ali desenvolveu seu "caminho de estudo mediúnico", recebendo cuidados de Pai Joaquim de Aruanda, um preto velho da Umbanda. Foi só aos 23 anos, na primeira experiência com ayahuasca, que o trauma vivido aos dois anos se aclarou: "Revi tudo como observador. A cena [do choque contra a porta de vidro] se transformou numa folha, depois num galho e numa árvore com várias outras memórias de minha mãe, em seguida numa floresta".

Fez mestrado em antropologia, nasceu a primeira de três filhos e se mudou para Petrolina em 2009, aprovado em concurso para a Univasf. Aproximou-se dos professores que trabalhavam com povos indígenas, que lhe aguçaram a curiosidade sobre o universo da Jurema. Em 2014, após um seminário sobre saúde, educação e espiritualidade, entrou em contato com a DMT da jurema-preta na forma de juremahuasca, a bebida preparada com arruda-da-síria, durante uma cerimônia neoxamânica, quando viu muita coisa: "Êxtase inebriante, um prazer profundo. Vi a procissão em que a Jurema era trazida, noutro planeta. Os seres se fundiam, com características humanas e vegetais. Cor vívida e bela. Tive um reencontro de alma com Juracy [Marques]".

Aos 42 anos no momento da entrevista em Petrolina, Barreto conta um doutorado em educação, treinamento como analista bioenergético e várias incursões entre povos indígenas como os truká, os pankará, os fulni-ô e os kampinawá. "Precisei da formação colonial [acadêmica] para poder contemplar a riqueza dos saberes ancestrais, dos povos do território e dos africanos, e entender essas cosmovisões." Na década que se seguiu à primeira experiência com a juremahuasca, cultivou amizade com o baiano Juracy Marques. Com ele, mais amigos daimistas de Petrolina, iniciou um grupo neoxamânico que costuma tomar a bebida enteógena numa chácara na serra dos Morgados, em Jaguarari (BA), terra natal de Marques, hoje professor da Universidade do Estado da Bahia (Uneb). Nascia assim a Aldeia Luz da Jurema, que apelidaram de Alma.

No sertão baiano, Juracy Marques cresceu frequentando um terreiro de Candomblé onde a mãe era filha de santo e havia grande influência da espiritualidade indígena. Na adolescência, estudou em colégio católico e se apaixonou pela liturgia, foi coroinha decidido a se tornar padre e aprendeu que Candomblé e Umbanda eram crenças supostamente demoníacas. Tentava convencer a mãe, filha de Iemanjá, a se afastar da vida de terreiro, algo que na época da entrevista, aos 46 anos, qualificaria como uma invasão, dizendo que o estudo de antropologia e psicanálise havia sido uma maneira de se afastar da Igreja católica, aderir a uma visão materialista e se desculpar com a mãe.

Reconectou-se com a própria herança negra e indígena, assim como o Candomblé e a Umbanda, durante o doutorado em cultura e sociedade na Universidade Federal da Bahia (UFBA), quando estudou o impacto das barragens de hidrelétricas do rio São Francisco nas etnias do sertão. Conheceu na aldeia pankararé de Brejo do Burgo o pajé e cacique Afonso Enéas, que o ensinou a coletar jurema-preta e disse que ele era um filho da Jurema, que um dia iria trabalhar com ela, mas não sentiu "efeito impulsionador" no vinho.

A decolagem com a DMT da jurema combinada com arruda-da-síria ele fez com o babalorixá, daimista e juremeiro Reuber Rozendo, em Paulo Afonso, onde a Uneb tem um campus. Tomou a juremahuasca na beira do São Francisco e, sob "um impacto muito forte", viu os espíritos dos indígenas mortos na região e o rio transformado numa torrente de sangue. "Espíritos que falavam em português, aquilo me impressionou. Surto, delírio, alucinação? Ali defini que iria estudar essas populações." Passou a beber ayahuasca e jurema, mas foi a segunda que prevaleceu: "É uma pele que se acostuma melhor com a ancestralidade do sertão". Ficou tão fascinado que resolveu difundi-la fazendo rituais com colegas da universidade, em terreiros e na beira do rio em Paulo Afonso.

Com o aumento da tensão fundiária na região, onde povos como os pankararé lutavam pelo reconhecimento de suas terras tradicionais ocupadas por fazendas, recebeu a recomendação de deixar a cidade e se mudou para Juazeiro, município baiano vizinho a Petrolina, na outra margem do São Francisco. Participou ali do movimento contra racismo religioso, respondendo a um chamado do babalorixá Pai Jorge e de Mãe Euzinha, acusados de maltratar animais por sacrificar um bode.

Andou pela Europa, em Portugal e Espanha, mas na volta ao Brasil o incômodo com a psicanálise crescia, não se convencia da descrição da mediunidade como neurose ou psicose. "Era fácil [um lacaniano] aceitar dopagem e manicômio, mas não que caboclo cura. E bater um tamborzinho é de graça", diz, explicando a deriva para o neoxamanismo. Em seu panteão figuram agora Pedro Luz, Yatra e Rodrigo Grünewald, leituras que o convenceram da conveniência de empregar o inibidor da arruda-da-síria que facilita o efeito da DMT no cérebro. Encontrou nas terras do avô na serra dos Morgados "um lugar calminho para rezar", mas ali topou também com a ameaça de projetos de mineração, aderindo ao movimento Salve as Serras, "para cuidar do espaço sagrado da nossa mãe".

Marques ocupa o centro da egrégora (força espiritual coletiva) juremeira que reuniu há quinze anos com amigos como Barreto e que quase se desfez com a pandemia de covid-19. Ele explica que as cerimônias se conduzem sob orientação de três princípios:

1. Deus é consciência.
2. A natureza é encarnada, o ser espiritual tem de ser encarnado.
3. O objetivo é conectar Deus com a consciência subjetiva mais profunda de cada um.

"Nossa casa é o Universo", diz. Também é o responsável pelo feitio da juremahuasca, e recebeu as letras de muitas canções musicadas por Edésio César que todos cantam em seus rituais,[6] como "Juremeira":

Existe um caboclo da Jurema
Seo Juremeira só veste pena
Okê, okê, okê caboclo

Gira o mundo, Seo Juremeira
Traz no arco-íris do teu penacho
A força da cachoeira

Não quero ouro
Não quero grana

Só quero palha
Para minha cabana

Quero sambar descalço
No terreiro da minha aldeia
Traz chuva passarinho de pena
Para colheita da mamãe jurema

Salve o poder da Umbanda
Salve o senhor das montanhas
Salve a Lua, salve o Sol
E o lobo que o acompanha

VÁRIAS MORTES SOB UM IPÊ-AMARELO DO NORDESTE E NA JANGADA DE CAYMMI

Depois de entrevistar Juracy Marques, Claudia e eu pegamos carona com ele para a Aldeia Pena Branca, de seu amigo Pai João, que, aos 25 anos, tem mais jeito de estudante universitário que de umbandista que há seis anos comanda o terreiro onde tomaremos juremahuasca. É a primeira vez que o grupo de Marques e Barreto se reúne para isso depois da pandemia, em cerimônia organizada para apresentar ao jornalista do Sudeste o enteógeno produzido por eles e o ritual centrado nas canções. Em dupla, eles conduzem as breves conversas de anamnese obrigatórias para quem toma jurema pela primeira vez, de modo a minimizar o risco de surtos psicóticos ou problemas físicos mais graves (é cuidado comum em religiões ayahuasqueiras, também; raramente alguém serve o daime a pessoas sem saber se têm histórico de psicose na família ou problemas cardíacos, se tomam medicamentos psicoativos etc.). Recomendam firmar um propósito claro antes de ingerir a bebida e, em caso de perturbação mais forte, respirar fundo e se concentrar na intenção.

O espaço bem merece o nome de terreiro, pois, entre o muro e a construção do fundo, com seus altares, apresenta uma área com cerca de 200 m² de areia e muitas plantas, entre elas um pé de craibeira (*Tabebuia aurea*, árvore conhecida como ipê-da-caatinga). Nessa área se realiza a cerimônia, em um círculo de cadeiras brancas de plástico para as duas dezenas de pessoas, algumas esteiras de palha no chão atrás de nós. Recebo o enteógeno contido em meio copo de plástico branco descartável. O gosto é desagradável, de um amargo que embrulha o estômago. Começam a tocar no aparelho de som as 35 canções melodiosas e simples de César e Marques, cantigas e marchinhas que fornecem o fio condutor do ritual e cujas letras acompanho por algum tempo numa cópia impressa. Deixo de fazê-lo quando a força da jurema baixa, avassaladora, e as letras se embaralham sobre o papel.

Pedi que Claudia chamasse Marques ou Barreto para me ampararem ao sair da cadeira, e um dos dois me ajudou a desabar na esteira debaixo da craibeira. Deitado, o mal-estar passou, ou me desliguei dele. Parti para um lugar desconhecido; diria depois, na roda de conversa, que havia morrido várias vezes naquelas poucas horas. A sensação de que iria me desfazer era intensa, mas ficava sempre nesse limiar, ou pelo menos não me lembro de atravessá-lo; pode ser que a memória da passagem tenha se esvaído junto com a consciência ou o ego em dissolução. Mas a ausência não era completa, porque retive a lembrança de abrir os braços e roçá-los na areia (mais tarde constataria o couro cabeludo cheio dela) quando se entoou a canção de número vinte, "Ser sereno para a sereia":

Debaixo vejo os pontinhos brilhando
De cima vejo os pássaros voar
Entro na tua alma
Chego nas profundezas do mar

Odoiê, odoiá
Yemanjá

Abria os olhos e via a craibeira iridescente, com uma concretude etérea que lhe emprestava certa pessoalidade, e sentia que a árvore esboçava gestos em minha direção, como na iminência de um abraço. O mal-estar voltou e pedi de novo ajuda para ir ao banheiro, conduzido por Barreto. Tentava vomitar e não conseguia. O acompanhante, que é terapeuta corporal, pediu permissão para me tocar na cintura, abaixo das costelas, para ver se desbloqueava o vômito, mas não havia nada no estômago, só expelia uma salivação intensa. Ele sugeriu então que deixássemos aquele local pouco propício a experiências espirituais, e rimos juntos. De volta à esteira, a montanha-russa partiu novamente. Letras que falavam de entidades indígenas e africanas me tocavam visceralmente, era muito perturbador. Barreto disse que o mal-estar poderia ser mediunidade bloqueada. Já sentado na cadeira, novas ondas de força me deram a sensação de que poderia (deveria?) me atirar na areia, entrar em transe, deixar acontecer — o quê, exatamente? Nada aconteceu, porém.

Sentia um excesso de sofrimento no mundo. O genocídio e o apagamento de negros e indígenas não é brincadeira, pensei, não se resume a vitimismo, como alegam pensadores inclinados à direita, é algo que se pode sentir nas entranhas se tivermos coragem de voltar os olhos para trás e para dentro. Uma moça mestiça falou de violências na sua família e aquilo me perturbou de uma maneira que o intelectual não lograria abafar. Não consegui falar muito na roda de conversa que se seguiu, a não ser para dizer que havia morrido várias vezes e para agradecer a noite intensa, a seu modo bela. Em certo momento me ajoelhei na areia e cingi as pernas de Claudia, deitando a cabeça em seu colo como quem chega de uma longa viagem e finalmente repousa, ou retribuindo — sem lógica alguma — o abraço que quase recebi da craibeira. Já conseguindo parar de pé, abracei várias pessoas, inclusive as desconhecidas.

Coube a Marques, mais uma vez, assumir o comando no encerramento da reunião, o que fez abraçado a Pai João, o anfitrião, que afirmou ter passado, talvez, pela experiência mais profunda de sua vida, algo que só conseguiria definir repetindo uma única palavra: "Amor, amor, amor, amor". Mas o professor da Uneb, a seu lado, não se sente confortável na posição de guru, como havia assinalado na entrevista da tarde: "Pressionam para eu virar pai de santo, babalorixá. Todo mundo quer um mestre, mas não acredito nesse lugar. Cada um tem de assumir sua responsabilidade. Sou só mais um tentando se curar".

Menos refratário ao papel de líder espiritual se mostra Rômulo Angélico, catimbozeiro — como prefere se definir — de Natal que conheci por indicação de Paulo de Azevedo, o Purna. Foi num ritual comandado por ele, em 27 de maio de 2022, que presenciei a primeira cerimônia neoxamânica com uso de juremahuasca.[7]

Cheguei de carro de aplicativo ao bairro natalense da Redinha, no endereço fornecido por Mestre Rômulo, a mesma região da capital potiguar em que Mário de Andrade, quase um século antes, fechara o corpo com Mestre Carlos. Apareceu na rua, então, André Luiz, enfermeiro, dono da casa: "Eu não moro aqui, eu me escondo", disse, bem-humorado. Acompanhei-o viela de terra abaixo por 50 metros, até o portão de ferro da casinha. "Esta casa agora não é mais minha, é sua", ofereceu. No pequeno jardim ele apontou o lado direito de quem entra, onde brilhava uma vela acesa, o canto de Exu. Já havia algumas pessoas na sala, como Mestre Breno, um rapaz chamado Iego, uma mulher paulista e duas moças argentinas, novatas em vinho da jurema. Rômulo estava sentado no chão, abaixo de um quadro com a figura de Caboclo Pena Branca, a moldura enfeitada literalmente com penas. Na mesma parede havia um quadro branco e preto de Jesus Cristo; no quintal, um pano com a imagem de Ganesha, deus-elefante da Índia. À frente do mestre oficiante, uma caixa de papelão com um laptop em cima e objetos como cachimbos. O anfitrião indicou o lugar à sua frente para eu estender minha esteira de EVA. Levei para a cozinha os petiscos que trazia comigo.

Mestre Rômulo fez uma preleção para novatos sobre quais efeitos esperar dos três "despachos" de arruda-da-síria e jurema que tomaríamos: poderíamos ter visões, vomitar e ter a sensação de morrer, mas tudo passaria e a limpeza seria benéfica. Alongou-se um pouco além da conta sobre a sensação de morte, com apoio de Mestre Breno, que soava mais tranquilizador e declinou o convite de Mestre Rômulo para que oficiasse em conjunto com ele: disse que o mestre na sala era Rômulo e que muito o admirava pela coragem de defender o Catimbó. Mas Breno, que havia sido responsável pelo feitio do chá de arruda-da-síria, não deixou de dar uma longa explicação sobre as flores da jurema, que fumava com um vaporizador de metal que produzia uma fumaça de odor adocicado. A preleção seguinte foi sobre o tradicional manto tupinambá feito com penas de guará, do qual existem hoje poucos exemplares em museus europeus, um deles repatriado da Dinamarca em 2024, três séculos depois de levado do Brasil. Mestre Breno tirou da bolsa uma espécie de touca coberta de penas azuis de arara, provida de uma amarela mais longa no alto que ele chamava de "para-raios", e uma canga pintada com penas de pavão, compondo algo que para ele representava aquele manto sagrado.

Mestre Breno lançou a metáfora mais bonita da noite: após beber a jurema, iríamos navegar num mar de ideias e pescar. Desejou boa pescaria a todos e buscou tranquilizar-nos dizendo que o barco tinha dono, capitão e contramestre, e que eles garantiriam o retorno de todos à terra firme. Em seguida entoou a canção "Suíte do pescador", de Dorival Caymmi, mas incompleta, privilegiando os versos que se encaixavam perfeitamente na noite:

Minha jangada vai sair pro mar
Vou trabalhar, meu bem querer
Se Deus quiser quando eu voltar do mar
Um peixe bom eu vou trazer
Meus companheiros também vão voltar
E a Deus do céu vamos agradecer

A mesa foi aberta por volta das dez da noite com um primeiro ponto cantado por Mestre Rômulo, que entoou com voz potente de baixo, impressionante. As letras falavam em Exu, mestres, caboclos como Pena Branca e Jurema, Nossa Senhora, São Francisco e São Canindé. Deviam ser mais de onze horas quando bebemos o primeiro despacho de arruda-da-síria; meia hora depois, tomamos o de jurema. Nos dois casos, pedi para começar com pouco. Surpreendeu-me sentir algo já com a arruda sozinha, um início do frêmito característico que me assalta com psicodélicos, um tremor dentro do peito. O chá amarronzado feito por Mestre Breno, de sabor vegetal peculiar, é tomado antes da jurema. A segunda bebida é preta e muito amarga, e seu feitio coube a Mestre Rômulo. Com a jurema propriamente dita, da qual bebi também meia dose, comecei a entrar na força menos de meia hora depois. Mestre Breno perguntou se eu estava bem e me ofereceu completar o primeiro despacho, mas não senti necessidade. Cantaram mais alguns pontos e depois ouvimos músicas gravadas no laptop conectado a uma caixinha de som. Estávamos sentados no chão, e logo me deitei.

Mais tarde eu descreveria o efeito como muito parecido com ayahuasca, e ao mesmo tempo muito diferente. As primeiras manifestações foram visuais: de olhos fechados, comecei a ver pontos e manchas luminosas que não preenchiam todo o espaço, como fariam num caleidoscópio. Logo elas evoluiriam para imagens mais complexas, tridimensionais, arquitetônicas: "Palácios de vidro negro e pontos de luz", anotei na caderneta de jornalista. Acho que vi também o rosto magro de uma mulher familiar, mas não consegui reconhecê-la nem reter a imagem por muito tempo. A parte visual não durou muito. Começaram músicas do campo esotérico (andina, indiana, indígena) para favorecer a concentração. Mergulhei na introspecção, meio que tentando dirigi-la para pessoas como meu irmão e meu pai, mas vinham apenas mulheres à mente.

Havia tocado na caixinha de som a "Oração de São Francisco", e talvez por isso o tema tenha se voltado para o perdão: pedi desculpas a Monica por não ter me esforçado como poderia para publicar uma reportagem sobre o tratamento experimental contra câncer de mama que ela almejava fazer em Nova York, e a minha mãe, Edith, por não estar presente na época de sua cirurgia de meningioma que a pôs em coma num acidente anestésico e depois a matou — período em que eu morava nos Estados Unidos. Foi o momento de maior emoção, ainda que não carregado de culpa; nem era bem um pedido de perdão, mais um lamento doído por não ter dado o amparo que em nada teria alterado, acredito, o curso das enfermidades, mas que decerto elas teriam apreciado. Pensei também na doença de minha filha Paula, mas sem a raiva, a mágoa e a revolta que me acompanham de costume, só uma tristeza funda, tranquila, de quem aceita as dores do mundo como vêm, porém não com resignação; apenas tristeza (quando relatei isso, na rodada final após a mesa ser fechada, a voz voltou a embargar).

Tomei o despacho seguinte, de novo em quantidade moderada. Após a segunda rodada, algumas pessoas tiveram incorporações de encantados da Jurema, como Mestre Manoel Germano, entidade guia de Rômulo. O encantado fazia sua "matéria" claudicar, punha chapéu preto, fumava cachimbo. Mestre Rômulo dava trancos com o tronco quando uma entidade baixava ou saía, mas a voz não se alterava muito, só o linguajar. Não me impressionou nem incomodou; eu não prestava muita atenção no que dizia, mergulhado em mim mesmo. André Luiz incorporou pelo menos duas entidades, uma delas mulher, possivelmente uma pombajira. Colocou um chapéu de aba larga ornada com echarpe, ria muito, gargalhando alto, teatral. Ficava andando pela sala, passando entre as pessoas sentadas e deitadas, como que as abençoando com as mãos à distância. Parou por um bom tempo ao meu lado, ia e vinha com as mãos. Não sei bem quanto durou isso, porque eu fechava os olhos, quase indiferente ao que se passava, mas lá pelas tantas ela se ajoelhou ao meu lado e pediu licença para "fazer uma cura". Respondi: "Claro que sim", com sinceridade e leve curiosidade, sem apreensão.

Tocou-me primeiro o peito, indo e vindo até parar sobre as costelas do lado superior direito. A mão começou a tremer em contato com a minha camiseta, depois o médium se abaixou e encostou nela a boca, mas eu não conseguia perceber se aspirava ou assoprava. Sentia-me bem, como quem recebe um afago. Em seguida, as mãos desceram para a barriga, sobre a qual tremeram mais. Um pouco agitado, quase gritando, pediu que lhe dessem uma vela branca, que passou a esfregar sobre meu ventre, parando sobre um ponto em que a quebrou em três ou quatro pedaços mantidos presos pelo pavio, os quais atirou longe. Levantou-se sem dizer nada e voltou a caminhar pela sala.

Recusei o terceiro despacho, pois ainda estava na força e não tinha ganas de continuar nela, poderia bem começar a sair. Pontos e incorporações continuavam. Rômulo entoou uma chamada da União do Vegetal sobre a Lua, que disse considerar muito bonita e eu achei enfadonha. Tocou uma música provavelmente de Roberto Carlos, muito longa e religiosa, que eu não conhecia. Um jovem sentado a meu lado parecia bem alterado, após tomar as três doses de arruda e jurema, usar rapé e fumar cachimbo seguidamente: contorcia-se sentado ou de pé, meio que dançando, às vezes em posições estranhas, sibilando alto. Num momento menos agitado, peguei sua mão e lhe perguntei se estava bem. Ele sorriu fracamente e disse que sim.

Mestre Rômulo fechou a mesa e entoamos juntos, já sem aparelho de som, a terceira versão da "Oração de São Francisco", a pedido de Mestre Breno, que se referiu a ela como a música "do Chiquinho" (sustentou que não era um hino da Igreja católica, mas música de autor desconhecido de que os católicos teriam se apropriado, "como de tudo"). Fomos então comer na cozinha, enquanto Mestre Rômulo passava recados (conselhos de entidades) na sala para alguns presentes.

Na cozinha, André Luiz, o enfermeiro e dono da casa, disse que precisava conversar comigo sobre o que acontecera quando a entidade se debruçara sobre meu corpo. Contou que sentira uma aura muito forte em torno de mim, como uma armadura magnética que não conseguia penetrar, mas que precisava ultrapassar, no que insistiu e acabou conseguindo. Afirmou relacionar o que sentira em meu pulmão com o que falei depois sobre tristeza, pois, “segundo a medicina chinesa”, esse é o local da melancolia. Acrescentou que o problema maior, contudo, estava na barriga: sentira algo muito escuro, um “nó de sujeiras” ou algo assim. Perguntou se eu relacionava isso com algo, e primeiro eu disse que não, que nada tinha no ventre, só que três anos antes havia sido operado para tirar a próstata e seu carcinoma, que os exames indicavam estar curado. Ele disse: “Ah, é isso então!”.

Contou que sentira a necessidade de escorregar a mão para mais perto de meu púbis, mas resistiu a fazer isso para não parecer inapropriado e passar falsa impressão. Recebi a “confirmação” com o ceticismo de sempre, pois, afinal, todo mundo tem alguma coisa na barriga (diarreia, cólica, enjoo, azia, gases, problema de fígado, vesícula, estômago etc.), o que torna alta a probabilidade de um médium detectar algo ali, mas não verbalizei a descrença. André Luiz então disse: “Sua cura não foi há três anos, foi hoje. A partir daqui coisas acontecerão na sua vida”.

(Menos de duas semanas após a “cura”, acordei às 4h30 acossado por dor difusa que a princípio atribuí a cólica intestinal, talvez uma diarreia em preparação. Como ia piorando paulatinamente, sem evacuação, além de concentrar-se do lado esquerdo, Claudia cogitou ser um segundo episódio de cálculo renal e me levou para o hospital. Bingo! Passei por retirada das pedras com endoscopia e colocação de cateter duplo J, com anestesia geral. Antes, até morfina tomei, duas vezes, mas a dor voltava em minutos. Não pude deixar de me lembrar do que me dissera André Luiz. Pedi seu contato para Mestre Rômulo e lhe escrevi perguntando pelo nome da entidade que havia incorporado naquele momento em que tratara de mim. O terapeuta integrativo com formação em enfermagem informou que a entidade tinha sido a juremeira Mestra Ritinha.)

✷

Mestre Rômulo veio perguntar como tinha sido minha experiência, e respondi algo anódino como "boa, interessante" (e foi mesmo). Aproveitei para perguntar quem era sua entidade-guia, e ele me contou uma longa história sobre como sua madrinha na Jurema Sagrada, Maria Fernandes, identificara Manoel Germano e ele foi paulatinamente aprendendo a recebê-lo e a dialogar com o encantado. Mas a história mais interessante tinha acontecido anos antes, quando ele nem pensava em Catimbó: chegara na casa da tia e uma prima de doze anos estava de chapéu, tinha pintado barba e bigode na cara e vestia uma camisa. Pensou que ela se fantasiara e perguntou por que a menina tinha feito isso, ao que ela retorquiu que não tinha nenhuma menina ali, seu nome era Manoel Germano, e ele, Rômulo, ainda iria se encontrar com ele.

Em 2005, Rômulo dava aulas de história em uma escola pública do litoral sul do Rio Grande do Norte. Pouco ou nada sabia de Catimbó ou Jurema Sagrada, mal os diferenciava de Candomblé ou Umbanda. A rede local de ensino organizou uma feira de ciências com o tema Religião em Canguaretama, e os alunos só apareciam com propostas sobre temas cristãos. O futuro mestre catimbozeiro sugeriu cultos de matriz africana, e meros catorze dos 2600 alunos se interessaram. A partir daí, aprofundou-se no estudo da religiosidade do Nordeste, o que o levou a ler os trabalhos sobre Catimbó de Luís da Câmara Cascudo e Mário de Andrade. Também passou a visitar comunidades indígenas e terreiros, onde entrevistava catimbozeiros e tomava notas. Em uma dessas conversas, sentiu o que chama de "pré-mediunização", entendendo-a como um chamado para iniciação.

A partir de 2009, aprendeu com pajés, mestres juremeiros (entre eles Breno e Maria Fernandes) e umbandistas (Francisca

Bezerra Honorato, a Neta do terreiro de Ogum-Odé) a preparar a jurema com água, mel e variedades silvestres de caju e maracujá. Em 2013, abriu seu próprio terreiro, o Centro Espiritualista Casa Sol Nascente do Rei Malunguinho. O terreiro terminou fechando após um episódio de vandalismo, em que objetos de culto foram quebrados e animais de estimação, mortos. "Não faço sacrifícios", apressou-se a esclarecer Rômulo. Na época da cerimônia na Redinha ele trabalhava para abrir um novo espaço de Catimbó, o Centro Espiritualista e Beneficente Mestre Manoel Germano — aquele ritual neoxamânico de que participei, para o qual pediu contribuição de oitenta reais, fazia parte do esforço de levantamento de fundos.

Já passava das cinco da madrugada e o dia clareava. Peguei minha mochila e resgatei o celular, topando com mensagem de Claudia, enviada às quatro horas, perguntando onde eu estava. Respondi que comia algo com os participantes da cerimônia na Redinha e que logo pediria um carro de aplicativo. Relutava em ser o primeiro a deixar o local, mas tomei tento e pedi licença para ir embora. "Claro, irmão, você é livre para ir quando quiser", respondeu Mestre Rômulo. Agradeci, solicitei o transporte e fui me despedir de um em um. Mestre Breno só me chamava de Psiconauta, por causa do livro, e eu ria. Deixei a casa ali pelas 5h40, com previsão de chegada às 6h25. Conversei longamente com o motorista, um ex-jogador de futebol de salão de 45 anos que havia morado em São Paulo, na Rússia e na Croácia, levado pelo esporte, mas nunca ouvira falar de jurema-preta, ayahuasca, Catimbó ou Santo Daime. Recebi um raro elogio por ser "muito comunicativo" e cheguei satisfeito e feliz à casa de meus anfitriões em Parnamirim, na outra ponta da região metropolitana de Natal.

Sinto-me agradecido até hoje pelo cuidado que Ritinha e André Luiz me dedicaram naquela noite especial, sob efeito da juremahuasca. Por outro lado, assim como a cura realizada por eles não impediu a ocorrência da crise de cálculos renais, nem a minha própria viagem impelida por DMT nem as incorporações que presenciei me levaram a partilhar da convicção quanto à existência de um reino encantado onde vivem Ritinha, Manoel Germano e Zé Pelintra. Porém, tampouco foi o caso de descartar como patológicas ou patéticas as manifestações daquelas pessoas com quem comunguei doses de enteógenos, um lanche e várias horas de alegria inefável entre desconhecidos, algo incompreensível em condições normais de temperatura e pressão. Mais alguns passos no aprendizado da aceitação do mistério como ele se apresenta, mesmo que embaralhado no liquidificador pós-moderno do neoxamanismo, sem sentir a necessidade de me escorar na fé ou em doutrinas para explicá-lo.

Belo Horizonte, Santo André e o eterno retorno do misticismo

Tenho o mesmo desconforto vago sobre igrejas e sua função que muitas pessoas têm com drogas.
Alexander "Sasha" Shulgin,
A Scientist's View of Miracles and Magic

No dia 15 de novembro de 2022, descobri que o distanciamento jornalístico pode ir parar nos pés. Assistia ao batismo de sete juremeiros na Tenda de Umbanda Caboclo Pena Branca e Casa de Catimbó Mestre Junqueiro, no bairro Santo André, em Belo Horizonte, quando me dei conta de que era o único usando sapatos e meias entre três dezenas de pessoas. Todos estavam descalços, como é tradição em vários terreiros, mas decidi permanecer como entrara, sem contato direto com o chão de porcelanato bege que os iniciados haviam lavado com dedicação horas antes. A câmera para fazer fotos e vídeos, assim como a caderneta de anotações, já impunham distanciamento suficiente, não havia por que simular uma adesão que de fato não se manifestava. "Objetividade", anotei com aspas algo irônicas na caderneta, movido pelo ceticismo usual diante do que diz respeito à espiritualidade.

O caminho até o terreiro de Pai Orestes tinha sido tortuoso. Conhecera-o três meses antes numa cerimônia de ayahuasca no Instituto Nhanderu, na região da cracolândia de São Paulo, como convidado de Adriano de Camargo e Sebastiana da Silva Fontes, a Tuca, que trabalham com atendimento a dependentes químicos e população de rua nessa área degradada da capital paulista. O casal sabia que este livro sobre jurema estava em preparação e me apresentou Orestes como juremeiro consagrado atuando fora do Nordeste, o que se encaixava na minha tese de que a Jurema Sagrada estava em expansão para além de seu território de origem (embora não tivesse então, como não tenho hoje, dados estatísticos que comprovassem isso). Trocamos várias mensagens até fixar o feriado da Proclamação da República, quando se realizaria uma cerimônia de batismo, como data mais adequada para presenciar um ritual completo — na realidade, dois: batismo pela manhã e Jurema de chão à tarde.

Quando chego ao terreiro, às 9h15, os filhos da casa já estão empenhados na tarefa de faxinar o grande salão com baldes de água e sabão, esfregões e mangueira, em clima quase infantil de festa. Junto à parede na frente de quem entra há uma mesa coberta com toalha branca sobre a qual se vê uma miríade de objetos consagrados da Jurema, como maracás, copos d'água, chaves, cachimbos, velas, sinetas e imagens de entidades. No canto à esquerda, um cruzeiro verde de sete pontas e um mancebo com coleção de chapéus. A parede do fundo é pintada de azul e tem várias prateleiras de vidro com grupos de imagens: malandros (com destaque para Zé Pelintra), pretos velhos, orixás, santos e ciganos, na parte de baixo; mais acima, Santa Bárbara (sincretizada como Iansã) e São Jerônimo (Xangô); no alto, sobre todos, Jesus Cristo (Oxalá), destacado com um foco de luz potente. Na outra ponta do salão há um quarto que serve de escritório e lojinha de objetos cerimoniais, como cachimbos e estatuetas, e as portas do banheiro e da cozinha.

Após a lavagem, os discípulos montam no meio do recinto uma esteira coberta com folhas e ervas. Há também flores brancas e pratos de barro com maçãs, tangerinas, mangas, melões, melancias, cocos, mamões, bananas, laranjas, uvas e abacaxis.

Uma grande bacia azul de plástico com água é posta no centro e os futuros batizados começam a adicionar as ervas a ela, preparando a água de cheiro: jasmim, manjericão, lavanda, boldo, pitanga, alecrim e guiné. Sentados em círculo, ecoam pontos de Jurema entoados por uma mulher de turbante amarelo, que circula em torno do grupo dando baforadas num cachimbo rústico. São 10h45 quando Orestes, de bermuda cinza e camiseta alaranjada, chapéu branco na cabeça, se junta a eles. Parece agitado, usando rapé e soprando fumaça aos montes com a boca no fornilho do cachimbo, e entra na roda tocando a sineta sobre a bacia do banho de ervas. Puxa várias orações: pai-nosso, ave-maria, salve-rainha, santo-anjo-do-senhor. Invoca os caboclos e canta: "Vá buscar a ciência naquele porão profundo". Dá instruções sobre como arrumar o salão para o ritual do batismo propriamente dito, que virá a seguir.

Todos retornam vestidos de branco, Orestes inclusive. Uma moça fica isolada dos que serão batizados, em esteira forrada com lençol branco sob a janela à esquerda da parede azul dos altares, onde permanecerá sentada o dia todo, recolhida em preparação para assumir funções rituais mais destacadas na casa. À sua frente, pratos com "alimentos da terra", como explica Orestes: mel, inhame, abóbora e mandioca. É a esteira de caboclo, onde a iniciada permanece em contato com o chão perante as oferendas, entre elas o vinho de jurema, que dá aos caboclos, entidades que já foram indígenas, sabedoria e força para a caça. O propósito desse isolamento é dar à moça "a energia do pajé, do guerreiro", explica o líder da casa, para ela "entrar nessa forma energética e espiritual: força, equilíbrio e tranquilidade".

Seu nome é Luzinete Roscoe Correa Pinto, tem 33 anos e é professora de inglês e espanhol numa escola particular de Belo Horizonte. Criada no catolicismo, nada sabia de Umbanda nem de Jurema Sagrada quando foi levada para o terreiro, em 2018, pelo namorado, hoje seu marido. De início só ajudava na lojinha e organizava a fila das pessoas que queriam consultar-se com Pai Orestes. Com o tempo e a imersão nos rituais, começou a entender as simbologias e, dois anos depois, descobriu o nome de seu próprio caboclo: "Todos nós temos as nossas entidades, é uma questão de desenvolver. Não é caminho fácil".

Além das aulas que dá, trabalha na agência de viagens do irmão. Morou por um mês na Irlanda e por outro na Argentina, para aperfeiçoar as línguas que estudou nos cursos de letras e tradução na Universidade Federal de Minas Gerais (UFMG). Vem adiando o projeto de ter filhos, porque "no Brasil de hoje é complicado", e vive com o marido e sete gatos, animais que Orestes, a seu lado, explica serem um símbolo de magia, força e esperteza. A dificuldade no caminho de sua religião está no que chama de questões políticas, os ataques comuns a terreiros e as barreiras que é preciso romper para poder mostrar sua fé de maneira livre. Na escola onde trabalha, não a declarava de início, por receio de que os adolescentes, muito ansiosos, não reagissem bem. Com o tempo foi ganhando confiança e passou a usar suas guias (fios de contas), o que despertou a curiosidade e as perguntas dos jovens. Falou-lhes então das iniciativas sociais da religião, como a distribuição de comida e brinquedos para pobres. Com os colegas professores tampouco teve problemas, porque havia alguns espíritas kardecistas entre eles. Faz curso de licenciatura em inglês para melhorar sua posição no mercado de trabalho e comparece todas as quartas e sextas-feiras ao terreiro.

Vamos saudar os mestres da Jurema
Vamos saudar Salomão
Vamos saudar a Jurema
Que é nossa obrigação

Na mata tem um caboclo
Todo ele vestido de pena
O nome dele é Malunguinho
Não mexa com ele não

Os pontos que Orestes canta à frente de Luzinete, em meio às cachimbadas, parecem fazer efeito sobre a moça. Sentada, ela se inclina para trás e para a frente, chega a tocar a testa na esteira. Revira as mãos, um braço no colo e outro nas costas, respira forte. Move-se cada vez mais, os braços agora esticados, tocando o pano branco com os indicadores em riste. Meu coração começa a bater mais forte e anoto na caderneta: "Há algo no ar além da fumaça". Após quarenta minutos de cantoria e baforadas, Orestes diz para ela que pode deixar os caboclos virem sob a força dos maracás, durante o batismo que está para começar, só não pode sair da esteira: "A conexão é sua". Começa a trovejar.

Orestes inicia a seguir uma preleção para os futuros batizados, sentados em banquinhos tendo à frente chapéus, velas, cachimbos de madeira de jurema, maracás de cuité e taças com cordão de contas cinzas e brancas conhecidas como lágrimas de Nossa Senhora. Diz que precisam pedir licença para entrar na Jurema e pisar com cuidado em terra alheia: "Tudo é responsabilidade". Orienta que comece a defumação, e um rapaz de camisa florida circula pelo salão com um turíbulo fumarando um por um os presentes. A mulher de turbante amarelo circula com a mão esquerda para trás, polegar e indicador em ponta de flecha, ajoelha-se duas vezes, bate com o maracá no peito, estende-o na direção dos batizados e, ao passar por mim, toca meu ombro esquerdo com ele. Cantam novas invocações a Jurema e Salomão.

O batizado propriamente dito começa. Orestes para em frente de cada iniciante e despeja água de ervas em suas cabeças. Pega o cordão de contas na taça, lava e ata o fio ao pescoço do batizado, depois lhe entrega a taça e o cachimbo. Volta ao começo da fila e solta fumaça dentro das taças com vinho de jurema, ingerido então pelo discípulo. Todos cantam: "Jurema é um pau encantado/ É um pau de ciência/ Que todos querem saber". O mestre de Jurema percorre a fileira de novo e beija as mãos de cada jovem enquanto eles repetem: "Fui batizado na lei de Deus, padrinho e madrinha foi Deus quem me deu". Recebem dele o chapéu para que o ponham na cabeça, "a proteção do feiticeiro", explica Orestes, que anuncia um ritual de Jurema de chão para depois do almoço.

A segunda cerimônia começa por volta de 15h30 com várias orações: pai-nosso, ave-maria, salve-rainha, santo-anjo-do-senhor, santo-antônio... Cantam:

Com seu gibão de couro
Sua coroa de espinho
Oi flecha, flecha eu
Reis Malunguinho

Uma hora depois, começo a bocejar incontrolavelmente, como quem vai entrar na força depois de beber ayahuasca ou juremahuasca, mas não é o caso. De olhos fechados, ouvindo a cantoria e o ruído contínuo dos maracás, compreendo de modo concreto a importância atribuída pelo psicólogo e guru psicodélico Timothy Leary ao *setting* (ambiente), ao lado do *set* (disposição mental) e da substância, para definir a qualidade da experiência psicodélica: mesmo sem ingerir qualquer enteógeno, sente-se a aproximação de um limiar de consciência desencadeado pelo ritual que se parece com a passagem da vigília para o sono, como que um efeito hipnótico somado à fumaça e a seu odor penetrante. O efeito tem algo a ver com a saturação dos sentidos, como se o ritmo e o canto fortes sobrepujassem o controle, o filtro que permite fazer sentido racional das coisas deste mundo.

Orestes, que como quase todos os homens iniciados agora traja camisa de chita colorida e chapéu, enrola a barra da calça branca. A moça sentada à minha direita, de cabelos vermelhos e saia de renda com listras douradas vestida sobre a calça bordô, se estica até o chão e retesa indicadores e dedões, estremecendo. Um rapaz magro bate no peito com os braços cruzados, uma flecha de madeira em cada mão. Um careca de chapéu de palha bebe cachaça e cospe um jato nos pés da moça de calça bordô, que já se livrou da saia, pelo visto incorporando outra entidade. Conto pelo menos sete pessoas em transe. O rapaz alto de barba que me dera um prato de comida agora anda pelo salão de bengala e chapéu preto, fumando cachimbo e cantando:

Meu Deus, que cidade é aquela
Que de longe estou avistando?
Eu sou Tertuliano
Morador de Afogados
Na direita eu sou bonzinho
Na esquerda eu sou pesado

Ele vem falar comigo e pergunta se vim de longe — sim. Diz que a espiritualidade está satisfeita com a minha presença e balbucia algo sobre encontrar o caminho ouvindo o coração. Agarra minha mão com a sua e bate ambas no meu peito. Fico arrepiado e respondo que estava aprendendo. Em seguida é Orestes que se manifesta, dominando o salão com uma risada aguda, cajado torto numa mão e copo de cachaça na outra, incorporado com Mestre Pé de Garrafa. Uma fila se forma diante dele para bênçãos, e a moça mais bonita vem me perguntar se quero ir lá falar com ele — respondo que não, e é nesse exato momento que reparo ser o único de meias e sapatos.

Orestes bebe várias vezes da garrafa e faz o mesmo com os iniciados, particularmente com um rapaz a quem serve repetidas doses, até que ele toma coragem de rejeitar e põe um fim ao teste da entidade, diante das risadas de todos. O padrinho se senta e pede o maracá. Sibila, suspira e geme, dando sinais de que está desincorporando seu mestre. Entoa: "Ó Deus, salve o cálix bento e a hóstia consagrada". Algumas mulheres começam a receber boiadeiros, gritando "êêê boi!", fazendo gestos de atirar laços para capturar "qualquer energia negativa que tenha ficado na casa" e batendo forte com chicote no chão. São quase 19h30 quando Orestes vai de um em um dando abraços. Para mim deseja "muita força para a família e para a caminhada", depois pergunta se posso dirigir o Corolla dourado, presente de uma afilhada, até sua casa. Acendem-se as luzes, e todos riem de José, que segue cantando pontos, sozinho, dentro do banheiro.

Orestes Mineiro de Sousa Junior contava cinquenta anos quando o entrevistei no dia seguinte, em seu apartamento no bairro do Planalto, em Belo Horizonte, cidade onde nasceu numa família de comerciantes. O avô, Jorge Saad, havia sido cônsul da Síria na capital mineira. A mãe, pedagoga, foi quem levou o irmão e ele para o "caminho espiritual" numa organização teosófica, a Grande Fraternidade Branca, em que algumas pessoas selecionadas tinham acesso aos ensinamentos de Mestres Ascensionados, entre os quais estaria o próprio Jesus Cristo. Antes mesmo de cursar a faculdade de direito, o que faria aos trinta anos, com dezenove dedicou-se primeiro aos estudos de ocultismo e hermetismo na Ordem dos Templários de Belo Horizonte, iniciando-se aos 24 anos como maçom no grau de mestre. Numa "fase difícil da vida", a primeira esposa o levou para consultas numa casa de Umbanda, a Cabana de Caridade São Francisco de Assis, de Mãe Ruth. Sob o cheiro de incenso nos rituais, seu corpo tremia e ele tinha taquicardia, mas não gostava do que seriam os primeiros sinais de mediunidade. Após dois anos frequentando o terreiro, em 2006, um guia, Pai Benedito, lhe disse que precisava trabalhá-la, ao ver que Orestes começou a pular no banco assim que Mãe Ruth lhe colocou um rosário no pescoço.

Destino traçado, começou a "busca incessante" que o levaria a abrir sua própria casa em 2016. Iniciou-se na Quimbanda, religiosidade de matriz africana com destaque para a magia e o culto de exus e pombajiras. Conheceu a Jurema Sagrada em São Paulo e recebeu do Caboclo Pena Branca o recado de que deveria buscá-la na fonte, no Nordeste. Em 2015, viajou para a Paraíba, onde se encontrou com o pajé Antônio, do povo potiguara, em Baía da Traição, com Pai Beto de Xangô, em João Pessoa, e com Lucas, neto de Mestra Jardecilha, em Alhandra. O encontro estava marcado com Nina, mãe de Lucas, mas Orestes perdeu o endereço, só sabia que ela morava perto da escola. Quando parou o carro diante do colégio, saiu de uma casa um rapaz de chapéu e cachimbo dizendo que o estava esperando — era Lucas. Havia marcado uma conversa de meia hora e ficou três, ao pé das "cidades" de jurema que a família a custo mantém vivas no quintal. Em 2019 voltaria à meca paraibana da Jurema Sagrada para ser tombado, ritual praticado em algumas casas que corresponde ao último grau de consagração do juremeiro, uma espécie de homologação como sacerdote que o autoriza a ter afilhados e batizar iniciados, depois de ir à praia de Tambaba e pedir licença. A pessoa literalmente tomba após o uso do vinho, conta: "Dá um apagão, não é como a ayahuasca, com que se fica acordado. [São] tanto a bebida quanto o ato ritualístico que te conduzem. Esquisito, [você] está concentrado, cantando, aí ouve um nome na cabeça e começa a ter as sensações mentais, emocionais e físicas — vem a certeza de que é seu espírito falando".

São várias as entidades que Orestes recebe, tanto da Umbanda quanto da Quimbanda e da Jurema Sagrada, cujos cultos mantém em dias separados, apesar da linha tênue que os separa, em sua opinião. Na Quimbanda, Exu Marabô, homenageado com uma tatuagem no pulso esquerdo; no punho direito, um chapéu de Zé Pelintra e uma rosa de Maria Padilha, que comparecem na Umbanda e na Jurema. Mas há lugar também, em sua mediunidade, para caboclos e mestres como Pena Branca, Junqueiro, Pé de Garrafa e Júlia Galega. A Jurema hoje é tudo para ele: "A Umbanda é minha mãe, mas a Jurema é minha avó. Minha fortaleza, meu alicerce, junto com a Quimbanda". A Umbanda ficou um pouco parada, diz, muito comercializada. Na sua experiência, as pessoas têm sede de uma coisa mais fechada, mais misteriosa, e a Jurema chama pela curiosidade.

PISANDO FORA DO QUADRANTE NUMA CASA JUREMEIRA PAULISTA

Após dois anos viajando para conhecer o poder da DMT da jurema-preta e algumas das muitas manifestações da Jurema Sagrada pelo Brasil, particularmente entre indígenas, pais de santo e neoxamãs do Nordeste, finalmente tenho sucesso no contato com um terreiro mais próximo de casa: o Espaço Jurema Mestra, em Santo André, região metropolitana de São Paulo. O local foi aberto em 1990 por Paulo Alcântara, juremeiro vindo do Recife, que recebe Claudia e eu para a Festa das Mestras com um pedido de desculpas pela demora em responder às mensagens. Indica cadeiras de plástico branco dos visitantes para nos sentarmos, à entrada, na parte mais estreita do salão. Pergunta se sou da Umbanda ou do Candomblé, para saber como se dirigir a mim, e respondo que nenhum dos dois. Ao nos dar a mão, desculpa-se de novo, agora pelas unhas compridas pintadas de verde: "Não estranhem, é por causa da entidade que recebo". Traja chapéu preto de aba curta, calça escura, camisa amarela e um colar de contas de vidro verdes e brancas.

Estamos no terceiro e último andar do predinho em cima de um bar, na frente da igreja Cristo Operário, uma laje coberta por telhas de fibrocimento que se alarga mais à frente no que Alcântara designa como Quadrante. Ele explica que nos chamará em breve para testemunhar de lá, bem perto, o ritual daquele 3 de dezembro de 2023. É a área reservada para os iniciados, muitas mulheres de turbante e homens de chapéu que se sentam em banquinhos de plástico preto no perímetro do quadrado delimitado no piso, com uma estrela de seis pontas no centro. O barracão é aberto do lado esquerdo, sem janelas, e a parede do fundo está coberta por cortinados rosa e bege, tendo à sua frente, no chão, uma profusão de vasilhas com frutas e flores. No centro do Quadrante uma mesinha faz as vezes de altar para Nossa Senhora da Conceição, com dois castiçais de velas acesas e um rosário de contas gigantes a seus pés. À direita, uma parede cheia de objetos: cabaças, maracás, chapéus de palha, retratos de santos católicos.

O dono do terreiro começa uma preleção sobre a Jurema Sagrada, religião dos ancestrais para os quais rezarão o terço: "A Jurema é um quebra-cabeças cultural. Às vezes é difícil de entender", alerta. Diz que a Jurema já estava em São Paulo, mas condicionada à Umbanda, e que ele próprio foi pioneiro em apresentá-la como ela é, com seus próprios rituais e cosmogonia, com seus maracás e ilus. Conta um pouco da história do Catimbó no Nordeste, de como adquiriu fama na cidade de Alhandra com a Mestra Maria do Acais e teve de enfrentar "conceitos retrógrados", batendo com a mão esquerda na estátua de Padre Cícero, em alusão à Igreja católica. Uma das iniciadas do Acais era Maria Dagmar, conta, que se tornou conhecida como Joana Pé de Chita e iniciou outra mulher, Joana de Santa Rita, que por sua vez iniciou Dona Nilza, mãe e mentora de Alcântara na Jurema. "Não me deixou dinheiro, mas deixou conhecimento."

Por volta das cinco da tarde há pelo menos sessenta pessoas, entre visitantes e iniciados, quando o mestre toca a sineta para que se comece a rezar o terço, que será dedicado a Nossa Senhora da Conceição, "madrinha dos dezesseis reinos da Jurema". Ele ordena que se acendam as velas. "Louvado seja Nosso Senhor Jesus Cristo. Quem pode mais que Deus?" Todos respondem: "Ninguém". Em seguida repetem dez vezes os quatro primeiros versos de uma oração católica:

Maria passa na frente
E vai abrindo os caminhos
Abrindo portas e portões
Abrindo casas e corações

Cada um ganha uma vela com laço de fita azul para acender na chama da que já queima ao lado da imagem de Nossa Senhora da Conceição e fazer um pedido. Rezam-se um pai-nosso e uma ave-maria, apagam-se as chamas, e as fitas desatadas, depositadas numa urna de vidro, serão levadas por Alcântara para o Recife. Segue-se uma sessão de fotos e selfies ao lado da Virgem. O mestre circula borrifando água com jurema sobre os presentes. Entoam-se dois pontos para Malunguinho, que recebe como oferendas uma bacia de frutas e uma garrafa de cachaça. O vinho da jurema, cuja receita Alcântara mantém em segredo, é servido de um garrafão só para quem está no Quadrante.

Um rapaz recém-juremado, Eduardo, sobe as escadas conduzido por Kaike, braço direito de Alcântara no terreiro. Entra com um cocar de penas e roupas brancas mais um arco e flecha pequeno de madeira que parece um brinquedo em suas mãos, incorporando o Caboclo Pena Branca. O juremeiro-mor solta muita fumaça de cachimbo sobre o jovem iniciado, que dança sobre a estrela desenhada no chão ao som dos ilus pintados com listras amarelas e brancas. Suas aparições se repetirão durante a cerimônia, com diferentes entidades caracterizadas pelas roupas, como um vestido tomara que caia. Vários outros homens farão o mesmo: descer a escada e retornar incorporados como mestras da Jurema a quem se dedica a noite, falando e rindo alto, fumando muito, pedindo vinho ou cerveja sob a vigilância de Alcântara, que a todo momento repete que as bebidas alcoólicas se destinam somente às entidades.

A festa continua por muito tempo. Por volta das oito horas, Claudia e eu decidimos ir embora, sob protestos de Alcântara, que promete para logo "um lanchinho" e incorporação de sua própria mestra, Cigana Rosa, coisa que só testemunharemos semanas mais tarde num vídeo de rede social, pois mantemos a decisão de deixar o ritual. O juremeiro agradece muito nossa presença.

Antes de sair, uma mulher que esteve a meu lado durante quase todo o tempo na periferia do quadrante me abraça forte e pede licença, com voz rouca e olhar penetrante, um pouco incômodo, para me dizer algo: "O senhor tem pouca fé, por isso demora para obter o que está buscando", segreda, fazendo gestos indicando que agarro as coisas com uma mão e deixo escapar com a outra, por falta de crença. Dessa vez eu estava descalço, em respeito aos costumes do lugar, e não tinha máquina fotográfica, só a caderneta de anotações. Mas nem por isso o distanciamento de repórter passou despercebido para a entidade perspicaz que me abraçou.

ANOS DE PEREGRINAÇÃO EM BUSCA DE CNPJ PARA A IGREJA PSICODÉLICA UNIPESSOAL

Mark Ian Collins, improvável juremeiro anglo-brasileiro que trabalhava havia treze anos para abrir uma igreja devotada à DMT, foi me buscar no aeroporto de Fortaleza naquela sexta-feira, 10 de março de 2023. Dali seguimos em seu carro para a casa do psicólogo e indigenista Luiz Lacerda Sousa Cruz, que organizara nossa ida para Caucaia, na região metropolitana da capital do Ceará, onde participaríamos de uma cerimônia com jurema. O encontro seria em uma área do povo indígena tapeba, que ressurgiu, ou voltou a ser reconhecido, na década de 1980, como ocupante da aldeia de Nossa Senhora dos Prazeres de Caucaia, que aliás deu nome ao município.[1]

São nove e meia da noite quando chegamos em dois carros à residência de Mestra Margarida junto à lagoa dos Tapeba. Mais além do quintal há um terreiro de areia em torno de um pé de jurema-branca, onde nos esperam a dona da casa e Maria Salete Pessoa Guimarães, ambas vestidas de branco. Enquanto conversamos sobre a técnica de pescaria de eito, em que se encurralam curimatás, traíras, cangatis, pirambebas e até pitus na lagoa, Salete acende um cachimbo e Mark saca o seu da bolsa que traz a tiracolo. Cantamos parabéns para Margarida, que faz aniversário, e a mestra anuncia que tem ayahuasca, vinho de jurema e rapé para consagrar. Somos onze pessoas no terreiro: alguns tomam rapé, outros o daime, mas Mark e eu optamos pela jurema, servida em copinho de plástico descartável para café. Como é comum na preparação do vinho por povos indígenas, ele tem sabor adocicado e efeito sutil, que poucos diriam ser psicodélico. Margarida dá uma vela branca para cada um rezar ao seu anjo da guarda e depois fixar no pé de jurema.

Um sobrinho de Margarida vai tomar jurema pela primeira vez, o que basta para Mark engatar um discurso sobre o privilégio do jovem, comparando a precocidade da iniciação dele com a sua, pois bebeu o enteógeno nordestino só aos 48 anos (a ayahuasca já conhecia desde os 21, mas sem grande impacto em sua vida). Segue-se um toré dando voltas em torno da árvore cheia de velas acesas aos anjos, com as mulheres cantando vários pontos de Jurema, num ritual descontraído. Margarida porta um cocar alto e, após a dança, caminha pela areia rodeando as fogueiras, soltando alguns sibilos e gesticulando com os braços. São quase duas da madrugada quando servem peixe e batata-doce assados; como pouco. Há uma casinha de pau a pique no fundo do terreno dedicada a pretos velhos, na qual estão armadas algumas redes. Exausto, recolho-me numa delas, mais cochilando que dormindo ao som da conversa contínua e do zumbido de muriçocas, só me levantando para comer um pouco de linguiça de que ouvi falar em meio ao torpor.

Lacerda convoca Mark e eu para ir até a beira da lagoa, uns 20 metros além da cabana dos pretos velhos. É o momento mágico da noite: sob a luz da lua cheia, as folhas das árvores do mangue brilham com tons prateados, é como se eu visse pela primeira vez uma planta emitindo luz própria, intencionalmente. Ficamos sentados ali, no barranco, por alguns minutos encantadores. De volta ao terreiro, já perto do amanhecer, o indigenista pergunta o que eu aprendi sobre a Cabocla Jurema;

ao responder, o emprego da expressão "religiosidade indígena" provoca reação imediata de Margarida, explicando que indígenas não têm religião, mas espiritualidade (e Lacerda emenda: os tapeba tiveram experiências muito traumáticas com a religião imposta pelo colonizador). Volto ao silêncio que observei ao longo da noite, um tanto alheado da cerimônia. Lacerda retorna a Fortaleza para cuidar da esposa recém-operada. Mark e eu ficamos para compartilhar o café coado ali mesmo, sobre as brasas da fogueira agonizante.

Mark nasceu no Rio de Janeiro, de mãe brasileira, Marise Botelho Collins, e pai inglês, Colin Peter Collins, um técnico que trabalhava na filial da empresa Western Telegraph Co. no Maranhão, onde instalava cabos submarinos.[2] O estrangeiro foi pular Carnaval em Fortaleza e, na folia, conheceu a futura esposa, jovem recém-chegada de intercâmbio nos Estados Unidos e a única a falar inglês no salão. Quando Mark estava com dois anos de idade, a família se mudou para a Inglaterra e depois para Bermudas — mas ele ficou para trás, aos oito anos, estudando no colégio interno Barrow Hills, em Willey, condado de Surrey. Havia apenas uma centena de alunos na escola, e a única diversão do menino era a biblioteca, onde se apaixonou pelas vidas dos santos. Voltou a morar em Fortaleza aos treze anos, quando o pai deixou de vez a subsidiária da Cable & Wireless para fazer a vida no Brasil, radicando-se na cidade natal da esposa. Mark foi parar em outro estabelecimento de ensino católico, o Colégio Santo Inácio.

As leituras espirituais seguiram na biblioteca do avô cearense, adepto da teosofia. Teve a curiosidade despertada pela eclética paisagem religiosa brasileira e mergulhou em terreiros e grupos esotéricos dedicados à astrologia, ao ocultismo e à alquimia, tornando-se astrólogo profissional nos anos 1980.

Apresentava na rádio Jangadeiro o programa *Dicas da Lua*, um almanaque em que falava do calendário e fazia comentários para cada signo, mas sem previsões que caracterizassem um horóscopo. "Era tudo muito técnico", diz. O primeiro contato com a ayahuasca se deu aos 21 anos, mas seu consumo só se tornaria regular aos 29, quando entrou para a UDV.

Entre uma coisa e outra, casou, teve dois filhos, descasou, trabalhou na antiga companhia aérea Transbrasil, e estudou filosofia e engenharia mecânica, sem se formar. Pouco depois se mudou para Minas Gerais com planos de levar uma vida simples na chácara, depois de se casar de novo. Com dinheiro bloqueado pelo Plano Collor, em 1990, viu-se impedido de comprar uma propriedade e trabalhou como astrólogo num consultório ao lado da sauna do Palace Hotel de Caxambu. Nessa época, conheceu a fazenda Figueira, fundada pelo escritor paulista José Trigueirinho Netto, espécie de monastério alternativo hoje conhecido como Comunidade-Luz Figueira, onde viveu por um ano. Voltou para Fortaleza em 1995, a pedido da mãe, que criava os dois filhos de Mark, e trabalhou com editoração eletrônica. Num retiro esotérico na serra de Aratuba, conheceu Maria das Graças, farmacêutica, com quem se casou e está há três décadas. Ela o convenceu a terminar pelo menos um curso universitário (teologia), "nem que seja para ter direito a prisão especial", e desde então o ampara em seu projeto de vida: a Igreja do Divino Mestre na Terra (IDMT).

Foi em meados de 2008, no meio do mestrado em filosofia sobre o conceito de utopia em Thomas Morus, que Mark iniciou seu trabalho xamânico independente. Aproveitou a oportunidade de comprar dois litros de daime através de um membro da igreja Barquinha, bem na época em que a esposa estava de partida para três meses de treinamento no Canadá, e guardou a garrafa no alto da estante, embrulhada em papel-alumínio, sem saber direito o que fazer com o enteógeno. Depois de ouvir sobre os efeitos psicodélicos da jurema, ligou para um primo em Pacatuba, na região metropolitana de Fortaleza, onde sabia haver manchas de caatinga, para encomendar raízes de jurema-preta. O parente contratou três moços para o trabalho, que, curiosos sobre a psicoatividade da planta, fizeram com ela um chá que só lhes provocou vômitos. Ao receber o pagamento pela empreitada, conta Mark, foram tomar cachaça e não conseguiram, com o estômago revirando com o cheiro da aguardente; aí tentaram fumar pedras de crack, também sem sucesso.

Mark diz que, quando ouviu essa história por telefone, os joelhos tremeram. Pediu então ao primo que perguntasse aos rapazes se queriam experimentar "uma lombra de verdade", referindo-se ao barato, ou efeito, de drogas psicotrópicas — e eles toparam. Lá se foi o filósofo com seus dois litros de ayahuasca para uma sessão na chácara junto ao açude Quiobal. Após um copo cheio do chá, acharam maravilhoso o efeito: "Explodiram em adjetivos, tentando explicar o inefável", lembra Mark. "Chegaram exatamente aonde eu queria que fossem." Perguntaram se haveria novo encontro na semana seguinte, e começaram a levar amigos para as sessões, com o que se espalhou o boato de que no Quiobal se operavam milagres com dependentes químicos que abandonavam as drogas.

Nesse atendimento informal, o anglo-brasileiro descobriu o que até hoje considera sua vocação: propiciar a outras pessoas as experiências beatíficas que ele mesmo experimentara com ayahuasca, changa e cristais de DMT fumados, que mudaram sua vida para melhor. Para tentar fazer isso de maneira legalizada, concebeu a ideia de fundar uma congregação neoxamânica em torno desse sacramento, a IDMT. A mesma sigla serve para designar duas outras organizações incluídas no projeto, o Instituto da Molécula Triptamina (voltado ao ensino) e o Instituto da Multidisciplinaridade Terapêutica (promover o bem-estar dos participantes) — além do emblema de sua vocação, que ele resume na expressão inglesa "*I DMT*" [eu DMT].

A excentricidade da IDMT está no fato de ela se propor como uma igreja de membro único — seu fundador, Mark Ian Collins. Qualquer outra pessoa que venha a frequentá-la será apenas participante, não fiel, podendo manter suas próprias crenças e confissões anteriores. Mesmo ateus são bem-vindos, para compensar a discriminação contra eles na legislação brasileira, que só admite uso legal de um enteógeno contendo DMT (no caso, ayahuasca) no contexto de uso ritual. A referência religiosa da IDMT é a Jurema Sagrada, herdeira do Catimbó, conjunto fluido de práticas mágico-espirituais do sertão do Nordeste centradas no consumo do vinho da jurema. A bíblia da nascente IDMT é o livro bilíngue *O caminho de um juremeiro*,[3] escrito em três dias, segundo relato de Mark. Ele tem 238 estrofes de sete versos rimados em português, imitando a literatura de cordel para homenagear a cultura nordestina, e tradução livre para o inglês em cada página oposta. Na obra se lê:

A necessidade de uma nova crença
É por não se encaixar em algo já existente.
Seria limitar muito a sua abrangência,
O que eu considero muito imprudente.
Por isso venho com essa novidade
Sem nenhuma pretensão ou vaidade
De querer montar uma igreja diferente.

E também, acentuando o paralelo que Mark enxerga entre a religiosidade nordestina e o culto amazônico da ayahuasca, ou daime, e suas plantas de poder mariri e chacrona, esta chamada de Rainha:

Salve a Índia Jurema,
Que é a Rainha do Sertão,
Assim como a Rainha da Floresta
Que é Nossa Senhora da Conceição.
Jurema é Nossa Senhora das Graças
Que enche as nossas taças,
Para consagrarmos a nossa religião.

O plano de abrir oficialmente e registrar a igreja de membro único tendo a molécula como sacramento se revelou uma empreitada quixotesca. Surgida a ideia, em 2011, Mark se dedicou a redigir o estatuto depois vertido em versos, consultou o advogado Felipe Trazzi Carvalho e se dirigiu ao cartório com o ato de fundação lavrado na fazenda Lagoinha, em Paracuru (CE), município litorâneo na região metropolitana de Fortaleza (a sede então planejada não se efetivou). De acordo com o parágrafo 4º do artigo 2º do estatuto, a IDMT se configuraria como "um local para relacionar-se verticalmente, ligando aquele que participa consigo próprio, com o mundo espiritual e o Divino". No artigo 4º, a finalidade da igreja se define como "estudo, pesquisa e prática religiosa xamânica". A oficial do cartório, porém, encaminhou o pedido de registro para a Justiça com uma "suscitação de dúvida" sobre a legalidade de uma agremiação religiosa naqueles moldes. Na tentativa de impugnar o despacho do cartório, Mark e o advogado escreveram, em março de 2014, ao juiz:

Hoje existem movimentos tanto dos povos indígenas, como da academia, para ressuscitar e redescobrir esta cultura religiosa que

> é a única que pode ser denominada de 100% brasileira, por não ter recebido nenhuma influência do exterior no seu desenvolvimento, mas apenas em sua destruição.

Consultado, o Ministério Público do Ceará opinou em julho de 2014 que a IDMT buscava empregar meios lícitos (religiosos) para cumprir objetivos ilícitos (obter ayahuasca para fins além dos religiosos). A promotora Elizabela Rebouças Tomé Praciano objetou ainda contra a noção de igreja de membro único e determinava que a Agência Nacional de Vigilância Sanitária (Anvisa) também fosse ouvida, porque a IDMT se propunha a fazer estudo e pesquisa. Em dezembro do mesmo ano, o requerente ajuntou outra impugnação em que protestava, alegando que o estudo e a pesquisa tinham por objeto estabelecer dosagens seguras e dar transparência aos participantes das cerimônias. "O Sr. Mark Collins está submetendo a sua crença ao escrutínio da ciência para poder mostrar que aquilo que foi presenciado anteriormente [sob efeito do enteógeno, presume-se] não é apenas ilusão", dizia a petição. "Isto porque a Divindade se revela tanto para o cientista quanto para o místico. Não se pode entender como a Ilma. representante do Ministério Público afirma que estudo e pesquisa não constituem uma prática religiosa."

Em maio de 2015, o juiz Francisco Marcelo Alves Nobre decidiu que o registro da IDMT poderia ser feito pelo cartório sob uma condição: que a Anvisa autorizasse o uso da DMT. Acionada, a agência respondeu que só lhe cabia dar autorização para empresas. Mark peticionou em julho que, por exclusão, a Anvisa não podia regular organizações religiosas, e em setembro que não se encontrava sob jurisdição do órgão a planta jurema-preta, assim como a chacrona e o mariri da ayahuasca (as três fontes de psicodélicos que sua igreja arrolava para uso cerimonial). Em julho do ano seguinte, 2016, o Ministério Público cearense oficiou que não mais se opunha ao registro da organização, e em setembro o juiz Wyrllenson Flávio Barbosa Soares o autorizou.

Oito anos depois, quando o manuscrito deste livro estava em finalização, nenhuma função oficial da IDMT havia sido realizada. Sessões experimentais com o enteógeno ocorreram até o início da pandemia de covid-19, em 2020, que interrompeu o processo de instalar uma sede física em Fortaleza e obter a transferência do endereço de registro. Foi só em novembro de 2023 que o projeto foi inteiramente oficializado na capital cearense, dez anos depois de redigidos o estatuto e *O caminho de um juremeiro*, mas tendo como sede fiscal um espaço de coworking e sempre na iminência de começar as sessões. Mark recorre a uma metáfora bem brasileira para falar do estágio em que se encontra sua igreja: "O Projeto IDMT está nascendo no táxi, a bolsa já rompeu, a cabeça já está de fora, chorando, desespero geral, mas está nascendo, parece que não aguenta mais ser contido, como foi por muito tempo pelos meus medos e inseguranças", afirmou em mensagem. "A criatura despertou e mesmo sem estar totalmente 'parida', ou seja, mesmo sem estar nem inaugurada, as coisas já estão acontecendo."

UM VÉU DE CIÊNCIA SOBRE O PERENIALISMO RESSUSCITADO A PODER DE DMT

A doutrina da IDMT envolve uma mescla peculiar de neoxamanismo com ciência psicodélica. Mark claramente subscreve as conclusões e especulações de Rick Strassman no livro *DMT: A molécula do espírito*, com sua teoria de que a DMT, produzida também pelo corpo humano, é secretada na glândula pineal, bem no meio do cérebro, uma espécie de antena ou receptor que nos poria em contato com outros planos da realidade imperceptíveis para os cinco sentidos usuais. Isso ocorreria em momentos críticos da vida, como nascimento e morte, quando o organismo se encontra de alguma maneira ameaçado, segundo a alegada explicação, ou nas chamadas experiências de quase morte. Algo similar ocorreria nas plantas e nos animais em que a substância é encontrada; Mark afirma, por exemplo, que a jurema-preta concentra mais DMT em suas raízes nos períodos secos da caatinga, o verão nordestino. "Ela protege o sangue da oxidação", assevera o psiconauta de Fortaleza. "A DMT é considerada o psicodélico mais potente da face da Terra."

Uma revisão científica de 2018 sobre o que se sabe acerca da DMT no organismo, contudo, mostrou como a pesquisa está longe de tirar conclusões sólidas sobre suas vias de biossíntese, suas funções, sua localização cerebral, seus benefícios mentais e seu modo de ação psicodélica. O artigo assinado por Steven Barker[4] arrola constatações experimentais como a presença do composto na glândula pineal em quantidade diminuta, mas pondera que não se sabe como e em que situações ela é produzida ali, ou se é secretada também em outras áreas do cérebro e para quê. Qualifica como "especulações" a ideia de que a DMT endógena, pelo fato de a substância poder produzir visões, esteja envolvida em psicose, criatividade, imaginação, estados oníricos, fenômenos religiosos ou espirituais e experiências de quase morte. Menospreza, além disso, hipóteses ainda mais abrangentes, "do outro mundo", segundo as quais a DMT e outros psicodélicos poderiam fornecer provas ou explicações filosóficas para muitas questões não respondidas acerca de estados extraordinários de consciência. Sem mencionar Strassman, Barker indica vários tipos de experimentos que poderiam lançar alguma luz sobre tais questões, como ensaios com infusão contínua de DMT em modelos animais de dano e trauma cerebrais para verificar o suposto efeito neuroprotetor e neurorregenerador do composto. "No presente, os dados em defesa do uso de DMT como terapêutica [...] são mínimos", conclui Barker. Por outro lado, seis anos depois, no início de 2024, já se publicavam alguns estudos mostrando efeitos antidepressivos da DMT injetada ou inalada, por laboratórios do Brasil[5] e do Reino Unido,[6] por exemplo.

Além disso, outra revisão ampla publicada em novembro de 2024[7] relaciona estudos mais recentes sobre a DMT mostrando que a substância endógena está presente no cérebro em quantidades maiores do que se conhecia e parece participar de processos importantes como neurogênese em organismos adultos, regulação de resposta anti-inflamatória e resposta a estresse, embora a neurociência ainda não tenha sido capaz de formular uma explicação teórica abrangente sobre as funções que exerce. Uma das peculiaridades dessa molécula é seu poder de penetrar no interior de neurônios e ali atuar sobre receptores inacessíveis para a serotonina, neurotransmissor com que tem afinidade estrutural e cuja ação se dá apenas sobre receptores na membrana das células neurais. Entre os sete autores da revisão há quatro brasileiros (Cristiano Chaves e Elisa Brietzke, da Queen's University do Canadá, e Rafael dos Santos e Jaime Hallak, da USP de Ribeirão Preto). "O potencial do DMT como um tratamento amplamente acessível é significativo", concluem os pesquisadores, "particularmente dado seu potencial para produzir resultados terapêuticos diferentes em comparação com outros psicodélicos, como para transtornos neuropsiquiátricos envolvendo baixos níveis de inflamação."

A pesquisa científica figura na doutrina da igreja de Mark mais como ferramenta que como fundamento da elevação espiritual. Como assinala o antropólogo Rodrigo Grünewald no prefácio de *O caminho de um juremeiro*, a IDMT propõe uma via de espiritualidade centrada no Espírito Santo, com vistas a “um verdadeiro encontro com o ‘criador’ de toda a fonte de vida, de luz, quer seja o ‘céu de fora’ ou o ‘céu de dentro’”.[8] Como é comum no meio eclético do neoxamanismo, baseia-se numa filosofia perenialista, ou seja, na noção de que em todos os tempos e todas as formas assumidas pela religiosidade humana se encontra a mesma busca de transcendência, de contato com o divino, pouco importando a manifestação com que se apresenta nos diferentes rituais. Assim, a IDMT pode reivindicar sua origem na própria raiz da jurema, mas abrindo mão da mediunidade hoje diretamente associada a ela nos cultos da Jurema Sagrada e concentrando-se nos poderes da planta *Mimosa tenuiflora* tal como são revelados pela ciência estabelecida, conforme a doutrina exposta no livro de Mark Collins:

> *Acredito firmemente que para conhecer a espiritualidade*
> *e a presença oceânica do Divino Todo-Poderoso,*
> *não é mais uma questão de fé simples,*
> *mas a de miligramas e qual pode ser a dose.*
> *O estado místico é certamente uma sensação física,*
> *envolvendo uma interação química distinta e específica,*
> *de um alcaloide muito simples e sagrado chamado DMT.*

A índole metódica de Mark se volta também para as moléculas, tanto a DMT que origina as visões místicas quanto os inibidores que facilitam sua entrada nos tecidos cerebrais e assim dão margem ao efeito psicodélico. Sua ideia é, na medida do possível, fazer a extração dos alcaloides das próprias plantas, como a jurema-preta (DMT) e a arruda-da-síria (inibidores), para encapsulá-las em quantidades precisas, de maneira a testar sucessivas doses de combinações de enteógeno e inibidor personalizadas para cada participante de suas cerimônias. O problema ocorre no chamado “efeito comitiva” da ayahuasca ou daime, ou mesmo da juremahuasca, bebidas cujas receitas variam de feitor para feitor, tanto na proporção dos vegetais quanto no tempo de cozimento, portanto, sem controle das quantidades de compostos psicoativos no produto final. Uma proporção maior de inibidor, por exemplo, pode ocasionar purgas mais violentas (vômitos e diarreias intensos), o que Mark considera um efeito adverso indesejável para experiências religiosas. Ele não descarta nem utilizar um inibidor alopático mais específico para a DMT, a moclobemida.

Na condição autoatribuída de neoxamã, ele se vê desobrigado de seguir as diferentes prescrições de preparo e rituais preconizadas pelas religiosidades ayahuasqueiras e da Jurema Sagrada, mas se reivindica ainda assim um juremeiro. "É uma homenagem à tradição perseguida, exterminada, brutalizada", justifica. "[Uma maneira de] chamar atenção para a própria tradição juremeira." À pergunta sobre eventual temor de ser acusado de apropriação cultural ou religiosa dessas plantas de poder, ele reage dizendo que sim, tem algum receio:

> Se estou me apropriando de algo, é da substância. Não me aproprio do ritual, não faço ritual indígena nem do Catimbó, o ritual que realizo é o que desenvolvi inclusive com ayahuasca, derivado de meu trabalho nas mais diversas igrejas das quais fui afortunadamente convidado a participar.

Mark se defende afirmando que fundar a igreja unipessoal IDMT para trabalhar com a molécula DMT identificada com a jurema, e não com a chacrona, tem o objetivo de não se apropriar de uma tradição da Floresta Amazônica. Pede "complacência e leniência" com a maneira que encontrou de trabalhar com algo que nunca se igualou em sua vida "em termos de ser fantástico e maravilhoso". Está em plena consonância, assim, com a missão prevista por Jonathan Ott para a jurema-preta, de se tornar a fonte mais usada para qualquer pessoa se beneficiar com a DMT. Em resumo, empregar as ferramentas analíticas da ciência contemporânea para tornar mais eficiente, do ponto de vista de psiconautas urbanos avessos a tradições, a conexão com experiências ancestrais:

> *Essa prática não é de brincar de índio,*
> *mas de visitar as mesmas fontes*
> *que os xamãs visitam há milênios*
> *quando atravessam as sagradas pontes,*
> *pois quando se chega no mesmo portal,*
> *não importa qual foi o ritual,*
> *se alcança[m] os mesmos horizontes.*

Mesmo sem ter sido inaugurada, após uma década em gestação a IDMT já faz escola. A mais de 400 quilômetros de Fortaleza em linha reta, no mesmo bairro Pium de Parnamirim em que fui encontrar o neoxamã Paulo "Purna" de Azevedo, está nascendo a Igreja Mirífica Eterna, ou Psiconáutica Ordem da Divina Molécula Triptamina, agremiação inspirada no projeto de Mark Collins. Seu regimento interno, *Os horizontes da jurema*,[9] também foi escrito em formato cordel com tradução para o inglês, mas com algumas diferenças: as estrofes têm entre oito e nove versos e não sete, as rimas e a métrica são mais disciplinadas, o volume tem 93 páginas (contra 373 de *O caminho de um juremeiro*), e o texto levou três semanas para ser escrito, não os três dias informados por Collins. Seu autor, Jan Clefferson Costa de Freitas, contava 31 anos naquele março de 2023 em que nos conhecemos, uma semana depois de meu encontro com Collins, que tinha então 63 anos.

As diferenças não param aí. Jan é um rapaz magro de cabelos longos, nascido em Natal e criado frequentando a praia de Tibau do Sul (RN), onde viveram a bisavó, a avó e as tias-avós parteiras e rezadeiras, conhecedoras das ervas tradicionalmente usadas como remédios, inclusive a jurema. Frequentou escola pública brasileira, não um colégio interno particular no Reino Unido. Mais gregário que o filho de inglês, fundou sua igreja numa reunião com quinze membros inaugurais, não solitariamente. No mais, a doutrina coincide em grande parte com a perspectiva de oficialização neoxamânica aprendida com o prócer da IDMT cearense:

Precisamos fundar uma igreja
Para o Divino podermos amar
Trabalhar com a pura firmeza
Estudar para poder se elevar
Ao mistério da Mãe Natureza
Do Universo e de tudo que há
Transformar peso em leveza
Pela saúde e pelo bem-estar

Os Juremeiros andam na linha
Perante a nossa Constituição
É imprescindível ter um CNPJ
Reconhecido como legislação
E assim todo mundo concorda
Por respeito à Jurema Sagrada
E à flora que vigora junto dela
Toda a lei deve ser respeitada
E a jornada se torna mais bela[10]

O projeto de Jan para trabalhar livre e legalmente com o enteógeno DMT nasceu de um longo convívio com plantas de poder. Ele se iniciou muito cedo, por volta dos cinco anos. Ficava doente com frequência na época de São João, seu "inferno astral" (nasceu em 1º de julho). Em junho de 1996, foi acometido por fortes dores na barriga, no que a avó e uma vizinha prepararam uma garrafada à base de jurema e maracujá para o menino. Ele caiu no sono, sob o efeito tranquilizante do maracujá, teve sonhos com visões de seres que vinham ajudá-lo e pensou que estivesse num hospital. Ao acordar fez uma "limpeza" muito forte (vômito) e nunca mais ficou doente no período de festas. "Lembro bem da jurema, ficou gravado em minha memória. Não tinha gosto bom."

A mãe frequentava vários tipos de culto, inclusive terreiros de Jurema Sagrada, levando Jan consigo, e o garoto se acostumou com a presença da planta em sua vida, ainda que tenha permanecido apagada na memória por um bom tempo. Dos oito aos doze anos perdeu contato com essa esfera de espiritualidade e mergulhou nos interesses de garotos de sua idade, como surfe, skate e video games. Ao final desse período de abstinência, teve um primeiro contato com ayahuasca e chegou a frequentar cerimônias da Ordem Rosacruz. Um dia, ao ligar os holofotes de uma quadra, sofreu um choque elétrico que despertou tudo: "Voltaram os sonhos, as vozes na cabeça — mas não era psicose", apressa-se em dizer. Foi tratado por psicólogos infantis e se tornou o "esquisitinho da família". Aos dezesseis anos, passou a frequentar, de 2007 a 2010, o terreiro de Pai Erivan em Pitimbu, em Natal, onde os trabalhos de Jurema se tornaram os seus preferidos e tomou contato com exus, guias e orixás do Candomblé. O vinho da jurema ali servido não continha inibidor, mas as pessoas incorporavam entidades, o que nunca aconteceu com Jan, mas ele conta que conseguia se comunicar com encantados, como que por telepatia, inspiração, sempre consciente. "Vou comunicando as mensagens que eles, mestres, trazem. As pessoas nem percebem."

Na adolescência usou outros tipos de substância, como LSD, MDMA e cannabis. Com dezenove anos, tomou jurema com arruda-da-síria, na praia da Pipa, e teve "mirações incríveis". Na mesma época, experimentou a psilocibina dos cogumelos mágicos com colegas da UFRN, onde estudou filosofia e depois faria mestrado e doutorado. Mas não queria nada com enteógenos em contexto religioso, era "muito crítico" para esse tipo de adesão. Seu grupo de amigos fundou o coletivo Zaragata (baderna, subversão, rebeldia, como traduz o jovem), dedicado a experimentos que apelidaram de "deriva psicotrópica": tomavam vários psicodélicos e depois discutiam seus efeitos em rodas de conversa. "O que eu buscava, só a jurema e os cogumelos conseguem me levar até lá; o LSD não, não chega até o oitavo", diz Jan, referindo ao oitavo e último dos circuitos "extraterrestres" da consciência propostos pelo psicólogo e guru psicodélico Timothy Leary, alcançado por exemplo numa experiência de quase morte, consciência além do espaço-tempo, iluminação.

Aos 22 anos, em 2013, Jan retomou contato com igrejas da ayahuasca e experimentou "conexão muito boa", encantando-se com a diversidade de frequentadores. No ano seguinte, entraria para o Santo Daime, tornando-se um fardado. Mais um ano e derivaria para a esfera mais propriamente neoxamânica, participando de "trabalhos cruzados" com daime e jurema em casas de ayahuasqueiros ou locais como o terreiro Centro Espiritualista Casa Sol Nascente do Rei Malunguinho, do mestre juremeiro Rômulo Angélico. Passou a estudar as tradições indígenas e o Catimbó, fazendo em paralelo experimentações com várias plantas do Nordeste — suspeitas de fornecer inibidores para receitas de vinho da jurema — mantidas em segredo por povos originários da região, como maracujás silvestres e manacá. A que mais lhe agradou foi a fava-de-arara (*Hippocratea volubilis*).

Hoje tem predileção especial por cogumelos, e outro dia, na força do efeito psicodélico propiciado pela psilocibina, lembrou-se de que a avó dizia que "tem urupê [vocábulo de origem tupi para fungos do tipo orelha-de-pau] que é remédio, veneno ou comida, e tem urupê para rezar". Jan afirma ter encontrado na praia da Pipa, e domesticado, um fungo com as características e a psicoatividade do *Psilocybe cubensis*, que apelidou de *Psilocybe januarius*, em referência a seu próprio prenome e ao trabalho que deu conseguir cultivá-lo e selecionar variedades maiores e mais potentes, com técnicas de manejo em estufa e ao ar livre que agora ensina para amigos.

Em paralelo, aprofundou-se nos estudos acadêmicos. Para concluir a graduação na UFRN, apresentou trabalho sobre a filosofia na poesia do simbolista Augusto dos Anjos. Engatou mestrado sobre a questão do Ser na metafísica contemporânea. Na tese de doutorado, debruçou-se sobre o conceito de transfiguração nas obras do filósofo Friedrich Nietzsche e do pintor psicodélico Alex Grey, que se apresenta como "artista místico-visionário".[11] "Nietzsche [trabalhando] na imanência, Alex Grey na transcendência", explica Jan, que, em 2024, trabalhava na edição do texto da tese *Transfigurações psicodélicas: As metamorfoses da arte em Friedrich Nietzsche e Alex Grey* para publicação pela Dialética Editora.

Com o grupo de amigos, fundou em 23 de agosto de 2022 a Igreja Mirífica Eterna, que tem precisamente as artes entre seus quatro pilares, completados com ciência, filosofia e mística. Os quinze fundadores compõem o círculo interno da congregação, com direito a participar dos rituais menores e fechados; as cerimônias maiores são abertas a pessoas não associadas, como os "participantes" da igreja unipessoal de Mark Collins. Quem quiser se associar tem de se submeter ao ritual de "estrelamento", recebendo uma estrela de sete pontas e um colar para usar com calça azul (referência à tonalidade que certos fungos *Psilocybe* assumem quando cortados), camisa branca (flor da jurema-preta) e manto violeta (entrecasca da raiz da mesma árvore) — outras diferenças com relação à matriz de Fortaleza, cuja farda tem calça marrom e camisa verde. Ambas as igrejas, porém, mantêm a separação entre alas para homens e para mulheres em seus rituais, uma reminiscência da prática em cerimônias do Santo Daime.

Enquanto aguardavam a finalização do registro da IDMT em Fortaleza para criar a espécie de filial em Parnamirim, Jan e seus correligionários trabalharam com o CNPJ do Centro Xamânico Fogo Sagrado de São José do Rio Preto (SP), com autorização para o feitio de ayahuasca e juremahuasca em terras potiguares. No livro da doutrina escrito por Jan, ele e os companheiros de viagem se definem como "pós-materialistas", recomendam que a presença de entidades nas sessões se dê sem incorporação e chegam a explicar que estados místicos não se confundem com doença mental:

É preciso compreender certa diferença
Existente entre a psicose e o misticismo
A primeira aparenta ser como a doença
Já o segundo não faz mal ao organismo
O psicótico parece muito com o místico
No entanto desconhece a sutil distinção
O místico viaja pelo universo metafísico
Sem com isso se desviar da sua direção

Cada um a seu modo, pessoas tão diferentes como Jan e Mark repetem nas próprias biografias o que o perenialismo supõe ser a peregrinação das sociedades humanas em direção a um mesmo esteio sagrado para ancorar-se em solo espiritualmente mais firme do que as incertezas e injustiças da vida na Terra. Assim como indivíduos erram de templo em templo em sua jornada, frequentando cerimônias em igrejas católicas ou evangélicas, centros espíritas ou rosa-cruzes, terreiros de Candomblé, Umbanda ou Jurema Sagrada, Santo Daime, União do Vegetal ou Barquinha, Osho ou Hare Krishna, o neoxamanismo se abre para todas as tendências e formas de religiosidade.

IGREJAS PSICODÉLICAS PESSOAIS NA CONTRACULTURA ANGLÓFONA DOS ANOS 1960

Igrejas psicodélicas não são uma invenção nordestina, nem mesmo brasileira, e sim reedição de um movimento iniciado em meados do século 20 com inspiração no livro *As portas da percepção*, de Aldous Huxley, que, por sua vez, segundo J. Christian Greer, era devedor da teoria encantada do naturalismo. Nessa perspectiva, cada mente humana seria uma espécie de receptor que canaliza localmente a consciência emitida por uma Mente Universal,[12] noção da qual se encontram ecos, por exemplo, em escritos de Rick Strassman. Huxley já teria esposado essa crença na década de 1930, antes mesmo de sua descoberta dos efeitos místicos da mescalina, como integrante da organização pacifista Irmandade da Vida Comum. Ainda de acordo com Greer, Huxley fixou os dois princípios do psicodelicismo: primeiro, que a humanidade daria um salto evolutivo no sentido da perfeição ao promover a síntese da ciência com a religião;

depois, que drogas ampliadoras da consciência seriam o sacramento propiciador dessa síntese.

Nada de novo sob o sol do Nordeste em Fortaleza ou Natal, cujas igrejas psicodélicas em formação até parecem modestas, em seus objetivos terapêutico-neoxamânicos, diante das ideias salvíficas dos anos 1930 e 1940 que encantariam figuras públicas do quilate da antropóloga Margaret Mead, de L. Ron Hubbard, fundador da Cientologia, e do guru psicodélico Timothy Leary.[13] Este, de resto, após ter sido expulso de uma cátedra na Universidade Harvard, chegou a publicar em 1968 um manual intitulado *Comece sua própria religião*. Uma das primeiras igrejas psicodelicistas a emergir nos Estados Unidos foi a dos Wayfarers, um grupo que Greer descreve como agremiação protestante ultraconservadora da Califórnia, congregando empresários ricos, alto clero e a elite de Hollywood. Nas décadas de 1960 e 1970 surgiriam outras centenas, com denominações como Liga da Descoberta Espiritual, Igreja Neoamericana, Irmandade do Amor Eterno, Sociedade da Discórdia, Igreja do SubGênio, Irmandade Vênus Psicodélica, Igreja de Todos os Mundos e Árvore da Vida.

Vários desses cultos já eram perseguidos nos anos 1960 pela polícia, que os considerava fachada contracultural para tornar respeitável o consumo de psicodélicos, e passariam a sê-lo de modo ainda mais draconiano após 1971, com a declaração da Guerra às Drogas pelo presidente republicano Richard Nixon. Sem mencionar, claro, a precursora Igreja Nativa Americana — religião sincrética com elementos de espiritualidade indígena e cristianismo desconectada desse movimento contracultural —, fundada em 1918 por etnias usuárias do peiote, que contém mescalina, mas com raízes no século 19 e ainda reverenciada por muitos no neoxamanismo contemporâneo, como assinala Greer: "Esses buscadores espirituais acreditavam que psicodélicos descondicionavam os hábitos, costumes e valores corruptos inculcados pela sociedade dominante, permitindo assim aos indivíduos reinventarem-se de acordo com elevados princípios espirituais". Entre adeptos dessa imaginação utópica, os nativos norte-americanos e suas culturas eram tidos como exemplares desses princípios.

Quatro dias depois de encontrar Jan Clefferson no Rio Grande do Norte, meu segundo périplo juremeiro pelo Nordeste me levou a Campina Grande, para entrevistar mais uma vez o antropólogo Rodrigo Grünewald, com quem já havia conversado no Rio de Janeiro meses antes. Ainda no hotel, antes de seguir para a casa dele, assisti a uma palestra de Greer num curso on-line sobre ciência psicodélica do Instituto Chacruna, na qual o pesquisador apresentou uma visão crítica do que hoje se chama de Renascimento Psicodélico. O professor de estudos americanos da Universidade Stanford deplorou o uso desse termo, "renascimento", que em sua visão desconsidera o fato de o movimento psicodelicista nunca ter de fato deixado de existir, apenas sendo forçado a mergulhar na clandestinidade para então reaparecer na virada do século. Concorda menos ainda com as vestais de um messianismo científico desqualificador das práticas ancestrais com enteógenos e da impulsividade contracultural e anárquica dos anos 1960. Isso embora a nova ciência psicodélica tenha preservado a centralidade das visões beatíficas e dos sentimentos oceânicos como fundamento dos efeitos terapêuticos com que buscam reabilitar drogas como a DMT para a medicina, por assim dizer depuradas de seus componentes caóticos e escuros em escalas padronizadas para aquilatar a intensidade das sessões psicodélicas.

Em instrumentos de pesquisa como o Questionário de Experiência Mística (MEQ, em inglês), cientistas psicodélicos enfatizam apenas elementos positivos, como os sentimentos de unidade com o cosmos e a natureza, e fazem pouco caso de todas as outras culturas não brancas que, para além da contracultura, sistematizaram e mantiveram vivas as tecnologias de uso das plantas de poder. E não o fizeram necessariamente para o "bem", tal como concebido na ótica das religiões ocidentais, uma vez que também são empregadas, com frequência, com finalidades divinatórias ou encantatórias, em práticas que a perspectiva cristã sempre rebaixou e condenou como feitiçaria, magia, superstição.

As triptamínicas Igreja do Divino Mestre na Terra, do solitário Mark Collins, em Fortaleza, e Igreja Mirífica Eterna, de Jan Clefferson e companheiros em Parnamirim, se reivindicam como herdeiras científicas da tradição juremeira do Nordeste na busca pelo reconhecimento oficial do Estado para o sacramento DMT. Quando enfim estiverem plenamente legalizadas e iniciarem seus trabalhos públicos ficará mais claro, para além das intenções declaradas em versos bilíngues, o quanto suas raízes estão fincadas no solo profundo da religiosidade sertaneja ancestral, com seus séculos de resistência à colonização e sua herança maldita, e quanto delas se ramifica pela superfície recente do perenialismo e do psicodelicismo que falam inglês.

Lições de vida e sabedoria com ancestrais de todos os seres

O vegetal guarda fielmente as lembranças de devaneios felizes.
Gaston Bachelard, *L'Air et les songes*

Vêm de longa data as iniciativas para desqualificar e criminalizar os reinos encantados da Jurema e as práticas de seus mestres, reduzindo-os a crença, crendice, magia, delírio, degeneração, pecado, superstição ou animismo primitivo. Padre Antônio Vieira, entre outros, trilhou com passos firmes essa via, já no século 17, ao descartar a possibilidade de que indígenas pudessem formular uma cosmologia com fábulas comparáveis à do paraíso helênico nos Campos Elísios, narrando a existência de três aldeias debaixo da terra (Ibirupiguaia, Inambuapixoré e Anhamari) na serra de Ibiapaba, entre Piauí e Ceará, para as quais iriam os mortos, "vivendo todos em grande descanso, festas e abundância de mantimentos". Como os indígenas seriam dotados de "pouca malícia", na visão dos padres, concluíram os religiosos europeus que ideia tão elaborada só lhes poderia ter sido incutida pelo demônio.[1] Vieira, escritor obrigatório no cânone literário em língua portuguesa, não terá sido o primeiro nem o último a propagar pela cultura a ideia de que não existem propriamente pensamento ou cosmologia indígenas e a voltar as costas para essa matriz que sobreviveu por cinco séculos à dominação colonial, até desaguar no Catimbó e na Jurema Sagrada dos séculos 20 e 21.

Encontrei essa passagem paradigmática de Vieira na tese de doutorado do historiador e arqueólogo pernambucano Guilherme de Souza Medeiros. Defendida em 2012 na Universidade de Clermont-Ferrand (França), seu título traduzido para o português é *O uso ritual da jurema entre os ameríndios do Brasil: Repressão e sobrevida de costumes indígenas na época da conquista espiritual europeia (séculos 16-18)*. Apesar da delimitação temporal, o trabalho recua na história indígena e chega às pinturas rupestres do Parque Nacional da Serra da Capivara, em São Raimundo Nonato (PI), onde o pesquisador ajudou a instalar um campus da Univasf. Em meio a milhares de figuras pintadas sobre as rochas dos abrigos naturais, ele destacou algumas que sugerem terem existido rituais de culto a plantas ou árvores muito antes do período colonial. Não é difícil imaginar que entre elas estivesse a jurema-preta, dada sua ubiquidade tanto na caatinga quanto na religiosidade de cunho indígena proveniente do semiárido. No entanto, com toda essa importância, o culto da Jurema representa igualmente um ícone às avessas do apagamento desses povos autóctones tratados como obstáculos ao progresso, rebaixados a objetos de pesquisa da história natural, como a flora e a fauna, não como grupos humanos com história, cultura e pensamento próprios, denuncia o arqueólogo, para quem a presença significativa desse uso da jurema no Brasil, hoje, nos interroga e nos empurra em busca de respostas sobre um passado ainda desconhecido pelo conjunto da sociedade brasileira.[2]

A tese de doutorado oferece bom exemplo de que esse apagamento aos poucos vai sendo revertido no âmbito acadêmico, ao menos nas instituições de pesquisa do Nordeste, onde se originou a partir dos anos 1970 uma vigorosa bibliografia a tratar a Jurema como fenômeno religioso à parte, de raiz indígena, e não como degeneração de cultos afro-brasileiros. A convivência desse historiador com a Jurema, entretanto, vai além dos relatos em documentos pesquisados no Brasil, em Portugal e na França: Guilherme é também um juremeiro, e foi nessa condição que voltei a encontrá-lo, após um debate sobre psicodélicos na Univasf e uma entrevista em 26 de outubro de 2023, em cerimônia neoxamânica da Aldeia Pena Branca, terreiro em Petrolina onde ocorreu a sessão com juremahuasca de que participei.

Seu percurso até o sacramento indígena foi sinuoso. Criado no Recife em família e escola católicas, para Guilherme, por muito tempo, Jurema foi só o nome de uma fazenda do avô em Tracunhaém, município na zona da mata de Pernambuco. Fascinado com os rituais católicos, aos quinze anos ampliou o investimento pessoal no campo espiritual voltando-se para a prática de ioga e meditação. Fez parte de um grupo católico de oração, encantava-se com o canto gregoriano em mosteiros de Olinda e, aos dezoito anos, entrou para a Ordem Rosacruz. Cogitou tornar-se monge, do que foi dissuadido por uma amiga sob a ameaça de denunciá-lo ao superior do mosteiro como responsável por suposta gravidez. Cursou história na UFPE e apaixonou-se pela arqueologia. Nos anos 2000, foi contratado para um subprojeto do Inventário Nacional de Referências Culturais na área do litoral norte de seu estado quando, em visitas a casas de Umbanda e grupos de maracatu, passou a ouvir seguidas menções ao culto da Jurema, mas não foi ainda aí que se aproximou dessa forma de religiosidade — antes viriam o contato e o fascínio com o Candomblé.

A namorada, socióloga, era orientada por uma professora canadense que pesquisava a biografia de Mãe Betinha, ativa no Candomblé. A orientadora a convidou para uma grande festa no terreiro e disse que poderia levar o parceiro, que se encantou com o que presenciou quando os orixás chegaram e ele viu as pessoas com sorrisos de canto a canto do rosto, como disse em entrevista. "Aquilo me chocou. Cadê a culpa?", perguntou-se o católico. "Não era uma alegria vazia, era transbordante." Na refeição oferecida aos convidados, espantou-se ao saber que o babalorixá José Amaro, a seu lado, era também professor de música na UFPE. Guilherme fixou como objetivo entrar para um grupo de maracatu e desfilar com seu cordão de orixá (tempos depois, saberia que seu orixá de frente é Oxaguiã, o jovem Oxalá).

O contato imediato com o sacramento da jurema se daria, curiosamente, por meio de uma conexão acadêmica. Convidado para um evento em Recife pelo antropólogo Sandro Guimarães de Salles, um dos pioneiros da nova geração de estudos sobre Jurema na passagem dos anos 2000, acabou visitando um terreiro onde testemunhou que pessoas entravam em transe após tomar o vinho da jurema, que, no entanto, não tinha efeito químico psicodélico (certamente por falta de inibidor), como constatou Guilherme por conta própria ao ingerir a bebida. Atribuiu a um efeito placebo o que os praticantes definiam como "energia". Mas a explicação tipicamente racional durou pouco tempo, até se mudar de São Raimundo Nonato para Petrolina, em 2016.

Nessa época o professor da Univasf ouvia com frequência de amigos e colegas, ao levantar o tema intrigante da Jurema, que precisava conhecer "o Jura" (Juracy Marques). Ficou sabendo tempos depois que diziam o mesmo para Marques: precisava conhecer Guilherme. Fato é que acabaram se encontrando, como previsto pelos conhecidos, e Guilherme se juntou ao Alma, grupo neoxamânico da serra dos Morgados, no qual passou a tomar regularmente a juremahuasca, ou seja, o chá preparado por Marques com jurema-preta e arruda-da-síria. Para resumir o que essa experiência representou, o historiador recorre ao título de um livro que leu sobre a mescalina do cacto peiote: a jurema era outra "planta que deixa os olhos maravilhados".

Se cabe aqui o exemplo do pesquisador e adepto da Jurema, não é só pela excelência acadêmica de Guilherme Medeiros, mas por se vislumbrar nele uma convivência harmoniosa entre rigor intelectual e práticas espirituais de que alguns de seus colegas recomendariam guardar segredo. Para o jornalismo e suas ideias reguladoras de busca pela objetividade possível no registro de diversas perspectivas, a separação se mostra problemática em particular na cobertura da ressurgente biomedicina psicodélica e das práticas sociais imorredouras com essas substâncias. Desde que comecei a escrever sobre psicodélicos como jornalista de ciência, em 2017, vinha me debatendo com a perplexidade causada por essas drogas e que sentido atribuir a elas.

Na área de neurociência psicodélica persiste uma controvérsia sobre a propriedade ou a inconveniência de pesquisadores usarem substâncias que estudam, o que muitos defendem como imperativo para que o experimentador tenha noção mais clara da experiência subjetiva desencadeada por elas (a fenomenologia, como se diz no jargão). Para um jornalista como eu, desde a primeira reportagem sobre o tema[3] ficou evidente que narrar as próprias vivências sob efeito de ayahuasca, MDMA, LSD ou cogumelos *Psilocybe* era pertinente, e mesmo imprescindível, para transmitir ao leitor algo do que há de transformador e terapêutico nessas drogas. Ocorre que, com elas e em rituais, apresentaram-se também algumas experiências emocionais e espirituais — espirituais, note bem, e não religiosas, nem mesmo místicas — que outros repórteres prefeririam deixar de fora da narrativa, seguindo a máxima de que jornalista não é notícia, menos ainda como protagonista. Como essas manifestações eram inseparáveis da fenomenologia psicodélica pessoal, segui mais uma vez a intuição para incorporar nos relatos deste livro os vários modos como havia sido impactado durante cerimônias de Jurema, estendendo à escrita o registro da afetação durante o trabalho de campo.

Foi assim, por exemplo, na emoção desencadeada pelas cafurnas entoadas por Thulny na aldeia fulni-ô. Um sentimento misterioso, semelhante ao experimentado ao receber os recados de Malunguinho e de uma Cigana, por intermédio de Alexandre L'Omi L'Odó e Joanah Flor, respectivamente, num terreiro de Recife. A humildade espantada e reconfortante de não duvidar da presença dos encantados Zé Pelintra e Pilão Deitado na sala acanhada de Mestre Ciriaco em Alhandra. E, à frente de todas as situações desconcertantes, o choro solto no ombro de Dona Deza incorporada com o Capitão das Matas, no fim de semana luminoso despendido com os pankararé na Festa do Amaro em Brejo do Burgo. Essas experiências fenomenológicas ímpares se deram, enigmaticamente, quando eu não estava sob o efeito psicodélico da DMT da jurema-preta, uma vez que o preparado ingerido nessas ocasiões carecia do inibidor. Ficava descartada a explicação racionalista desses arrebatamentos pela sugestionabilidade que tais compostos modificadores da consciência imprimem às viagens de psiconautas.

Havia algo a mais no ar, aquilo que, na falta de palavra melhor, os juremeiros chamam de "energia", a conectar o jornalista cético e ateu com aquelas pessoas imersas num mundo encantado. Não o bastante para uma conversão, mas o suficiente para abalar os pressupostos fisicalistas que levam a tudo tentar explicar pela interação de moléculas e corpos e para admitir que o tecido da realidade normalmente percebida se esgarça aqui e ali, dando passagem a alguma dose de mistério, até porque ele irrompe de modo muito confortador.

Aquelas vivências concretas me fizeram sentir, guardadas as devidas proporções, em situação comparável à do antropólogo canadense Jeremy Narby entre os ashaninka: como cria do racionalismo e do materialismo, ele achava suficiente não explicitar aos indígenas seu ceticismo quando diziam que uma alma podia deixar o corpo, impulsionada após a ingestão de uma forte dose de pasta de tabaco, e se alojar numa onça viva — até se transformar no animal, ele próprio sob efeito da substância. "Essa impressão felina e predadora foi tão viva que permanece comigo ainda hoje. Mas precisei de tempo para me sentir capaz de falar a respeito em público", escreveu o etnógrafo, abalado. "Eu não pensava ter me transformado 'realmente' em onça de maneira mensurável. Tinha mais uma memória corporal intensa da impressão de 'ser um felino'."[4]

Como diz Narby, a ciência pode até ter determinado que a nicotina exerce um papel importante no efeito do tabaco, mas não oferece uma ideia precisa do que acontece no corpo, no cérebro e na consciência de um xamã que se transforma em onça.[5] O que dizer então do choro que tomou conta de mim nos braços de Dona Deza? Pode não ter sido tão dramático quanto sentir-se vivamente quente, poderoso e sábio como o Narby-onça, mas aquele instante com o Capitão das Matas permanece igualmente comigo, como fonte de força e coragem, sem nem mesmo ter sido intermediada pela ação fantasmagórica de uma substância sobre o corpo, o cérebro e a consciência. Tudo se resume ao contato caloroso com a matriarca, suas palavras e sua fé, que só com intenso constrangimento epistemológico poderia desqualificar como "crença", depois de ser corporal e espiritualmente afetado por ela. Negar aquela realidade vivida, em momentos transportadores na Festa do Amaro, no terreiro do Recife ou na casinha de Alhandra, equivale a desonestidade intelectual, além de óbvio desvio ético perante aquelas pessoas que me acolheram em seu mundo sem pestanejar.

O mínimo a fazer, após vivenciar situações como essas, é refletir sobre o que, em nossa própria cultura e visão de mundo, impede aceitar pelo valor de face o que se testemunha entre povos tradicionais ou praticantes de religiões pejorativamente designadas como animistas. Não é fácil. A concepção materialista da realidade está profundamente entranhada em nós, com o privilégio conferido à ciência natural em nossa sociedade, e mais ainda no exercício do jornalismo científico.

Uma perspectiva mais humilde se impôs ao observador da Jurema Sagrada quando ficou claro que concordava de maneira impressionante com o observado nas cerimônias de que participei no Nordeste: apesar da pobreza, da aridez do solo, do peso da história, da inclemência do clima, da perseguição religiosa e das injustiças fundiárias, comunidades se encontram numa atmosfera de paz e serenidade onde há lugar até para o mais cético dos jornalistas. A aceitação da finitude e do desamparo não se realiza sem alguma melancolia, porém. Esse misto de clareza e tristeza pode ser reconfortante, mesmo se experimentado sem o impacto de psicodélicos, como acontece nos rituais de Jurema em que seu vinho não contém o inibidor — e como aconteceu comigo ao cair no choro nos braços de Dona Deza.

PÓS-ESCRITO

Buscar a verdade, agir com independência, minimizar o dano

> *O chocalho do xamã é um instrumento de tipo inteiramente diferente da navalha de Occam; esta pode servir para escrever artigos de lógica, mas não é muito boa, por exemplo, para recuperar almas perdidas.*
>
> Eduardo Viveiros de Castro,
> *A inconstância da alma selvagem*

Ao escrever este livro, fui assediado pelo temor de que pares no jornalismo científico e fontes no ramo da pesquisa científica com psicodélicos concluíssem que eu havia sucumbido ao irracionalismo por dedicar tanto tempo, respeito, admiração e empenho narrativo a práticas esotéricas em torno de uma planta obscura do semiárido nordestino. Muitos deles decerto considerarão irrelevantes, para esse campo da neurociência e suas eventuais aplicações clínicas, o que pensam dos poderes da jurema-preta e de outras plantas professoras os herdeiros de uma longa resistência indígena ao colonialismo em Alhandra, Águas Belas ou Baía da Traição, em Natal, Recife ou João Pessoa. A essa possível desconfiança desafiadora cabe responder que o projeto jornalístico de que este livro resulta se pautou por um esforço consciente de seguir à risca o código de ética minimalista que deve orientar minha profissão: buscar a verdade, agir com independência e minimizar o dano.

Começando pela última recomendação, o maior prejuízo que um relato jornalístico pode causar às pessoas que deram acesso a seus rituais decorre de não levar a sério o que dizem e fazem. Seria tão fácil quanto injusto descrever o que se testemunhou de maneira folclórica ou pejorativa, como crendices primitivas ou resquícios de um animismo iletrado. Bons repórteres não procedem assim, mas mesmo entre eles se encontrará certa atitude condescendente, que simula dar descrição objetiva do que se viu e ouviu, partindo, no entanto, de um pressuposto de superioridade do conhecimento científico ocidental sobre a "ciência da Jurema" — um conjunto de normas, explicações, prescrições e cânticos que varia de cidade para cidade, de terreiro para terreiro, e que nunca se pretendeu universal nem concorrente do conhecimento produzido nas universidades. Mais do que visitar, registrar e relatar, há que tentar entender a lógica interna dessas manifestações, buscando rastrear na história e na antropologia, entre outros terrenos, as raízes do que a tanto custo sobrevive na cultura do presente.

Independência, no caso, implica não adotar uma única perspectiva para fazer sentido daquilo que se observa. Tomar Catimbó-Jurema por seu valor de face não obriga ninguém a se converter em fiel dessa religião nem a aceitar como realidade a existência de encantados reis, mestres e mestras, caboclas e caboclos, pretas e pretos velhos, exus e pombajiras, mas tampouco é obrigatório desdenhar de quem incorpora essas entidades. Convidado a fazer uma oferenda ou a beber o vinho de jurema, cabe a cada visitante decidir se, ao se recusar em nome do distanciamento e da objetividade, não estará cometendo uma indelicadeza afrontosa, ou até mesmo contraproducente para o acesso a informações relevantes. À independência com relação aos fiéis e sacerdotes deve corresponder atitude similar no que respeita a especialistas, que não raro pretendem saber mais sobre a religião do que seus próprios praticantes. Por vezes é esse mesmo o caso, como pode acontecer com dados históricos ou geográficos que se alteram progressivamente na transmissão oral de doutrinas e mitos de origem, mas não faz muito sentido contrapor uma coisa à outra, pois são registros discursivos de natureza diversa, o que os dois lados nem sempre conseguem reconhecer. É comum ouvir de líderes religiosos queixas de supostas deturpações introduzidas por pesquisadores em obras acadêmicas e, inversamente, topar com a desqualificação de narrativas tradicionais por especialistas em nome da precisão factual; melhor não apoiar o pé em nenhuma das duas canoas.

É no desvão entre elas que se precipita a "verdade", ou seja, a dificuldade de estabelecer de maneira definitiva algum conhecimento irrefutável, como quer o senso comum. Se não é esse o caso na ciência, muito menos no jornalismo. Por outro lado, isso não desobriga o repórter de se esforçar para construir uma narrativa tão próxima quanto possível dos fatos, ainda que reconhecendo sua precariedade e dando transparência às incertezas e dúvidas. Não lhe compete, entre tantos mistérios que cercam a Jurema, decidir se a receita original do vinho sacramental levava algum tipo de inibidor para lhe conferir efeito psicodélico, ou se a fonte do possível inibidor era maracujá, manacá ou a própria jurema — mesmo porque é mais provável que no passado, como hoje, existissem muitas receitas, para nada dizer de incorporações de entidades acontecerem após ingestão de beberagens psicoativamente inertes, ou até mesmo sem elas.

Ao leitor deste livro recomenda-se extrair conclusões com o proverbial grão de sal da dúvida cética, por certo, mas também com a gota de mel da boa vontade diante daquilo que se desvia do fundamental em nossa visão de mundo. Ao final do exercício, decerto passará a encarar com outros olhos as plantas de poder, como a jurema-preta, e os encantos que exercem sobre animais humanos. Em que pese o resíduo doce depositado no espírito, o longo percurso de reportagem, viagens e pesquisa para adentrar os mistérios da Jurema deixou em mim uma inquietação profunda, que beirava a insatisfação. Diante da dificuldade de clarear as ideias para além das emoções e fazer um ajuste fino da atitude que caberia adotar diante do que testemunhara, recorri ao velho e bom método de buscar ajuda com quem já dedicou muita reflexão ao problema. Encontrei o conforto filosófico possível, entre outros, num livro generoso do antropólogo Marshall Sahlins, *The New Science of the Enchanted Universe* [A nova ciência do universo encantado]. Sahlins aponta a dicotomia entre corpo e alma, entre natural e sobrenatural — numa palavra, para simplificar, o que se chama de transcendentalismo —, como a raiz do nosso desencontro com povos originários e suas cosmologias, assim como, em alguma medida, a matriz da desqualificação do Outro que racionalizava e supostamente justificava o colonialismo. Uma distinção que não faz sentido para os povos originários imersos na imanência, em que a invisibilidade dos espíritos não é indício de ausência neste plano de realidade, mas de sua ubiquidade, ou seja, de que habitam um mesmo mundo mais amplo em que todos circulamos, como provam os sonhos e os transes. Os espíritos não estão no Além, mas sim em toda parte.[1] Sahlins resume a questionável atitude de superioridade de muitos na antropologia e na ciência estabelecidas recuperando a frase bem colocada de Jean Pouillon para impugnar a noção depreciadora de crença como ilusão (e, por extensão, de mito como sinônimo de inverdade): "É o descrente quem acredita que o crente acredita".

Sahlins defende o princípio de que o pensamento imanentista não é místico, supersticioso nem delirante, mas radicalmente empiricista: se algo está aí, se é apresentado para nós ou por nós, é porque existe, tem realidade de sobra. Ao que parece, o transcendentalismo sobrevive no materialismo como condição para preservar a dicotomia que mais lhe importa, a distinção ontológica entre o que sejam *fatos* (ou dados) e o que é *feito* por seres humanos (ou outros agentes), a qual, de resto, apaga a origem etimológica do vocábulo latino *factum* como "feito, ação, façanha, empresa". Dito de outra maneira, não haveria por que considerar menos empírico aquilo que não é material, apenas simbólico, conhecido ou praticado, como é o caso de costumes, valores, rituais e mitos. Sahlins cita o antropólogo sueco Kaj Århem, para quem o transcendentalismo ignora mundos de cultura em que "subjetividade, não fisicalidade, é o terreno comum da existência".

Mais do que uma descrição respeitosa, desapaixonada e distanciada das "crenças" alheias, como preconiza a etnografia clássica, Sahlins advoga pela admissão de que não há propriamente superioridade na ótica transcendentalista: esta não passa de uma solução tão boa quanto a imanentista para se haver com as condições humanas da finitude e da necessidade, o predicado de viver sob o poder de forças supra-humanas que fogem ao nosso controle, sombras com as quais é preciso conviver e lidar. Ambos, imanentistas e transcendentalistas, estão confinados em suas cavernas, e ao etnógrafo — assim como ao jornalista, deduzo — compete descrever como, nas diferentes cavernas — ou seja, diferentes culturas —, as pessoas se relacionam com sombras e seres como elas em seu próprio mundo. Entidades, encantados e divindades não são meras invenções. Não foram os humanos a imaginar os deuses, eles apenas objetivaram, ou, mais precisamente, subjetivaram, as forças extra-humanas pelas quais eles próprios vivem e morrem: "As forças já estavam lá. Não foram imaginadas. Eram reais, empíricas, forças de vida e de morte. As pessoas só lhes deram qualidades substantivas que as tornaram negociáveis, ou pelo menos inteligíveis — consciência, entendimento, volição e intenção".

Leitores do antropólogo brasileiro Eduardo Viveiros de Castro reconhecerão aí o paralelo com seu conceito de perspectivismo, a denúncia do que ele chama de "jogo epistemológico da objetivação" no livro *A inconstância da alma selvagem*, o vício de tratar o Outro como coisa e não como pessoa, condição essa que o pensamento xamanístico empresta a todos os seres vivos, sobretudo aos animais. Sahlins, com efeito, cita Viveiros de Castro como um dos poucos pensadores que se dedicam a uma antropologia reversa, que leva a sério práticas culturais e intelectuais de outros povos, o que implica dessubstancializar as nossas próprias. Sem isso se torna impossível compreender em seus próprios termos uma cosmologia em que todos os seres vivos são humanos, vivem em sociedade, e em que a condição original comum aos humanos e aos animais não é a animalidade, mas a humanidade. No entanto, eles se enxergam uns aos outros pelo prisma universal da relação predador-presa: onças veem humanos como peixes, assim como peixes veem humanos como onças. Xamãs são aqueles seres especiais que conseguem trocar de pele e visitar as sociedades (naturezas) estrangeiras que podem afetar-nos a sobrevivência, como no caso de epidemias e fomes. Embora a teoria perspectivista se refira principalmente a sociedades de animais-humanos, Viveiros de Castro registra numa nota de rodapé que "nas culturas da Amazônia ocidental, em especial aquelas que fazem uso de alucinógenos, a *personificação das plantas* parece ser tão saliente quanto a dos animais". Pode-se acrescentar que o mesmo se observa nas cosmologias ameríndias do Nordeste semiárido, onde juremas, jatobás, angicos e outras árvores são também imbuídos de algum tipo de agência, de "espírito", na qualidade de plantas professoras, como se diz.

Um componente do pensamento de Viveiros de Castro especialmente relevante para este livro é seu conceito de que essas cosmovisões, à parte o fato de não serem enganos ou mistificações, são veículos de uma autodeterminação histórica que a antropologia tradicional lhes denega, por exemplo ao formular a divisão usual entre sociedades puras e aculturadas, em que as primeiras seriam atualizações mecânicas de princípios estruturais atemporais, e as segundas, resultado inexorável de determinações externas. O antropólogo recusa essa forma de vitimização de populações indígenas do presente que, ao rotulá-las como aculturadas (leia-se: degeneradas), pode desembocar na conclusão absurda de que "as sociedades contemporâneas, sendo não representativas da plenitude original, são descartáveis, isto é, podem ser assimiladas à sociedade nacional sem maiores perdas para a humanidade". Ora, se isso vale para as etnias remanescentes da Amazônia, com seus biotipos obviamente ameríndios, corpos nus adornados com tinturas, penas e fibras, habitando casas coletivas e o imaginário ocidental como tipos ideais de indianidade, imagine-se o tamanho da ameaça que esse conceito de aculturação representa, ainda hoje, para os indígenas mestiços do Nordeste, que perderam seus idiomas e a custo reinventam rituais pela graça da Jurema. Não faltarão jornalistas para reproduzir preconceitos, do alto de sua objetividade e seu distanciamento, ao descrever sem a menor empatia aquelas cerimônias simples em que se empenham mestiços de chinelos de dedo para recuperar seu quinhão de terras e dignidade. Mas também é possível, e necessário, caminhar na direção oposta.

POR QUE OS NOSSOS MISTICISMO E METAFÍSICA NÃO SÃO MELHORES QUE OS DO OUTRO

O campo das humanidades e, em particular, a antropologia oferecem boas razões e pontos de apoio para submeter a exame crítico o paradigma natural-fisicalista que subjaz à biomedicina e serve de plataforma para ejetar da órbita da ciência tudo que, de sua ótica, possa ser desqualificado como sobrenatural. Assim também procede a maior parte da pesquisa psicodélica em sua ressurgência, que em geral descarta qualquer contribuição que cosmovisões imanentistas de populações tradicionais tenham dado ou possam dar para o conhecimento das plantas de poder e suas tecnologias de uso. Há, porém, um motivo adicional e decisivo, do ponto de vista adotado neste livro, para tomar com um ou mais grãos de sal o distanciamento e o desenraizamento que todo cientista natural pretende ter como guias de seus estudos: a própria ciência psicodélica não segue à risca os padrões que emprega para rebaixar à condição de "crença" quaisquer outras explicações para a fenomenologia das experiências sob efeito de DMT, psilocibina ou mescalina, para citar três modificadores da consciência de origem vegetal. O misticismo, como se verá, permanece como marca de boa parte dos estudos de alto impacto publicados como as mais puras manifestações de rigor científico.

A Universidade Johns Hopkins, templo da biomedicina baseada em evidências e berço de um dos mais férteis grupos de pesquisa com psicodélicos no mundo, tornou-se palco de uma disputa fratricida (ou parricida, talvez seja mais correto dizer) entre seus pesquisadores mais destacados, Roland Griffiths e Matthew Johnson. Griffiths, que morreu em outubro de 2023, aos 77 anos, liderou estudos com psilocibina no começo do século 21 que levaram à criação do Centro de Pesquisa Psicodélica e da Consciência, com dotação inicial de 15 milhões de dólares. O artigo de Griffiths que o transformaria em herói psicodélico foi publicado em 2006 com o título "Psilocibina pode ocasionar experiências de tipo místico com significado pessoal substancial sustentado e significado espiritual".[2] Foi citado por 2 017 outros pesquisadores até setembro de 2024, segundo o Google

Scholar — uma enorme repercussão. Nos cinco anos seguintes o grupo publicaria mais três trabalhos nesse diapasão: "Experiência mística ocasionada por psilocibina medeia a atribuição de significado especial e significância espiritual catorze meses depois",[3] com 1131 citações; "Experiências místicas ocasionadas pelo alucinógeno psilocibina levam a aumentos no domínio de personalidade de abertura",[4] com 992 menções; e "Experiências de tipo místico ocasionadas por psilocibina: efeitos imediatos e persistentes relacionados com doses",[5] referido por outros 1010 especialistas. Mesmo figurando como autor em três desses quatro artigos e tendo trabalhado por duas décadas com Griffiths, Johnson apresentou à Johns Hopkins uma queixa de violação ética em que dizia: "O dr. Griffiths lidera seus estudos psicodélicos mais como um centro de retiros New Age, na falta de termo melhor, do que como um laboratório de pesquisa clínica", segundo noticiou o jornal *The New York Times* em 2024.[6]

O grupo liderado por Griffiths, à parte desavenças internas sobre práticas místicas e convicções espirituais de seus membros, notabilizou-se por fixar uma relação entre a intensidade da experiência mística sob efeito da psilocibina e o benefício terapêutico dela decorrente.[7] Essa intensidade é aquilatada por meio do Questionário de Experiência Mística, um instrumento psicométrico criado em 1963 por Walter Pahnke, pastor e psiquiatra que organizara com Timothy Leary, em 1962, o famigerado Experimento da Sexta-Feira Santa (quando deu psilocibina ou placebo para duas dezenas de estudantes de teologia na capela Marsh de Boston). Cinco anos depois, já no Centro de Pesquisa Psiquiátrica de Maryland, Pahnke trabalharia com William A. Richards, ou Bill Richards, que tem formação como pastor e psicólogo e atua hoje como pesquisador no centro psicodélico da Johns Hopkins, onde se tornou pivô da disputa que afastaria Johnson do grupo.

Como ferramenta supostamente objetiva, o questionário MEQ merece atenção. A versão original tem 43 quesitos, depois encurtados para trinta e, mais recentemente, para apenas quatro questões. Na variação com trinta itens, hoje a mais usada, as afirmações que o sujeito de pesquisa deve graduar numa escala de cinco intensidades incluem frases como "experiência de fusão de si próprio com um todo maior", "experiência de unidade com a realidade última" e "sentimento de que experimentou algo profundamente sagrado e santo". Para um instrumento que se pretende isento e universal, a primeira coisa a se observar é o caráter abstrato dos quesitos e a ancoragem dos conceitos em pressupostos transcendentalistas, que obviamente não fariam sentido em cosmovisões imanentistas — dito de outra maneira, um questionário inaplicável em culturas indígenas ou xamanísticas. O conceito de realidade última, por exemplo, separada daquela em que vivemos, não teria pé nem cabeça para muitos povos originários.

"É espantoso ver pesquisadores ligando resultados terapêuticos positivos à experiência mística", alertou o estudioso de religiões J. Christian Greer, da Universidade Stanford, numa aula reveladora em um curso do Instituto Chacruna.[8] A identificação foi imediata com o que eu vinha pensando sobre essa associação comum de psicodélicos com esoterismo, algo que sempre me dispus a tolerar em cerimônias neoxamânicas presenciadas, mas que causava irritação quando se imiscuía nos artigos científicos que pretendem oferecer base mais sólida para aplicações clínicas. Greer deplora o uso acrítico de expressões de tom religioso nessa área da ciência e as rastreia ao que chama de "escola enteogênica" na conceituação de psicodélicos, popularizada por Gordon Wasson (que apresentou os cogumelos "mágicos" dos mazatecas ao Ocidente), Albert Hofmann (inventor do LSD e da via sintética para produzir psilocibina) e Jonathan Ott (apóstolo da DMT e da juremahuasca), heróis psicodélicos que tiveram algumas de suas ideias apresentadas nos capítulos deste livro.

Ao descartar os termos "alucinógeno" e "psicodélico" em favor de "enteógeno" (gerador do divino interno), o trio subscreve uma noção perenialista da experiência mística mediada por psicodélicos. Nessa escola de pensamento sobre a religião, todas as culturas humanas compartilhariam um mesmo núcleo de vocação para o divino, ainda que revestido por muitas camadas de rituais, crenças e doutrinas diversificadas — o que não deixa de ser também uma visão evolucionista e etnocêntrica do sentimento religioso, que se realizaria plenamente no monoteísmo. As substâncias psicodélicas, por seu turno, teriam o condão de facultar a indivíduos contato direto com essa suposta essência de todas as religiões: um sentimento oceânico de unidade, a intuição da realidade última e da verdade eterna, de chegar à presença da divindade comum a todos os seres etc.

A alegada universalidade desse impulso místico subjacente aos estados alterados de consciência extravasaria até mesmo a espécie humana e a história de suas múltiplas religiões, um projeto de reconstituição em que os perenialistas vão buscar exemplos de enteógenos ancestrais nas misteriosas bebidas *soma*, dos índicos, e *kykeon*, para iniciação de gregos aos mistérios no templo de Elêusis.[9] Além disso, ao utilizar essas substâncias, em todos os tempos, seres humanos não estariam fazendo mais do que obedecer a um atavismo presente inclusive em animais vários, de abelhas e pássaros a cervos e primatas, que deliberadamente se inebriam ingerindo plantas e fungos produtores de alcaloides psicoativos. Com o trabalho do psicofarmacologista norte-americano Ronald K. Siegel, o impulso na direção do divino que os perenialistas enxergam em humanos se tornaria ainda mais universal para abarcar também os animais em simbioses inebriantes com plantas: "A procura humana por intoxicação é motivada por uma forte pulsão biológica que opõe necessidades individuais àquelas da sociedade".

Em outro local, Greer qualifica esse complexo de ideias como uma ideologia, o *psicodelicismo*.[10] Na sua interpretação, essa maneira de pensar se apoia em duas premissas: 1) a humanidade pode dar um salto evolutivo pela síntese de ciência e religião; 2) drogas expansoras da consciência figurariam como o sacramento dessa síntese. Guardadas algumas diferenças, é um ponto de partida semelhante ao do pensamento utópico precursor da psicodelia cujas bases foram lançadas pelos antropólogos Margaret Mead e Gregory Bateson, segundo o historiador Benjamin Breen no livro *Tripping on Utopia* [Viajando na utopia]. Os trabalhos da dupla nas décadas de 1920 e 1930 influenciaram autores perenialistas como Aldous Huxley, autor de *A filosofia perene* (1945) e *As portas da percepção* (1954). O problema, aponta Greer, é que as teses do perenialismo não podem ser empiricamente testadas, pois se baseiam em fábulas inverificáveis construídas a posteriori para confirmar explicações prévias, algo muito comum no pensamento evolucionista, em que resultados fortuitos de uma deriva cega são convertidos em etapas de um aperfeiçoamento contínuo na direção da forma superior. Apagam-se, no processo, todas as particularidades históricas ou culturais envolvidas em manifestações como o xamanismo asiático ou amazônico, encaixadas a fórceps na moldura interpretativa que faz deles fases primitivas da espiritualidade que tende ao ideal abstrato do monoteísmo.

A escola enteogênica de Huxley, Wasson, Hofmann e Ott não comete injustiça só com as tradições dos xamãs originais, mas com a sua própria, na medida em que faz tábula rasa de uma história ininterrupta de iniciativas religiosas ocidentais, as muitas igrejas psicodélicas e pessoais que nunca deixaram de existir e se veem eclipsadas na narrativa do Renascimento Psicodélico. História, antropologia e sociologia verdadeiramente empiricistas do campo psicodélico, argumenta Greer, têm de ser agnósticas, e não prescritivas ou normativas do que deve ser a "boa" experiência psicodélica (mística e terapêutica), com instrumentos de pesquisa enviesados que não dão espaço para acolher tudo de negativo, escuro ou ameaçador que pode aflorar nos universos xamânicos ou, mais prosaicamente, nas viagens ruins. Escalas psicométricas como o MEQ se mostram um tanto tautológicas em seu viés para experiências místicas positivas, que não consideram dignas de medição "objetiva" as emoções escuras, os terrores e as inquietações que todo psiconauta vez por outra encontra.

A universalidade pretendida pelo perenialismo encontra versão atenuada e leiga na ciência do cérebro, analisa Nicolas Langlitz no livro *Neuropsychedelia*. Segundo ele, uma nova geração de pesquisadores surgida no retorno psicodélico deixou para trás o ímpeto contestador da contracultura para buscar na neuropsicofarmacologia os fundamentos de técnicas espirituais voltadas a uma vida melhor, assim como os povos ameríndios da América do Norte encontraram no cacto peiote um sacramento psicodélico que lhes deu força para suportar as diferenças étnicas e as agruras da colonização reunindo-se no sincretismo da Native American Church (NAC). Langlitz começa por torpedear o perenialismo apontando uma divergência patente entre o temor de alguns psiconautas ocidentais diante das drogas (expectativa de visões terríveis, traumas, depressão) e a atitude de usuários de povos indígenas (antecipação agradável), a demonstrar que o contexto cultural modula de maneira importante a experiência psicodélica. Partindo da observação etnográfica da vida em laboratórios de ponta da ciência psicodélica, como o de Franz Vollenweider em Zurique e o de Mark Geyer em San Diego, ele nota como vários dos pesquisadores entrevistados mantêm concepções metafísicas variadas sobre a natureza da experiência psicodélica e da fenomenologia mística, não raro ancorando concepções de fundo perenialista na arquitetura e na bioquímica cerebrais legadas pela evolução darwiniana, e não mais numa pulsão transcendental que impeliria à divindade. É o que ele chama de *biomisticismo*, que não chega a ser um reencantamento do mundo, só atribui à biologia as emoções profundas pré-programadas no cérebro e eventualmente explicitadas pelos compostos psicodélicos, uma tentativa de escapar do beco sem saída da oposição entre natural e sobrenatural imbuída de reverência pela própria vida. "A forma-Deus foi molecularizada", conclui Langlitz, que, no entanto, mantém reservas quanto à mistificação que ainda sobrevive numa espécie de caixa dois intelectual, em que cientistas segregam essas convicções ou pressupostos numa coluna supostamente à parte daquilo que operacionalizam em suas bancadas e em seus testes clínicos. "Muitas de nossas perplexidades filosóficas resultam do fato de que tais conceitos e práticas têm memórias, que nos escapam", alerta. "Chegamos a mobilizar esse equipamento [conceitual] para novos usos enquanto esquecíamos seu passado. O ecletismo sem história crítica ainda gera um certo perenialismo."

Langlitz não condena, entretanto, aquilo que impele a neurociência contemporânea em direção aos psicodélicos, em resumo, a busca de uma vida melhor, a saúde mental, a paz de espírito. Sua *neuropsicodelia*, noção que dá título ao livro, propõe que a tal domínio espiritual se empreste um caráter secular, não místico, no qual se almeja entender pela ciência o desassossego da mente humana sem a expectativa de tudo explicar, menos ainda com recurso a outras realidades e a quaisquer pressupostos metafísicos que as sustentem: "[A] neuropsicodelia é movida menos por fé do que por experiência — por sentimentos não de unidade com algo do outro mundo, mas de conexão com um mundo material infinitamente maior do que a própria existência finita da pessoa". Se for para buscar referência em alguma forma mística anterior, que seja a do quietismo: a meta não é atingir a tranquilidade obtendo aquilo de que se necessita, mas levando menos a sério esperanças e medos que nos afligem, contemplando coisas do mundo como elas são, serenamente, ainda que com frequência aceitando a impossibilidade de mudá-las.

O QUE MAIS SE PODE APRENDER COM A INTELIGÊNCIA DEMONSTRADA PELAS PLANTAS

Rodrigo Grünewald conta no artigo "Sobre sereias, dragões e o que mais vier" como escolhe este ou aquele pé de jurema-preta para colher raízes destinadas ao feitio de juremahuasca. No meio do juremal, trecho de caatinga em que essas árvores abundam, ele se deixa levar pela intuição, como que por um aroma: "O que me atraiu? As plantas estão chamando, comunicando? Por que descartar isso?". Quando a bebida preparada com jurema e arruda-da-síria fica pronta e ele toma o chá psicodélico, uma erva-cidreira de seu jardim em Campina Grande irradia faíscas azuis entre suas folhas, e esse é o único vegetal com que tem tal experiência. "É uma projeção minha naquela planta? Para mim, não", afirma o antropólogo. "É um domínio da comunicação da natureza comigo. Pode isso ser avaliado pela metodologia hegemônica, científica?"

Há todo um campo florescente de pesquisa botânica determinado a provar que, sim, métodos experimentais podem estabelecer que plantas se comportam e se comunicam, ao menos entre si, de modo muito mais complexo do que sugere sua concepção como organismos portadores de deficiência ontológica, desprovidos do movimento e, supostamente, da cognição que caracterizam os animais. Autores como Stefano Mancuso, Monica Gagliano e Paco Calvo estão empenhados em demonstrar empiricamente que vegetais, longe de viver num limbo escuro, governados só por programas e rotinas inscritos em seus genes, se localizam em algum ponto antes insuspeitado do contínuo que vai da senciência até a consciência, e que as plantas pensam, a seu modo, ainda que não disponham de cérebros para fazê-lo. Outros, como Michael Marder, vão além e concluem que esse pensamento-planta (*plant-thinking*) deve servir de modelo para reconfigurar nossa própria maneira de ver a natureza e dela dispor como simples objeto para nosso usufruto.

Não surgiu agora, entretanto, a noção de que plantas exibem comportamentos complexos e orientados em lugar de, bem, vegetar em sua própria imobilidade. Na realidade, essa escola de investigação pode ser rastreada até Charles Darwin, com sua meticulosidade agnóstica na contemplação da grandeza da vida. Confinado ao leito por semanas com um ataque de eczema, em 1862, menos de três anos após a publicação de *A origem das espécies*, o pioneiro do evolucionismo se dedicou a observar o crescimento de gavinhas em pés de pepino que tinha no parapeito da janela. Ao longo de várias horas, notou que esses filamentos faziam movimentos circulares progressivamente ampliados em busca de apoio, que chamou de "circum-nutação" (de raízes latinas para círculo e balanceio).[11] Seguiram-se quatro meses de estudo de gavinhas e 118 páginas da monografia *The Movements and Habits of Climbing Plants* [Os movimentos e hábitos de plantas trepadeiras]. Ao ser imobilizado, Darwin se tornou capaz de reconhecer o movimento dos vegetais como um *comportamento* (hábito), ou solução para um problema posto pelo ambiente em interação com sua natureza trepadeira — como crescer em direção à luz sem investir num corpo próprio rígido, lenhoso. Plantas são sésseis, enraizadas no solo, mas não incapazes de movimento — nós é que somos incompetentes para percebê-lo, dada a aceleração característica de animais dotados de locomoção para evadir-se do perigo ou predar os que forem mais lentos. Em nosso zoocentrismo, encaramos vegetais como seres inanimados, objetos inertes, e não como sujeitos ativos.

Sujeitos? Sim, afirmaria em 1908 Francis Darwin, terceiro filho do criador da teoria evolucionista e primeiro naturalista a asseverar num evento científico que plantas são providas de inteligência. No congresso anual da Associação Britânica para o Avanço da Ciência, como relata Stefano Mancuso, o professor de fisiologia vegetal declarou em termos inequívocos que as plantas eram organismos inteligentes, não tão diferentes assim de animais.[12] Paco Calvo acompanha Darwin e Mancuso ao concluir que as plantas são capazes de integrar informações do meio e exibem flexibilidade suficiente para modificar o próprio comportamento de maneira a adequar-se às situações que o ambiente lhes apresenta, guardando inclusive memória disso, ou seja, elas agem no limiar tênue entre adaptação e cognição.

São célebres os experimentos de Monica Gagliano com a habituação das plantas dormideiras (*Mimosa pudica*), arbustos parentes da jurema-preta que fecham os folíolos quando perturbados: com a repetição do estímulo, como no caso de prateleiras com vasos que se movem para cima e para baixo, as folhas deixam de se fechar em algum momento, memória que se mantém por até quarenta dias. Mais que isso: elas têm também alguma forma de discernimento, pois voltam a dobrar os folíolos se o movimento do suporte se der lateralmente, da esquerda para a direita e vice-versa, não mais para baixo e para cima.

O fato de a ciência ainda não ter sido capaz de estabelecer quais são os mecanismos, órgãos sensoriais e vias de processamento de informação que permitem às plantas comportar-se de maneira, digamos, "intencional" não autoriza concluir que sejam seres carentes de inteligência, por não possuírem cérebros para integrar dados e engendrar ações de maneira centralizada. Talvez seja mais o caso de ampliar o conceito de inteligência e passar a enxergar a cognição animal e humana como casos especiais e particularmente complexos de um atributo mais geral dos seres vivos. Calvo fala de uma neurobiologia de seres sem neurônios, capazes de processamento preditivo: "Precisamos vê-las, a exemplo de animais, como processadores de informação com algoritmos complexos que transformam dados sensoriais em representações do mundo exterior".

Para Mancuso, a inteligência das plantas acompanha sua arquitetura modular, cooperativa e distribuída, sem centros de comando, capaz de suportar predações catastróficas e repetidas. O "órgão" mais importante do vegetal seria o sistema radicular, essa miríade de terminais de raízes que crescem em todas as direções na terra, amostrando ao mesmo tempo a presença de água, nutrientes e outros organismos, de plantas competidoras a fungos e microrganismos simbiontes ou patogênicos, informações que orientam tanto o crescimento de cada gêmula como do sistema inteiro: "É, portanto, todo o sistema radicular que guia a planta, como uma espécie de cérebro coletivo, ou melhor, de inteligência distribuída em uma superfície que pode ser enorme". Num único centímetro cúbico de solo já se contaram mais de mil radículas, o que equivale a dizer que milhões ou bilhões delas tateiam, como um enxame obscuro, o solo em torno de uma única árvore da floresta.

Plantas fazem coisas ainda mais intrigantes, em comportamentos que só hesitamos em descrever como intencionais porque tendemos a conceber a intencionalidade como atributo exclusivo de indivíduos com anatomia fixa, mobilidade e duração de vida pré-programada, não de seres compostos por coletivos de partes mais ou menos autônomas, com vocação para perpetuar-se ou, ao menos, sobreviver numa perspectiva temporal muito mais alargada que a de espécimes animais. Essa agência das plantas, por assim dizer, fica evidente em sua peculiar capacidade de manipular o próprio comportamento animal, como no caso de mais de 3 mil espécies vegetais mirmecófilas conhecidas desde o século 19, plantas capazes de atrair e dirigir, por meio de néctares florais, formigas cuja presença maciça lhes garante uma guarda pretoriana contra predadores. Ronald Siegel, no livro *Intoxication*, dá exemplos copiosos de interações ecológicas em que animais se tornam dependentes de substâncias produzidas por plantas, em especial de alcaloides que lhes alteram a percepção e a cognição, como os psicodélicos mescalina, DMT, psilocibina, ergotamina e ibogaína. O hábito observável de roedores e outros animais que sempre retornam para consumir frutos, folhas ou sementes intoxicantes teria dado pistas a seres humanos sobre maneiras garantidas de sucumbir a uma pulsão universal por inebriar-se e borrar as fronteiras que separam objetos do mundo externo daqueles que povoam a mente que sonha, devaneia, delira ou viaja.

Essa visão mais maleável de plantas como seres dotados de agência, ainda que não de consciência como a conhecemos, reconhece-lhes uma dignidade própria que vem, aos poucos, modificando seu status na *Scala Naturae* medieval, a grande cadeia dos seres que tem Deus no ápice e vai decaindo com anjos, humanos, animais, vegetais e minerais. Assim como, desde a modernidade, os humanos vêm se distanciando de seres angélicos para melhor acomodação entre os animais, hoje as plantas começam a ser vistas menos como membros de uma casta comparável à dos seres inanimados e mais como integrantes de uma classe ampliada de seres vivos libertados do jugo do transcendentalismo. O filósofo Michael Marder exemplifica essa migração categorial citando o consenso acerca de plantas do Comitê Federal Suíço de Ética sobre Biotecnologia Não Humana, firmado em 2008, pelo qual a vida vegetal não só merece ser tratada com o tipo de dignidade conferida a todos os seres vivos como tem um valor moral absoluto.

Marder vai buscar na inteligência das plantas as sementes de um pensamento pós-transcendentalista, na medida em que as concebe como as ervas invasoras da metafísica, desvalorizadas, indesejadas em seu jardim cuidadosamente cultivado e mesmo assim crescendo por entre as categorias clássicas de coisa, animal e humano. Assim como Immanuel Kant alicerçou o edifício da razão pura nas formas da percepção, ele encontra na base do comportamento das plantas uma espécie de nível zero da vitalidade de todos os seres, aquela existência que chamamos, não por acaso, de "vegetar" (por exemplo, quando uma pessoa permanece em coma ou inconsciente, mas viva), e que por isso constitui uma precondição para o próprio pensamento — um protopensamento, por assim dizer, embora o autor não use tal palavra. Não propriamente o pensamento de um indivíduo, mas de algo como um coletivo relativamente desorganizado, que faz a planta exibir certa indiferença quanto a ver suas partes consumidas por outros seres, com os quais compartilha o que há de mais essencial no mundo vivo: nutrição e reprodução. Vegetais são presas por excelência, em geral incapazes de predar o que quer que seja (plantas carnívoras representam a exceção a confirmar a regra). Num gesto conceitual ousado, Marder descreve a disposição vegetal como generosidade e hospitalidade, em sua negação estrutural da dicotomia sujeito-objeto e, por consequência, de toda dominação — algo de que temos lições a tirar, tanto para a sociabilidade quanto para a filosofia e a ecologia.

Isso que Marder denomina de "pensamento-planta" se diferencia do que entendemos como pensamento por ficarem as plantas, literal e figuradamente, enraizadas no solo escuro, incapazes de decidir para onde ir, motivo pelo qual desenvolvemos uma cegueira diante delas, relegando-as ao plano de coisas inanimadas porque imóveis, uma vez que não se confundem com seres que só almejam movimentar-se para longe da escuridão e elevar-se em direção à luz (aqui no sentido figurado peculiar ao transcendentalismo, que coloca o espírito acima da matéria). "A lógica viva da planta prevalece sobre magníficos sistemas de pensamento", indica o filósofo numa passagem particularmente expressiva, "como a árvore que, com suas raízes, exerce pressão, se levanta e finalmente rompe placas de concreto que recobrem suas partes subterrâneas." Limítrofe, o vegetal faz a mediação entre a terra e o céu, entre a sombra e a luz, extraindo do solo os nutrientes que emprega para crescer, reproduzir-se e nutrir a cadeia alimentar de animais que se locomovem na superfície.

Essa existência liminar, ou o que se poderia chamar de intencionalidade não unidirecional, sugere que um modo alternativo de pensar deve desviar-se tanto do empiricismo crasso quanto dos excessos metafísicos, advoga Marder. O transcendentalismo peca por desconhecer tudo que se enraíza na matéria morta e escura da mente, como o inconsciente e os espectros, sempre à espreita, da fome, da predação, do abandono e da morte — algo como o porão trevoso da alma entrevisto por mim após a segunda dose de DMT inalada no experimento do Instituto do Cérebro da UFRN, narrado no início deste livro. "Algo da alma vegetal em nós propicia o desabrochar do pensamento", propõe o filósofo. E a lição a extrair desse reconhecimento seria tornar-se mais receptivo ao polo sombrio da vida, reconectar-se com as raízes do inconsciente sem repudiar a luz, "remodelar-se — ao pensamento e à própria existência — como uma ponte entre elementos divergentes: tornar-se um lugar em que o céu se mancomuna à terra e em que a luz encontra, mas não dissipa, a escuridão".

Ninguém precisa convencer-se, decerto, de que plantas pensam no sentido em que Marder e Calvo o concebem, pois essa visão pode ser fácil e equivocadamente confundida com um animismo tosco. Ambos os autores se antecipam a essa objeção e esclarecem que não se trata de antropomorfizar os vegetais nem de lhes conferir pessoalidade, mas de reconfigurar nossa maneira de encará-los e passar a respeitá-los como seres dignos de existir, consumindo-os, quando for o caso, não como predadores vorazes, mas com a moderação de comensais civilizados. Na minha visão, ninguém perderá nada se encarar ao menos metaforicamente suas ideias incomuns sobre as plantas. Não será nada mau para o meio ambiente e a sobrevivência da espécie humana se, guiados pelo que a ciência vem revelando sobre o comportamento de plantas, nos aproximarmos da visão inclusiva que povos originários têm sobre elas e todos os seres vivos. Do ponto de vista do conhecimento, recomenda Jeremy Narby, seria desejável tornarmo-nos epistemologicamente bilíngues:

> Acredito que a chave para integrar esses dois sistemas de saber [o xamânico e o científico] é fazer vaivéns frequentes entre eles e durante um longo período. É fazendo malabares que nos tornamos malabaristas. E, mesmo que isso exija tempo e entrega, parece-me que, no fim das contas, os bilíngues se divertem mais.[13]

O mesmo se pode dizer de juremeiros e de psiconautas em geral, que falam uma língua tão diversa de nosso idioma cartesiano, mesmo sem aderir às suas convicções mais fantásticas — como procurei dar testemunho com este livro.

ESPINOSA SEM DEUS: COMO NATURALIZAR A ESPIRITUALIDADE COM PSICODÉLICOS

Em abril de 2019 participei como voluntário de pesquisa num estudo sobre efeitos do LSD na cognição e me lembro vividamente da irritação por ter de responder, sob efeito do psicodélico, a uma batelada de questionários psicométricos. Um deles se revelou particularmente exasperador: o Questionário de Experiência Mística. Não que eu soubesse o nome na época, mas mesmo naquele estado alterado conseguia discernir o claro propósito de enquadrar a viagem lisérgica numa moldura religiosa, ou quase, propósito embutido naquelas três dezenas de quesitos como "experiência de fusão de si próprio com um todo maior", "experiência de unidade com a realidade última" e "sentimento de que experimentou algo profundamente sagrado e santo". Para um ateu renitente, tal repertório nem de longe serviria para circunscrever as vivências daquele dia memorável.[14] Também foi profundamente decepcionante ser excluído de um levantamento on-line da Universidade Johns Hopkins sobre mudanças de crença como resultado de experiências psicodélicas assim que respondi com um "não" à primeira pergunta sobre ter passado por alguma alteração profunda de convicções metafísicas.[15] Psiconautas ateus que não deixaram de sê-lo decididamente não interessavam à pesquisa psicodélica ressurgida das cinzas.

Mesmo que não seja o caso de duvidar por isso da honestidade intelectual num centro de referência como o da Johns Hopkins, era e é certo que permanece uma questão crucial para o jornalista de ciência que se aventura no reino encantado da jurema, entre outros domínios do universo psicodélico: o que fazer e o que pensar das visões, presenças e emoções profundas experimentadas sob efeito de substâncias alteradoras da consciência, ou mesmo sem elas, ao participar de rituais da Jurema. Seria desonesto silenciar sobre tais vivências ou mantê-las numa contabilidade separada, por seu papel central tanto nos benefícios psicológicos obtidos na esfera individual quanto na motivação para escrever sobre o assunto — justamente o potencial terapêutico redescoberto pela pesquisa biomédica. É imperativo decidir: ou as visões, presenças e emoções integram a realidade independente do sujeito, ou não integram, reduzindo-se a ficções produzidas pela mente perturbada por compostos químicos, o que se chama pejorativamente de alucinações.

Como prevalecia de partida minha recusa a tomá-las como manifestações de outras realidades, de entidades sobrenaturais ou do divino, a qualidade noética dessas representações — a saber, a sensação hiper-real de que se fazem acompanhar — clamava por alguma explicação ancorada no pressuposto basilar da ciência de que o mundo natural é a única realidade que existe. Não como uma afirmação incomprovável e infalseável sobre o Ser, seja ele Deus ou qualquer outra figura de uma consciência universal, mas como uma regra de procedimento para investigar a estrutura do mundo, uma diferença crucial para nortear a ciência e o jornalismo que o filósofo Chris Letheby estabelece entre os conceitos de naturalismo metafísico e naturalismo metodológico.[16] Na impossibilidade de provar que existam ou não outras realidades, só nos resta fazer pesquisas e reportagens de ciência partindo da premissa provisória de que aquela percebida à nossa frente é a única passível de mensuração e abordagem racional (pondo entre parênteses em nome do método científico, e não censurando com arrogância metafísica, que outras abordagens sejam possíveis).

No centro das preocupações do filósofo da Universidade da Austrália Ocidental está a "objeção da ilusão reconfortante" levantada contra a psicoterapia assistida por psicodélicos: seria ilegítimo e antiético usar drogas que produzem delírios e alucinações sobrenaturais para amenizar transtornos mentais, porque ao mesmo tempo a medicina estaria induzindo o paciente a erro, a iludir-se sobre a realidade. Letheby refuta a objeção apontando a falsidade da premissa de que o mecanismo terapêutico por excelência esteja na experiência mística, quer dizer, na indução ou no fortalecimento de crenças metafísicas não naturalistas. Essa é apenas a moldura com que algumas pessoas (e, infelizmente, alguns pesquisadores) tendem a enquadrar essas vivências paradoxais, em que o indivíduo se vê tomado por um sentimento oceânico de unidade a acompanhar um fluxo de imagens e emoções que lhe parecem produzidas alhures. Outra maneira de ver a questão indicaria que isso decorre somente da chamada dissolução do ego, o relaxamento de redes e padrões de funcionamento do cérebro, ou, se quiserem, da mente, que substâncias como a DMT da jurema-preta induzem. Nem toda experiência psicodélica é integrada às representações do psiconauta como uma vivência mística.

O pensador australiano recorre ao termo *unselfing* (que se poderia traduzir aproximadamente por "despersonalização"), cunhado em 1970 pela filósofa irlandesa Iris Murdoch, para se referir ao que o neurocientista Robin Carhart-Harris, um dos luminares do presente "renascimento", conceitua como aumento de entropia na comunicação entre áreas do cérebro, que se torna menos rígida, ou modelo *Relaxed Beliefs Under Psychedelics* [Crenças relaxadas sob efeito de psicodélicos] — REBUS, em inglês. Uma flexibilização do pensamento e da autopercepção que aproximam o psiconauta do filósofo: "Tanto a filosofia quanto a experiência psicodélica envolvem centralmente expor e escrutinar nossas crenças mais fundamentais e usualmente não examinadas sobre nós e o mundo, tornando visíveis e, portanto, dubitáveis, nossas presunções fundacionais", diz Letheby.

Psicodélicos dão acesso não a outras realidades, mas a outras fenomenologias. Vale dizer, a maneiras alternativas de sentir e compreender a si, ao mundo e ao modo com que nos acostumamos a relacioná-los. Abrem-se frestas no ego cristalizado — que a própria neurociência não se cansa de denunciar como ilusório, de cambulhada com a noção de livre-arbítrio — para que floresçam ou se enraízem novas representações e interpretações. Negar a realidade empírico-fenomenológica desse processo de flexibilização, atribuindo-lhe um caráter fundamentalmente místico que só uma parcela dos psiconautas reporta, é o grande erro da objeção contra a ilusão reconfortante. Afinal, não se trata de delírios, quando muito do que ayahuasqueiros chamam de mirações, que ninguém é tonto de confundir com a realidade externa (a não ser em casos excepcionais e patológicos). Ter os olhos e a alma inundados por maravilha, espanto e gratidão com a mera existência do mundo é um corolário benfazejo da experiência psicodélica, uma comunhão espiritual com a natureza que não chega a ser mística, talvez tão-somente estética, no sentido pleno da palavra, derivada como é daquele nível zero de consciência, por assim dizer de pré-consciência, que está na raiz existencial de todos os seres vivos: o impulso primevo de manter-se vivo, nutrir-se, crescer e perpetuar a vida pela reprodução — dando à luz, como se diz.

Outro filósofo psicodélico, Peter Sjöstedt-Hughes, da Universidade de Exeter, na Inglaterra, recorre ao pensamento de Espinosa para dar conta da perspectiva estonteante que se abre sob o efeito de psicodélicos. Essas substâncias seriam um veículo privilegiado para aceder ao *Amor Dei intellectualis*, um modo intuitivo de conhecimento em que se vislumbra que Deus é natureza e que não há separação substancial entre mente e matéria, a dicotomia preceituada por Descartes. "Nesses lampejos excepcionais *nós próprios* nos sentimos eternos, e nisso reside nossa imortalidade", descreve Sjöstedt-Hughes, "não como uma alma que perdura além do corpo, mas como uma mente que se dissolve na eternidade, mesmo que passageira."[17] Para o filósofo de Exeter, certos estados psicodélicos podem ser entendidos melhor por meio do sistema espinosista, assim como o sistema espinosista pode ser intuído por meio de certos estados psicodélicos. Espinosa é monista, ou seja, concebe mente e matéria como atributos (expressões) de uma mesma substância, Deus-Natureza, que é imanente e não transcendente. Desaparece, assim, o problema ontológico e epistemológico da relação entre mente e matéria, sujeito e objeto, cultura e natureza, conhecimento e coisa em si, uma vez que não pode haver interação no que é uno, assim como Vésper e Vênus não podem interagir no céu porque são apenas dois nomes para o mesmo planeta.

Como Letheby, Sjöstedt-Hughes não está empenhado só em compreender a experiência psicodélica, mas em conceituar suas bases fenomenológicas para fundamentar, legitimar e aprofundar-lhe o uso terapêutico. Seu trabalho tem contribuído para desfazer um pouco da mixórdia metafísica que ainda parasita a ciência psicodélica do século 21, por exemplo, ao propor em 2023 um Questionário de Matriz Metafísica para auxiliar pacientes e terapeutas a esclarecer ideias confusas que normalmente temos a respeito da realidade e que podem resultar ainda mais embaralhadas após sessões psicodélicas. Eis aí uma boa ferramenta para pôr em seu devido lugar a mal disfarçada mística transcendental-perenialista na base de muita pesquisa clínica, refletida, como vimos, no ubíquo MEQ. O MMQ, de seu lado, mobiliza o conhecimento analítico acumulado, ao longo de milênios, sobre as muitas concepções metafísicas possíveis acerca do mundo e de seu modo de existir. São quarenta afirmações para o respondente concordar ou discordar, agrupadas em grandes temas, como estas três frases no grupo Idealismo: "Só a minha mente existe (solipsismo)"; "A realidade que percebemos é uma projeção de nossas mentes (idealismo em geral)"; "Toda entidade tem uma mente e a realidade aparece diferentemente para cada uma dessas entidades (idealismo monádico)".

Ao entrevistar Sjöstedt-Hughes sobre o questionário para o blog Virada Psicodélica, enviei-lhe minhas reações aos quarenta itens (discordei desses três citados sobre idealismo) e pedi que comentasse, ao que ele respondeu: "É particularmente interessante que você pareça ter uma crença emergentista, mas com alguma simpatia pelo monismo neutro".[18] Explicando: emergentismo corresponde à convicção de que atividade mental não é o mesmo que atividade cerebral, mas emerge dela; e monismo neutro implica a noção de que o físico e o mental são dois aspectos de uma mesma substância fundamental (na minha concepção, a matéria). Como bom filósofo, ele não parou aí e lançou uma semente provocadora de reflexão: "Pergunto-me se você acredita que o cérebro é necessário para a vida mental [*mentality*], ou se poderia aceitar formas básicas de vida mental em, digamos, bactérias".

Se já não é nada trivial convencer-se de que plantas possuem algo como pensamento, estender esse atributo ao nível basal de microrganismos pareceu uma cartada de risco num jogo com apostas pesadas, mas decidi mostrar o que tinha à mão. Respondi que não iria até o ponto de admitir vida mental em bactérias; quem sabe, alguma forma de senciência. Foi o termo que me ocorreu na ocasião para qualificar o contínuo evolucionista da capacidade de sentir em diferentes organismos, de modo a contornar a falaciosa separação categórica entre humanos racionais, conscientes, e o restante da natureza viva, quando muito intuitiva, desprovida de autopercepção. Eu ainda não tinha lido Marder, Calvo e Mancuso, mas percebo hoje que já me inclinava a considerar de boa vontade o que eles concebem, cada um à sua maneira, como pensamento-planta. Se cianobactérias têm clorofila e fazem fotossíntese, não estão talvez tão distantes evolutivamente das plantas quanto nós, humanos, estamos dos vegetais. O fenômeno da vida se manifesta num espectro que varia em complexidade, não em essência, entre os seres artificialmente hierarquizados na medieval Grande Cadeia dos Seres: todos têm em comum a produção de soluções para enfrentar a própria finitude, nutrindo-se, crescendo e reproduzindo-se; suas diferenças estão nas vias metabólicas, genéticas, anatômicas, informacionais e ecológicas que constroem evolutivamente para seguir vivendo.

De volta ao Espinosa de Sjöstedt-Hughes, essa pulsão vital corresponderia ao que o filósofo do século 17 entendia por *conatus*, o impulso de perseverar no próprio ser, que de resto serve como critério único de valor, quer dizer, um ponto de apoio para discernir o que é bom do que é mau, não existindo valores absolutos fora da natureza. Vista a questão na perspectiva do século 21, parece hoje dispensável promover a identidade espinosista entre Natureza e Deus e lícito reter apenas a ideia de uma ética que seu adepto psicodélico de Exeter qualifica como meramente descritiva e naturalista, não prescritiva ou transcendental. Dessa perspectiva, o estágio final da virtude corresponderia à "maestria sobre as 'paixões', sobre as emoções negativas que, ao cabo, incluem o medo da morte que aflige a humanidade". Ao intuir a morte como fusão no todo e não como aniquilação, o *Amor Dei intellectualis* se manifesta também como conexão com a natureza, por assim dizer uma espécie de secularização da noção de sagrado, ou naturalização da espiritualidade, que serve bem de fundamento para uma ética à altura do desafio social e ecológico do presente, num mundo às voltas com os vírus emergentes na saúde pública e na doença das redes sociais, com os erros e desatinos da inteligência artificial e com a crise climática galopante.

Letheby fala de psicodélicos como ferramentas de *biomelhoramento moral*, algo mais vasto que o simples benefício terapêutico investigado metodicamente pela biomedicina em testes clínicos. Empregadas com sabedoria, as substâncias alteradoras da consciência podem contribuir para um aperfeiçoamento da conduta inspirado no modelo oferecido pelo pensamento-planta de que falam Marder, Calvo e Mancuso, focalizando menos a satisfação de necessidades, desejos ou ideais particulares e mais a celebração genérica da vida. Essa foi a melhor solução que encontrei para os enigmas e perplexidades suscitados por psicodélicos como a DMT e pelo contato com os reinos encantados da Jurema que enfeitam o Nordeste brasileiro: uma espécie de espinosismo sem Deus para atrapalhar.

Agradecimentos

Este livro não existiria sem a dedicação serena de Dráulio de Barros Araújo à ciência psicodélica e seu apreço pelo jornalismo e pela divulgação científica. Ao me procurar em São Paulo na última semana de 2021, levou como presente de Natal a semente da DMT na Jurema — a planta, a bebida, a religião, a ciência, a cabocla. Devo a ele e a Juliana Barreto, sua companheira, muitas horas e dias de boas conversas, boas comidas, boas acolhidas e boas energias. O mesmo vale para a infatigável equipe do Instituto do Cérebro da UFRN, à qual estendo gratidão especial nas pessoas de Fernanda Palhano-Fontes, Nicole Galvão-Coelho, Marcelo Falchi, Isabel Wiessner, Lucas Maia e Bruno Lobão. Embora não diretamente relacionadas com jurema-preta, as conversas natalenses com Sidarta Ribeiro e Luiza Mugnol-Ugarte também renderam muitas ideias, iluminações e alegrias.

Todos eles, de uma maneira ou outra, estavam já presentes na manufatura de meu livro anterior, *Psiconautas: Viagens com a ciência psicodélica brasileira* (Fósforo, 2021), na companhia inspirada de Bia Labate, Stevens Rehen e Luís Fernando Tófoli, que por isso mesmo também deitaram suas raízes neste volume. Ainda no campo das ciências naturais humanas devo muito, quase tudo que aqui vai, aos cientistas sociais Rodrigo Grünewald, Sandro Guimarães de Salles, Luiz Assunção, Estêvão Palitot, Dilaine Sampaio, Guilherme Medeiros e Miguel Bittencourt, a quem agradeço pelo tempo e pela paciência investidos em longas entrevistas e breves encontros. À distância, nas fontes dos livros imprescindíveis em que fui matar a sede da ignorância, dialoguei sobre histórias e cosmologias com Eduardo Viveiros de Castro, Marshall Sahlins, Ronaldo Vainfas, Jeremy Narby, Mário de Andrade, Luís da Câmara Cascudo, René Vandezande, Clarice Novaes da Mota, Clélia Moreira Pinto, Luiz Antonio Simas e Reginaldo Prandi.

Ao refletir sobre as implicações filosóficas e epistemológicas dos usos tradicionais e científicos da DMT da jurema-preta, tema dos capítulos finais, socorri-me das obras de pesquisadores do quilate de Michael Marder, Stefano Mancuso, Paco Calvo, Peter Sjöstedt-Hughes, Chris Letheby e J. Christian Greer. A eles devo o estímulo decisivo para retomar as delícias desse estado alterado de consciência chamado filosofia.

Toda a informação e todo o saber acumulados em bibliotecas físicas e virtuais, porém, seriam de pouca ou nenhuma valia sem os testemunhos recolhidos entre os povos e nas comunidades que consagram a *Mimosa tenuiflora* em áreas indígenas, rurais e urbanas. Para elas e eles, os detentores da primeira ciência da jurema, vai meu maior agradecimento (pela ordem de entrada nos capítulos): Nayanne Alves dos Santos, Raquel Néri de Freitas (Dona Raquel), João José da Silva (Mestre Ciriaco), Severina Paulino de Souza (Mestra Nina), Lucas Paulino de Souza, Eriberto Carvalho Ribeiro (Pai Beto de Xangô), Alexandre L'Omi L'Odó, Joanah Flor, Edézia Maria da Conceição Feitoza (Dona Deza), Afonso Enéas, Elaine Patrícia de Sousa Oliveira, Abdon dos Santos (Xixiá Fulni-ô), Rangel Lúcio de Matos (Ytoá Fulni-ô), Isaias Marculino da Silva (Guarapirá), Manuel Pedro dos Santos (Manezinho), Maria das Dores dos Santos (Dorinha), Alessandra Rossi, Paulo de Azevedo (Purna), Alexandre Barreto, Juracy Marques, Rômulo Angélico, Orestes Mineiro, Paulo Alcântara, Margarida Tapeba, Maria Salete Pessoa Guimarães, Mark Ian Collins e Jan Clefferson Costa de Freitas. Por fim, mas não menos importante, fui agraciado com o prefácio generoso de uma pensadora do povo pankararu de Pernambuco, Elisa Urbano Ramos, por inspirada indicação de Daiara Tukano — recebam as duas meus votos de gratidão.

Não posso deixar de agradecer, acima de tudo e das próprias convicções, às Mestras e aos Mestres da Jurema que romperam a couraça cartesiana para tocar-me o coração: Zé Pelintra, Zé Bebim, Malunguinho, Cigana, Capitão das Matas e Ritinha.

Várias outras pessoas contribuíram para que este livro se materializasse. Na *Folha de S.Paulo*, onde se originaram muitas das reportagens que lhe deram corpo, foi crucial o apoio de Sérgio Dávila, Vinicius Mota, Roberto Dias e Marcos Augusto Gonçalves. Na editora Fósforo, contei mais uma vez com a mão segura de Rita Mattar e a leitura atenta de Juliana de Araujo Rodrigues e Bonie Santos, sem as quais esta obra seria bem menos clara e legível. Em casa, com o carinho e a compreensão de Claudia Kober, companheira de mais de quatro décadas que leu todos os capítulos nas versões iniciais e deu sugestões decisivas para tornar sua leitura mais palatável, e das filhas Ana Kober e Paula Leite (que também leu o primeiro manuscrito). A esse trio de mulheres fortes dedico este livro, na companhia dos netos Alice, Tomás, Antônio e Marina.

Linha do tempo*

1580 Santidade de Jaguaripe no Recôncavo Baiano, manifestação de resistência religiosa à dominação colonial, já com elementos de sincretização de rituais indígenas com matrizes espirituais europeias

1640 O alemão Zacharias Wagener pinta *A dança do calundu*, em Pernambuco, considerado um dos primeiros registros iconográficos de sincretismo entre rituais africanos, pajelança indígena e catolicismo

1671 Padre francês Martinho de Nantes vive entre os kariri da Paraíba e fala de feiticeiros que davam suco de ervas amargas a jovens para atuarem na caça e na pesca

1720 Primeira menção nominal à jurema em denúncia para o Santo Ofício

1741 Carta do governador da capitania de Pernambuco narra prisão de indígenas canindé feiticeiros da aldeia de Boa Vista (PB), com "visões", inimigos da igreja e menção à jurema

1743 Carta de frei José de Calvatam dá pormenores de ritual de Jurema em aldeias dos corema

1749 Construção da Igreja Nossa Senhora da Assunção em Alhandra (PB), seguida de um mosteiro de frades franciscanos

1756 Frei Fidelis de Partana interroga três indígenas paiacu tidos como feiticeiros que usavam jurema e maracás

* Esta cronologia, não sendo obra de historiador, não pretende ser exaustiva, apenas ilustrar a ocorrência paralela de eventos religiosos, sociais, culturais e científicos relacionados à Jurema.

1757 Marquês de Pombal cria Diretório dos Índios para tutelá-los, conforme lei de 1755 baixada por d. José I

1758 Proibição direta da Jurema. Indígena de nome Antônio preso e morto em Mepibu (RN), por praticar "adjunto de jurema"

1758 Criação da vila de Alhandra, por determinação do diretório pombalino

1762 Criação das vilas de São Miguel da Baía da Traição e de Monte-Mor da Preguiça (PB), a partir de aldeamentos indígenas dos potiguara

1765 Aldeamento Aratagui efetivado como vila com o nome de Alhandra

1775 D. José I eleva aldeamentos a vilas sob jurisdição do Diretório dos Índios

1779 Médico José dos Santos denuncia feiticeiros José Pereira, Manuel Lira e Francisco ao Santo Ofício por empregarem jurema e "ilusões diabólicas"

1781 Denúncia contra Francisco Pessoa, capitão-mor da vila Camaleão, acusado de cozinhar, na companhia de indígenas, uma imagem de Cristo em água de raiz de jurema

1832 Indígenas fulni-ô doam parte de sua terra para construção da igreja de Nossa Senhora da Conceição, no que é hoje a cidade de Águas Belas (PE)

1835 Morte de João Batista, último líder Malunguinho do quilombo de Catucá (PE)

1836-8 Seita juremeira em Pedra Bonita promove sacrifício de 43 pessoas na serra do Catolé (PE)

1850 Lei Imperial de Terras extingue aldeamentos, integra-os a cidades nascentes e abre campo para arrendamentos

1865 José de Alencar menciona bebida "jurema" em *Iracema*

1865 Antonio Gonçalves da Justa Araújo demarca lotes para indígenas em Alhandra

1908 Zélio Fernandino de Morais incorpora Caboclo das Sete Encruzilhadas em sessão espírita no Rio de Janeiro e dá início à Umbanda kardecista

1910 Maria Eugênia (Maria do Acais 2) volta de Recife para Alhandra ao herdar a fazenda de Maria Gonçalves de Barros (Maria do Acais 1), irmã de Ignácio Gonçalves de Barros, pajé e último "regente dos índios"

1920 Serviço de Proteção aos Índios (SPI) inicia reconhecimento de terras indígenas no Nordeste

1927 Ascenso Ferreira publica livro de poemas *Catimbó*, que desperta atenção de Mário de Andrade

1928 Mário de Andrade tem o corpo "fechado" por catimbozeiros em Natal

1931 Químico teuto-canadense Richard Manske sintetiza o composto N,N-dimetiltriptamina (DMT)

1932 Maria do Acais 2 constrói Capela para São João Batista

1937 Morre Maria do Acais 2

1938 Gonçalves Fernandes publica *O folclore mágico do Nordeste*, com capítulo "As mesas de Catimbó. Ritual mágico", em que relata biografia de Maria do Acais

1938 Missão de Pesquisas Folclóricas, organizada por Mário de Andrade, registra vários cânticos do Catimbó no Nordeste

1939 Primeira Federação de Umbanda

1941 Primeiro Congresso de Espiritismo e Umbanda

1945 Roger Bastide publica *Imagens do Nordeste místico em preto e branco*, em que apresenta Catimbó como de origem indígena

1946 Oswaldo Gonçalves de Lima publica o artigo "Observações sobre o 'vinho da Jurema' utilizado pelos índios pancarú de Tacaratú (PE)" e relata isolamento da substância psicoativa que chama de nigerina (DMT)

1951 Luís da Câmara Cascudo publica *Meleagro*, sobre Catimbó

1956 Químico e psiquiatra húngaro Stephen Szara injeta extrato de jurema--preta no próprio corpo e comprova efeito psicodélico da DMT

1957 Primeiro templo da Assembleia de Deus em Alhandra

1959 Morre Flósculo, filho de Maria do Acais

1966 Lei nº 3443 da Paraíba garante liberdade religiosa e cria Federação de Cultos Africanos (PB)

1971 Presidente norte-americano Richard Nixon declara Guerra às Drogas, que levará à proibição de substâncias psicodélicas em quase todo o mundo

1975 René Vandezande defende a dissertação de mestrado *Catimbó: Pesquisa exploratória sobre a forma nordestina de religião mediúnica*

1985 MDMA (ecstasy) entra para a lista de substâncias proibidas nos EUA

1993 Farmacologista norte-americano Jonathan Ott publica *Pharmacotheon*, compêndio sobre psicodélicos, que chama de enteógenos, com destaque para a DMT

2000 Rick Strassman lança o livro *DMT: A molécula do espírito*

2006 Primeiro festival Kipupa Malunguinho, em Pernambuco, organizado por Alexandre L'Omi L'Odó

2006 Luiz Assunção publica o livro *O reino dos mestres: A tradição da jurema na Umbanda nordestina*

2006 Roland Griffiths, da Universidade Johns Hopkins (EUA), publica artigo pioneiro "Psilocibina pode ocasionar experiências de tipo místico com significado pessoal substancial e sustentado e significância espiritual"

2007 Começa o processo de tombamento do Acais no Instituto do Patrimônio Histórico e Artístico do Estado da Paraíba (Iphaep)

2007 Lei Malunguinho (Lei Municipal nº 13 298, de Recife) institui Semana Municipal de Vivência e Prática da Cultura Afro-Indígena Pernambucana

2008 Rodrigo Grünewald publica capítulo "Jurema e novas religiosidades metropolitanas" no livro *Índios do Nordeste: Etnia, política e história*

2009 Passeata da Paz, em defesa de uma "cidade" da Jurema (árvore sagrada), se realiza em 20 de junho em Alhandra

2009 Tombamento do Acais aprovado pelo Iphaep em 30 de setembro, mas a casa já estava demolida a mando do dono do terreno

2009 Passeata da Vitória em Alhandra, em 15 de novembro, comemora o tombamento do Acais, embora só tenha sobrevivido a Capela para São João Batista

2010 Sandro Guimarães de Salles publica o livro *À sombra da Jurema Encantada: Mestres juremeiros na umbanda de Alhandra*

2012 Guilherme Medeiros defende, na Universidade de Clermont-Ferrand (França), a tese de doutorado *O uso ritual da jurema entre os ameríndios do Brasil: Repressão e sobrevida de costumes indígenas na época da conquista espiritual europeia (séculos 16-18)*

2012 Neurocientista Dráulio de Araújo publica, com colaboradores da USP de Ribeirão Preto, o artigo "Vendo com os olhos fechados: Base neural de imagens intensificadas após ingestão de ayahuasca"

2017 Alexandre L'Omi L'Odó defende a dissertação de mestrado *Juremologia: Uma busca etnográfica para sistematização de princípios da cosmovisão da Jurema Sagrada*

2018 Araújo publica com colegas da UFRN o artigo pioneiro "Efeitos antidepressivos do psicodélico ayahuasca em depressão resistente a tratamento: Um ensaio randomizado com controle de placebo", sobre efeito terapêutico da DMT

2021 Grupo de Araújo no Instituto do Cérebro (ICeUFRN) inicia Projeto Dunas, para investigar inalação do psicodélico DMT da jurema-preta contra depressão

2024 ICeUFRN publica artigo "Os efeitos antidepressivos da N,N-dimetiltriptamina vaporizada: Um ensaio aberto em depressão resistente a tratamento", com resultados de teste clínico

2024 Agência norte-americana de fármacos FDA rejeita pedido de licença para tratar com MDMA transtorno de estresse pós-traumático, postergando nos EUA a legalização de terapias psicodélicas

Bibliografia

ALBUQUERQUE, Marcos Alexandre dos Santos. *Destreza e sensibilidade: Os vários sujeitos da jurema (as práticas rituais e os diversos usos de um enteógeno nordestino)*. Campina Grande: UFCG, 2002. Monografia (Tese de Conclusão de Curso).

ANDRADE, Mário de. *Música de feitiçaria no Brasil*. São Paulo: Livraria Martins Editora, 1963.

______. *O turista aprendiz*. Belo Horizonte: Garnier, 2020.

ARAÚJO, Dráulio B. de et al. "Seeing with the Eyes Shut: Neural Basis of Enhanced Imagery Following Ayahuasca Ingestion". *Human Brain Mapping*, v. 33, pp. 2550-60, nov. 2012.

ARRUDA, Sendi Reis. *Diversidade e estrutura genética de* Mimosa tenuiflora *(Wild.) Poir.: importante recurso florestal do semiárido brasileiro*. Jequié: Uesb, 2014. Dissertação (Mestrado em Genética, Biodiversidade e Conservação). Disponível em: <www2.uesb.br/ppg/ppggbc2/wp-content/uploads/2017/12/disserta%C3%A7%C3%A3o-final-sendi-arruda-1-watermark.pdf>. Acesso em: 20 dez. 2024.

ASSUNÇÃO, Luiz Carvalho. "A tradição do acais na Jurema natalense: memória, identidade, política". *Revista Pós Ciências Sociais*, v. 11, n. 21, pp. 143-66, jan./jun. 2014.

______. *O reino dos mestres: A tradição da Jurema na Umbanda nordestina*. Rio de Janeiro: Pallas, 2010.

BARKER, Steven. "N,N-Dimethyltryptamine (DMT), An Endogenous Hallucinogen: Past, Present, and Future Research to Determine Its Role and Function". *Frontiers in Neuroscience*, v. 12, artigo 536, 6 ago. 2018. Disponível em: <doi.org/10.3389/fnins.2018.00536>. Acesso em: 20 dez. 2024.

BARRETO, Marcus Vinícius Rios. *Malunguinho: da narrativa histórica à estética digital*. São Paulo: USP, 2021. Tese (Doutorado em Antropologia).

BASTIDE, Roger. "Catimbó". In: PRANDI, Reginaldo (Org.). *Encantaria brasileira: O livro dos mestres, caboclos e encantados*. Rio de Janeiro: Pallas, 2011.

BEIFUSS, Will; HANNA, Jon. "Jonathan Ott speaks..." Parte 1. *The Entheogen Review*, v. 8, n. 1, pp. 25-34, 1999.

BRASIL. Ministério do Desenvolvimento Social e Combate à Fome. *Alimento: direito sagrado — pesquisa socioeconômica e cultural de povos e comunidades tradicionais de terreiros*. Brasília: MDS, Secretaria de Avaliação e Gestão da Informação, 2011.

BREEN, Benjamin. *Tripping on Utopia: Margaret Mead, the Cold War, and the Troubled Birth of Psychedelic Science*. Nova York/Boston: Grand Central, 2024.

BROWN, David Jay. "An Interview with Rick Strassman". In: *Frontiers of Psychedelic Consciousness: Conversations with Albert Hofmann, Stanislav Grof, Rick Strassman, Jeremy Narby, Simon Posford, and others*. Rochester/Toronto: Park Street Press, 2015, pp. 141-56.

_______. *Frontiers of Psychedelic Consciousness: Conversations with Albert Hofmann, Stanislav Grof, Rick Strassman, Jeremy Narby, Simon Posford, and others*. Rochester/Toronto: Park Street Press, 2015.

BURGOS, Arnaldo Beltrão (Obá Tòwgún). *Jurema Sagrada: do Nordeste brasileiro à Península Ibérica*. Organização e apresentação de Ismael Pordeus Júnior. Fortaleza: Expressão Gráfica; Laboratório de Estudos da Oralidade/UFC, 2012. Disponível em: <repositorio.ufc.br/bitstream/riufc/41690/1/2012_liv_iapordeusjunior.pdf>. Acesso em: 20 dez. 2024.

CALVO, Paco. *Planta Sapiens: Unmasking Plant Intelligence*. Londres: The Bridge Street Press, 2022.

CÂMARA CASCUDO, Luís da. *Meleagro: Pesquisa do Catimbó e notas da magia branca no Brasil*. Rio de Janeiro: Agir, 1978.

CARLINI, Álvaro. *Cachimbo e Maracá: O Catimbó da Missão (1938)*. São Paulo: Centro Cultural São Paulo (CCSP), 1993.

CARLINI, Elisaldo A.; MAIA, Lucas O. "Plant and Fungal Hallucinogens as Toxic and Therapeutic Agents". In: GOPALAKRISHNAKONE, P.; CARLINI, C.; LIGABUE-BRAUN, R. (Orgs.). *Plant Toxins*. Dordrecht: Springer, 2019, pp. 1-44. Disponível em: <doi.org/10.1007/978-94-007-6728-7_6-2>. Acesso em: 20 dez. 2024.

CASTRO, Eduardo Viveiros de. "O mármore e a murta: Sobre a inconstância da alma selvagem". In: *A inconstância da alma selvagem e outros ensaios de antropologia*. São Paulo: Cosac & Naify, 2002.

CHAVES, Cristiano et al. "Why N,N-Dimethyltryptamine Matters: Unique Features and Therapeutic Potential Beyond Classical Psychedelics".

Frontiers in Psychiatry, v. 15, 5 nov. 2024. Disponível em: <doi.org10.3389/fpsyt.2024.1485337>. Acesso em: 7 jan. 2025.

COLAÇO BITTENCOURT, Miguel. *Fluxos de comunicação fulni-ô: Cosmologia, territorialidade e performance*. Recife: UFPE, 2022. Tese (Doutorado em Antropologia). Disponível em: <repositorio.ufpe.br/handle/123456789/51506>. Acesso em: 20 dez. 2024.

COLLINS, Mark. *O caminho de um juremeiro: O caminho de um filósofo pelo xamanismo do DMT derivado de plantas*. Fortaleza: Emanuel Angelo de Rocha Fragoso, 2023. Disponível em: <mark.pro.br/wp-content/uploads/2023/01/Livro-O-Caminho-de-um-juremeiro-21jan2023.pdf>. Acesso em: 20 dez. 2024.

COSTA, Surama Santos Ismael da. *Ritual da Lua Cheia: Espiritualidade e tradição entre os potiguara da Paraíba*. João Pessoa: UFPB, 2022. Tese (Doutorado em Ciências das Religiões). Disponível em: <repositorio.ufpb.br/jspui/handle/123456789/24225>. Acesso em: 20 dez. 2024.

FALCHI-CARVALHO, Marcelo et al. "Safety and Tolerability of Inhaled N,N--Dimethyltryptamine (BMND01 Candidate): A Phase 1 Clinical Trial". *European Neuropsychopharmacology*, v. 80, pp. 27-35, mar. 2024.

FALCHI-CARVALHO, Marcelo et al. "The Antidepressant Effects of Vaporized N,N-Dimethyltryptamine: A Preliminary Report in Treatment-Resistant Depression". *medRxiv*, 4 jan. 2024. Disponível em: <doi.org/10.1101/2024.01.03.23300610>. Acesso em: 20 dez. 2024.

FREITAS, Jan Clefferson Costa de. *Os horizontes da Jurema*. 2022. Disponível em: <www.academia.edu/123449637/Os_Horizontes_da_Jurema_The_Horizons_of_Jurema>. Acesso em: 20 dez. 2024.

GONÇALVES DE LIMA, Oswaldo. "Observações sobre o 'vinho da Jurema' utilizado pelos índios Pancarú de Tacaratú (Pernambuco)". *Arquivos do Instituto de Pesquisas Agronômicas*, v. 4, pp. 45-80, 1946.

GREER, J. Christian. "The Psychedelic Church Movement". In: ASPREM, E. (Org.). *Dictionary of Contemporary Esotericism*. Leiden: Brill, 2022. Disponível em: <www.academia.edu/88023751/Greer_Psychedelic_Churches>. Acesso em: 20 dez. 2024.

GROB, Charles; GRIGSBY, Jim (Orgs.). *Handbook of Medical Hallucinogens*. Nova York: Guilford, 2021.

GRÜNEWALD, Rodrigo de Azeredo. "Jurema e novas religiosidades metropolitanas". In: ALMEIDA, Luiz Sáveo; DA SILVA, Armando H. L. (Orgs.). *Índios do nordeste: etnia, política e história*. Maceió: Edufal, 2008.

_______. "Nas trilhas da Jurema". *Religião e Sociedade*, v. 38, pp. 110-35, 2018. Disponível em: <doi.org/10.1590/0100-85872018v38n1cap05>. Acesso em: 20 dez. 2024.

______. "Sobre sereias, dragões e o que mais vier". In: MACRAE, Edward; MEDEIROS, Regina; ALENCAR, Roca (Orgs.). *Pesquisa de verdade ou pesquisa de boca? Enfrentamentos metodológicos e éticos em pesquisas sociais no mundo dos psicoativos*. Salvador: UFBA, 2023. pp. 343-63.

______. *Jurema*. Campinas: Mercado de Letras, 2020.

GRÜNEWALD, Rodrigo de Azeredo; SAVOLDI, Robson. "Cada Jurema é uma Jurema: continuidade, rupturas e inovações em religiosidades no Brasil". *Revista del CESLA*, pp. 221-44, 2020. Disponível em: <doi.org/10.36551/2081-1160.2020.26.221-244>. Acesso em: 20 dez. 2024.

______. "Contexto e usos da jurema". In: LABATE, Beatriz Caiuby; GOULART, Sandra Lucia (Orgs.). *O uso de plantas psicoativas nas Américas*. Rio de Janeiro: Gramma/Neip, 2019, pp. 327-45.

GRÜNEWALD, Rodrigo de Azeredo; SAVOLDI, Robson; COLLINS, Mark I. "Jurema in Contemporary Brazil: Ritual, Re-Actualizations, Mysticism, Consciousness, and Healing". *Anthropology of Consciousness*, v. 33, n. 2, pp. 307-32, 2022.

HAUSKELLER, Christine; SJÖSTEDT-HUGHES, Peter (Orgs.). *Philosophy and Psychedelics: Frameworks for Exceptional Experience*. Londres: Bloomsbury, 2022.

KAMBEBA, Adana Omágua; LABATE, Beatriz Caiuby; RIBEIRO, Sidarta. "Psychedelic Science and Indigenous Shamanism: An Urgent Dialogue". *Nature Mental Health*, v. 26, pp. 815-6, 26 out. 2023.

LABATE, Beatriz Caiuby; GOULART, Sandra Lucia (Orgs.). *O uso de plantas psicoativas nas Américas*. Rio de Janeiro: Gramma/Neip, 2019.

LANGDON, Esther Jean. "New Perspectives of Shamanism in Brazil". *Civilizations*, v. 61, n. 2, pp. 19-35, 28 jun. 2013. Disponível em: <doi.org/10.4000/civilisations.3227>. Acesso em: 20 dez. 2024.

LANGLITZ, Nicolas. *Neuropsychedelia: The Revival of Hallucinogen Research Since the Decade of the Brain*. Berkeley/Los Angeles: University of California Press, 2013.

LAWRENCE, David Wyndham; SHARMA, Bhanu; GRIFFITHS, Roland R.; CARHART--HARRIS, Robin. "Trends in Top-Cited Articles on Classic Psychedelics". *Journal of Psychoactive Drugs*, v. 53, n. 4, pp. 283-98, 3 fev. 2021. Disponível em: <doi.org/10.1080/02791072.2021.1874573>. Acesso em: 20 dez. 2024.

LEITE, Marcelo. *Psiconautas: Viagens com a ciência psicodélica brasileira*. São Paulo: Fósforo, 2021.

LETHEBY, Chris. *Philosophy of Psychedelics*. Oxford: Oxford University Press, 2021.

LIMA SEGUNDO, Francisco Sales de. *Memória e tradição da ciência da Jurema em Alhandra (PB): a cidade da Mestra Jardecilha*. João Pessoa: UFPB, 2015.

Dissertação (Mestrado em Antropologia). Disponível em: <repositorio.ufpb.br/jspui/handle/tede/7540>. Acesso em: 20 dez. 2024.

L'ODÓ, Alexandre L'Omi. *Juremologia: Uma busca etnográfica para sistematização de princípios da cosmovisão da Jurema Sagrada*. Recife: Universidade Católica de Pernambuco, 2017. Dissertação (Mestrado em Ciências Sociais). Disponível em: <tede2.unicap.br:8080/handle/tede/933>. Acesso em: 20 dez. 2024.

_______. *Malunguinho: Pressupostos juremológicos para sua compreensão da Jurema Sagrada*. Olinda: Casa das Matas do Reis Malunguinho e Quilombo Cultural Malunguinho, 2022.

_______. *Pontos da Mestra Paulina da Rede Rasgada: Breve registro de sua história e toadas na Jurema Sagrada*. Olinda: Casa das Matas do Reis Malunguinho e Quilombo Cultural Malunguinho, 2022.

LUZ, Pedro. *Carta psiconáutica*. Rio de Janeiro: Dantes, 2015.

MACRAE, Edward; MEDEIROS, Regina; ALENCAR, Roca (Orgs.). *Pesquisa de verdade ou pesquisa de boca? Enfrentamentos metodológicos e éticos em pesquisas sociais no mundo dos psicoativos*. Salvador: UFBA, 2023.

MANCUSO, Stefano. *Revolução das plantas: Um novo modelo para o futuro*. São Paulo: Ubu, 2019.

MARDER, Michael. *Plant-Thinking: a Philosophy of Vegetal Life*. Nova York: Columbia University Press, 2013.

MEDEIROS, Guilherme. *L'Usage rituel de la Jurema chez les Amérindiens du Brésil: répression et survie des coutumes indigènes à l'époque de la conquête spirituelle européenne (XVIe-XVIIe siècles)*. Madri: Casa de Velázquez, 2011. Disponível em: <books.openedition.org/cvz/1035>. Acesso em: 20 dez. 2024.

MORAIS, José Otamar Falcão de. *O químico Oswaldo Gonçalves de Lima: Comentários sobre uma rica existência*. Recife: UFPE, s.d.

MOTA, Clarice Novaes da; ALBUQUERQUE, Ulysses Paulino de (Orgs.). *As muitas faces da jurema: Da espécie botânica à divindade afro-indígena*. Recife: Bagaço, 2002.

MYERS, Natasha. "Conversations on Plant Sensing. Notes from the Field". *Nature Culture*, v. 3, pp. 35-66, 2015. Disponível em: <doi.org/10.18910/75519>. Acesso em: 20 dez. 2024.

NARBY, Jeremy; PIZURI, Rafael Chanchari. *Plantas mestras: Tabaco e ayahuasca*. Rio de Janeiro: Dantes, 2022.

OKAMOTO, Suzy. "Jurema sagrada". *Cadernos de Subjetividade*, n. 19, pp. 45-59, 2016.

OLIVEIRA, Elaine Patrícia de Sousa. *A mulher na ciência do Amaro*. Paulo Afonso: Universidade Estadual da Bahia, 2023. Dissertação (Mestrado em Estudos Africanos, Povos Indígenas e Culturas Negras).

OORSOUW, Kim Van et al. "Therapeutic Effect of an Ayahuasca Analogue in Clinically Depressed Patients: A Longitudinal Observational Study". *Psychopharmacology*, v. 239, pp. 1839-52, 24 jan. 2022. Disponível em: <doi.org/10.1007/s00213-021-06046-9>. Acesso em: 20 dez. 2024.

OTT, Jonathan. "Pharmahuasca, Anahuasca and Vinho da Jurema: Human Pharmacology of Oral DMT Plus Harmine". In: RÄTSCH, Christian; BAKER, John R.; MÜLLER-EBELING, Claudia (Orgs.). *Jahrbuch für Ethnomedizin und Bewusstseinsforschung / Yearbook for Ethnomedicine and Consciousness 1997/98*. Berlim: Verlag für Wissenschaft und Bildung, 2000.

_______. "Pharmahuasca: Human Pharmacology of Oral DMT Plus Harmine". *Journal of Psychoactive Drugs*, v. 31, n. 2, pp. 171-7, 1999. Disponível em: <dx.doi.org/10.1080/02791072.1999.10471741>. Acesso em: 20 dez. 2024.

_______. "Pharmaka, Philtres, and Pheromones: Getting High and Getting Off". *MAPS Bulletin*, v. 12, n. 1, pp. 26-32, 2002. Disponível em: <maps.org/wp-content/uploads/2002/04/v12n1_26-32-1.pdf>. Acesso em: 20 dez. 2024.

_______. "Psychonautic Uses of 'Ayahuasca' and Its Analogues: Panacæa Or Outré Entertainment?". In: LABATE, Beatriz Caiuby; JUNGABERLE, Henrik (Orgs.). *The Internationalization of Ayahuasca*. Berlim: LIT, 2011, pp. 105-22.

_______. *Pharmacotheon: drogas enteógenas, sus fuentes vegetales y su historia*. Barcelona: La Liebre de Marzo, 1996.

PALHANO-FONTES, Fernanda et al. "Rapid Antidepressant Effects of the Psychedelic Ayahuasca in Treatment-Resistant Depression: A Randomized Placebo-Controlled Trial". *Psychological Medicine*, v. 49, n. 4, pp. 655-63, mar. 2019. Disponível em: <doi.org/10.1017/s0033291718001356>. Acesso em: 20 dez. 2024.

PALITOT, Estêvão; GRÜNEWALD, Rodrigo de Azeredo. "O país da Jurema: revisitando as fontes históricas do ritual Atikum". *Acervo*, pp. 1-21, maio-ago. 2021.

PINTO, Clélia Moreira. *Saravá Jurema Sagrada: As várias faces de um culto mediúnico*. Recife: UFPB, 1995. Dissertação (Mestrado em Antropologia).

_______. "A Jurema Sagrada". In: MOTA, Clarice Novaes da; ALBUQUERQUE, Ulysses Paulino de (Orgs.). *As muitas faces da jurema: Da espécie botânica à divindade afro-indígena*. Recife: Bagaço, 2002.

PRANDI, Reginaldo (Org.). *Encantaria brasileira: O livro dos mestres, caboclos e encantados*. Rio de Janeiro: Pallas, 2011.

_______. *Brasil africano: Deuses, sacerdotes, seguidores*. Itanhaém: Arché, 2022.

RIBEIRO, José. *Catimbó, magia do Nordeste*. Rio de Janeiro: Pallas, 1991.

ROBERTS, Thomas B. (Org.). *Psychedelics and Spirituality: the Sacred Use of LSD, Psilocybin, and MDMA for Human Transformation*. Rochester: Park Street Press, 2020.

RODRIGUES, Sandro. "A gnose psicodélica da changa no país da Jurema". In: BESERRA, Fernando; RODRIGUES, Sandro (Orgs.). *Psicodélicos no Brasil: Ciência e saúde*. Curitiba: CRV, 2020, pp. 135-60.

SAAVEDRA, Juan; AXELROD, Julius. "A specific and sensitive enzymatic assay for tryptamine in tissues". *Journal of Pharmacology and Experimental Therapeutics*, v. 182, n. 3, pp. 363-9, 1 set. 1972.

SAHLINS, Marshall; HENRY JR., Frederick B. *The New Science of the Enchanted Universe: An Anthropology of Most of Humanity*. Princeton: Princeton University Press, 2022.

SALLES, Sandro Guimarães de. *À sombra da Jurema Encantada: Mestres juremeiros na Umbanda de Alhandra*. Recife: Editora UFPE, 2010.

_______. *Religião, espaço e transitividade: Jurema na Mata Norte de PE e Litoral Sul da PB*. Recife: UFPE, 2010. Tese (Doutorado em Antropologia). Disponível em: <repositorio.ufpe.br/bitstream/123456789/867/3/arquivo7059_1.pdf.txt>. Acesso em: 20 dez. 2024.

SAMPAIO, Dilaine Soares. "Catimbó e Jurema: uma recuperação e uma análise dos olhares pioneiros". *Debates do NER*, v. 6, pp. 151-94, jul./dez. 2016.

_______. "Catimbó-Jurema: narrativas encantadas que contam histórias". In: SILVEIRA, Emerson Sena da; SAMPAIO, Dilaine Soares (Orgs.). *Narrativas míticas: Análise das histórias que as religiões contam*. Petrópolis: Vozes, 2018, pp. 265-91.

_______. "Concepções e ritos de morte na Jurema Paraibana". *Religare*, v. 12, n. 2, pp. 344-69, dez. 2015.

SANGIRARDI JR. *O índio e as plantas alucinógenas*. Rio de Janeiro: Alhambra, 1983.

SCHULTES, Richard Evans; HOFMANN, Albert; RÄTSCH, Christian. *Plants of the Gods: Their Sacred, Healing, and Hallucinogenic Powers*. Rochester: Healing Arts Press, 2001.

SHAPANAN, Francelino de. "Entre caboclos e encantados: Mudanças recentes em cultos de caboclos na perspectiva de um chefe de terreiro". In: PRANDI, Reginaldo (Org.). *Encantaria brasileira: O livro dos mestres, caboclos e encantados*. Rio de Janeiro: Pallas, 2011, pp. 318-30.

SHULGIN, Alexander. *The Nature of Drugs: History, Pharmacology, and Social Impact*. Berkeley/Santa Fé: Transform Press/Synergetic Press, 2021.

SHULGIN, Ann; SHULGIN, Alexander. *PiHKAL: A Chemical Love Story*. Berkeley: Transform Press, 2014 [1991].

_______. *TiHKAL: The Continuation*. Berkeley: Transform Press, 2011 [1997].

SIEGEL, Ronald K. *Intoxication: The Universal Drive for Mind-Altering Substances*. Rochester: Park Street Press, 2005.

SILVA JUNIOR, Luiz Francisco da. *A Jurema, o culto e a missa: Disputas pela identidade religiosa em Alhandra-PB (1980-2010)*. Campina Grande: UFCG, 2011. Dissertação (Mestrado em História).

SIMAS, Luiz Antonio. *Umbandas: Uma história do Brasil*. Rio de Janeiro: Civilização Brasileira, 2021.

SIMAS, Luiz Antonio; RUFINO, Luiz. *Fogo no mato: A ciência encantada das macumbas*. Rio de Janeiro: Mórula, 2018.

SJÖSTEDT-HUGHES, Peter. "On the Need for Metaphysics in Psychedelic Therapy and Research". *Frontiers in Psychology*, v. 14, 2023. Disponível em: <doi.org/10.3389/fpsyg.2023.1128589>. Acesso em: 20 dez. 2024.

______. "The White Sun of Substance: Spinozism and the Psychedelic *Amor Dei Intellectualis*". In: HAUSKELLER, Christine; SJÖSTEDT-HUGHES, Peter (Orgs.). *Philosophy and Psychedelics: Frameworks for Exceptional Experience*. Londres: Bloomsbury, 2022, pp. 211-35.

ST JOHN, Graham. "Aussiewaska: a Cultural History of Changa and Ayahuasca Analogues in Australia". In: LABATE, Beatriz Caiuby; CAVNAR, Clancy; GEARIN, Alex K. (Orgs.). *The World Ayahuasca Diaspora: Reinvention and Controversies*. Londres/Nova York: Routledge, 2017, pp. 143-62.

STRASSMAN, Rick. *DMT: A molécula do espírito: A revolucionária pesquisa de um médico na biologia de quase-morte e das experiências místicas*. Brasília: Pedra Nova/UDV, 2019.

VAINFAS, Ronaldo. *A heresia dos índios: Catolicismo e rebeldia no Brasil colonial*. São Paulo: Companhia das Letras, 2022, pp. 146-59.

VANDEZANDE, René. *Catimbó: Pesquisa exploratória sobre a forma nordestina de religião mediúnica*. Recife: UFPE, 1975. Dissertação (Mestrado em Sociologia).

VEPSÄLÄINEN, J. J.; AURIOLA, S.; TUKIAINEN, M.; ROPPONEN, N.; CALLAWAY, J. C. "Isolation and Characterization of Yuremamine, a New Phytoindole". *Planta Med*, v. 71, n. 11, pp. 1053-7, nov. 2005. Disponível em: <doi.org10.1055/s-2005-873131> Acesso em: 20 dez. 2024.

YADEN, David B.; NEWBERG, Andrew B. *The Varieties of Spiritual Experience: 21st Century Research and Perspectives*. Oxford: Oxford University Press, 2022.

Notas

PRÓLOGO [PP. 11-24]

1. "Psychedelic Science and Indigenous Shamanism: An Urgent Dialogue". *Nature Mental Health*, v. 26, p. 815, 26 out. 2023.

A DEUSA JUREMA E A DIABA DA CIÊNCIA CONTRA O DRAGÃO DA ANSIEDADE [PP. 25-54]

1. As reportagens que deram origem a este capítulo foram originalmente publicadas pela *Folha de S.Paulo* em julho de 2022, na série "A Ressurreição da Jurema", e podem ser encontradas em: <www1.folha.uol.com.br/ilustrissima/2022/07/da-caatinga-ao-laboratorio-cientistas-investigam-efeito-antidepressivo-de-psicodelico.shtml> e <www1.folha.uol.com.br/ilustrissima/2022/07/reporter-conta-experiencia-de-inalar-dmt-psicodelico-em-teste-contra-depressao.shtml>. Acesso em: 14 fev. 2025.

2. Em 9 de agosto de 2024, a agência de fármacos dos Estados Unidos (FDA) rejeitou o pedido da Lykos Therapeutics de licenciamento da psicoterapia apoiada por MDMA para tratar TEPT e pediu um novo teste clínico de fase 3 além dos dois que a empresa já realizara, para obter novos dados comprovando a eficácia e a segurança do novo tratamento. A decisão freou a onda de otimismo que se observava com terapias psicodélicas e adiou, provavelmente por vários anos, o retorno dessas drogas à farmacopeia autorizada para saúde mental. As expectativas de aprovação pela FDA se voltaram então para os estudos de fase 3 do Instituto Usona (Wisconsin, EUA) e da empresa Compass Pathways (Reino Unido) com psilocibina para depressão.

3. Marcelo Leite, "Brasil é o 3º país com mais artigos de impacto sobre psicodélicos". *Folha de S.Paulo*, 9 fev. 2021.

4. David Wyndham Lawrence, Bhanu Sharma, Roland R. Griffiths e Robin Carhart-Harris, "Trends in Top-Cited Articles on Classic Psychedelics". *Journal of Psychoactive Drugs*, v. 53, n. 4, 3 fev. 2021, pp. 283-98.

5. Dráulio B. de Araújo et al., "Seeing With the Eyes Shut: Neural Basis of Enhanced Imagery Following Ayahuasca Ingestion". *Human Brain Mapping*, v. 33, nov. 2012, pp. 2550-60.

6. Sendi Reis Arruda, *Diversidade e estrutura genética de* Mimosa tenuiflora *(Wild.) Poir.: Importante recurso florestal do semiárido brasileiro*. Jequié: Uesb, 2014, pp. 16-9.

7. Ministério do Meio Ambiente, "Caatinga". Disponível em: <antigo.mma.gov.br/biomas/caatinga.html>. Acesso em: 20 dez. 2024.

8. MapBiomas, "Caatinga perde 160 mil ha de superfície de água e mais de 10% da vegetação nativa nos últimos 37 anos". Disponível em: <brasil.mapbiomas.org/2022/10/06/caatinga-perde-160-mil-ha-de-superficie-de-agua-e-mais-de-10-de-vegetacao-nativa-nos-ultimos-37-anos/>. Acesso em: 20 dez. 2024.

9. Sendi Reis Arruda, op. cit., p. 59.

10. José Otamar Falcão de Morais, *O químico Oswaldo Gonçalves de Lima: Comentários sobre uma rica existência.* Recife: UFPE, s.d.

11. *Arquivos do Instituto de Pesquisas Agronómicas*, v. 4, 1946, pp. 45-80.

12. Oswaldo Gonçalves de Lima, *Goethe e a química*. Recife: Editora UFPE, 1966. Disponível em: <editora.ufpe.br/books/catalog/book/323>. Acesso em: 20 dez. 2024.

13. Richard H. F. Manske, "A synthesis of the Methyltryptamines and Some Derivatives". *Canadian Journal of Research*, v. 5, pp. 592-600, nov. 1931. Disponível em: <cdnsciencepub.com/doi/10.1139/cjr31-097>. Acesso em: 20 dez. 2024.

14. Stephen Szara, "Dimethyltryptamin: Its Metabolism in Man; the Relation to its Psychotic Effect to the Serotonin Metabolism". *Experientia*, v. 12, nov. 1956, pp. 441-2. Disponível em: <doi.org/10.1007/bf02157378>. Acesso em: 20 dez. 2024.

15. F. Benington, R. D. Morin e L. C. Clark, Jr., "5-Methoxy-N,N-Dimethyltryptamine, A Possible Endogenous Psychotoxin". *Alabama Journal of Medical* Science, v. 2, n. 4, 1965. Disponível em: <archives.lib.purdue.edu/repositories/2/archival_objects/24515>. Acesso em: 20 dez. 2024.

16. Ann Shulgin e Alexander Shulgin, *TiHKAL: The Continuation*. Berkeley: Transform Press, 2011, p. 248.

17. Ibid., pp. 246-68.

18. Richard Evans Schultes, Albert Hofmann e Christian Rätsch, *Plants of the Gods: Their Sacred, Healing, and Hallucinogenic Powers*. Rochester: Healing Arts Press, 2001, pp. 138-9.

19. Pedro Luz, *Carta psiconáutica*. Rio de Janeiro: Dantes, 2015, p. 222.

20. World Health Organization, "Depressive Disorder (depression)". 31 mar. 2023. Disponível em: <www.who.int/news-room/fact-sheets/detail/depression>. Acesso em: 20 dez. 2024.

21. Marcelo Leite, "Ayahuasca diminui sintomas de depressão em pesquisa brasileira". *Folha de S.Paulo*, 15 jun. 2018.

22. Fernanda Palhano-Fontes et al., "Rapid Antidepressant Effects of the Psychedelic Ayahuasca in Treatment-Resistant Depression: A Randomized Placebo-Controlled Trial". *Psychological Medicine*, v. 49, n. 4, mar. 2019, pp. 655-63.

23. Kim van Oorsouw et al., "Therapeutic Effect of an Ayahuasca Analogue in Clinically Depressed Patients: a Longitudinal Observational Study". *Psychopharmacology*, v. 239, pp. 1839-52, 24 jan. 2022. Disponível em: <doi.org/10.1007/s00213-021-06046-9>. Acesso em: 20 dez. 2024.

24. Marcelo Leite, "Faltam estudos maiores e melhores para consagrar psicodélicos". Virada Psicodélica. *Folha de S.Paulo*, 28 jun. 2022. Disponível em: <www1.folha.uol.com.br/blogs/virada-psicodelica/2022/06/faltam-estudos-maiores-e-melhores-para-consagrar-psicodelicos.shtml>. Acesso em: 20 dez. 2024.

25. Elisaldo A. Carlini e Lucas O. Maia, "Plant and Fungal Hallucinogensas Toxic and Therapeutic Agents". In: P. Gopalakrishnakone, Célia Regina Carlini e Rodrigo Ligabue-Braun (Orgs.), *Plant Toxins*. Dordrecht: Springer, 2019, p. 7.

26. Marcelo Falchi-Carvalho et al., "Safety and Tolerability of Inhaled N,N--Dimethyltryptamine (BMND01 candidate): a Phase 1 Clinical Trial". *European Neuropsychopharmacology*, v. 80, pp. 27-35, mar. 2024. Disponível em: <doi.org/10.1016/j.euroneuro.2023.12.006>. Acesso em: 20 dez. 2024.

27. Marcelo Leite, "UFRN recupera jurema em artigo sobre uso seguro de DMT inalada". Virada Psicodélica. *Folha de S.Paulo*, 28 dez. 2023. Disponível em: <www1.folha.uol.com.br/blogs/virada-psicodelica/2023/12/ufrn-recupera-jurema-em-artigo-sobre-uso-seguro-de-dmt-inalada.shtml>. Acesso em: 20 dez. 2024.

28. Marcelo Leite, "Ano começa movimentado para a medicina psicodélica". Virada Psicodélica. *Folha de S.Paulo*, 8 jan. 2024. Disponível em: <www1.folha.uol.

com.br/blogs/virada-psicodelica/2024/01/ano-2024-comecou-movimentado-para-a-medicina-psicodelica.shtml>. Acesso em: 20 dez. 2024.

29. Deepak Cyril D'Souza et al., "Exploratory Study of the Dose-Related Safety, Tolerability, and Efficacy of Dimethyltryptamine (DMT) in Healthy Volunteers and Major Depressive Disorder". *Neuropsychopharmacology*, v. 47, set. 2022, pp. 1854-62. Disponível em: <doi.org/10.1038/s41386-022-01344-y>. Acesso em: 20 dez. 2024.

30. Johannes T. Reckweg et al., "A Phase 1/2 Trial to Assess Safety and Efficacy of a vaporized 5-Methoxy-N,N-Dimethyltryptamine Formulation (GH001) in Patients with Treatment-Resistant Depression". *Frontiers in Psychiatry*, v. 14, 20 jun. 2023. Disponível em: <doi.org/10.3389/fpsyt.2023.1133414>. Acesso em: 20 dez. 2024.

31. Richard J. Zeifman et al., "Preliminary Evidence for the Importance of Therapeutic Alliance in MDMA-Assisted Psychotherapy for Posttraumatic Disorder". *European Journal of Psychotraumatology*, v. 15, 4 jan. 2024. Disponível em: <doi.org/10.1080/20008066.2023.2297536>. Acesso em: 20 dez. 2024.

32. Entrevista realizada em 18 de maio de 2022.

33. Maria Lara Porpino de Meiroz Grilo et al., "Prophylactic Action of Ayahuasca in a Non-Human Primate Model of Depressive-Like Behavior". *Frontiers in Behavioral Science*, v. 16, 4 nov. 2022. Disponível em: <www.frontiersin.org/articles/10.3389/fnbeh.2022.901425/full>. Acesso em: 20 dez. 2024.

34. Isis M. Ornelas et al., "Nootropic Effects of LSD: Behavioral, Molecular and Computational Evidence". *Experimental Neurology*, v. 356, out. 2022. Disponível em: <doi.org/10.1016/j.expneurol.2022.114148>. Acesso em: 20 dez. 2024.

A ORIGEM DO CATIMBÓ EM ALHANDRA, ANTIGO ALDEAMENTO COLONIAL [PP. 55-97]

1. Rodrigo Grünewald, *Jurema*. Campinas: Mercado de Letras, 2020, p. 185.

2. Luís da Câmara Cascudo, *Meleagro: Pesquisa do Catimbó e notas da magia branca no Brasil*. Rio de Janeiro: Agir, 1978, p. 37.

3. Mário de Andrade, *Música de feitiçaria no Brasil*. São Paulo: Livraria Martins Editora, 1963, p. 33.

4. José Ribeiro, *Catimbó, magia do Nordeste*. Rio de Janeiro: Pallas, 1991, pp. 26-7.

5. Mário de Andrade, *O turista aprendiz*. Belo Horizonte: Garnier, 2021, p. 194.

6. Luís da Câmara Cascudo, op. cit., pp. 51 e 55.

7. José Ribeiro, op. cit., p. 28.

8. Mário de Andrade, *O turista aprendiz*, op. cit., pp. 195-8.

9. Idem, *Música de feitiçaria no Brasil*, op. cit., pp. 34-5.

10. Ibid., pp. 58-9.

11. Álvaro Carlini, *Cachimbo e Maracá: O Catimbó da Missão (1938)*. São Paulo: CCSP, 1993, p. 72.

12. Sandro Guimarães de Salles, *À sombra da Jurema Encantada: Mestres juremeiros na Umbanda de Alhandra*. Recife: Editora UFPE, 2010, p. 125.

13. Ibid.

14. Luiz Antonio Simas, *Umbandas: Uma História do Brasil*. Rio de Janeiro: Civilização Brasileira, 2023, pp. 76-7.

15. Ibid., pp. 77-8.

16. Reginaldo Prandi, *Brasil africano: deuses, sacerdotes, seguidores*. Itanhaém: Arché, 2022, p. 102.

17. Ibid., p. 110.

18. Pai Rodney, "Maria Padilha: ela é bonita, ela é mulher". *Carta Capital*, 30 mar. 2018. Disponível em: <www.cartacapital.com.br/blogs/dialogos-da-fe/maria-padilha-ela-e-bonita-ela-e-mulher/>. Acesso em: 20 dez. 2024.

19. Sandro Guimarães de Salles, *À sombra da Jurema Encantada*, op. cit., p. 122.

20. Ibid., p. 123.

21. Clélia Moreira Pinto, "A Jurema Sagrada". In: Clarice Novaes da Mota e Ulysses Paulino de Albuquerque (Orgs.), *As muitas faces da jurema: Da espécie botânica à divindade afro-indígena*. Recife: Bagaço, 2002, p. 132.

22. Luiz Assunção, *O reino dos mestres: A tradição da jurema na Umbanda nordestina*. Rio de Janeiro: Pallas, 2010, p. 231.

23. Francelino de Shapanan, "Entre caboclos e encantados: Mudanças recentes em cultos de caboclos na perspectiva de um chefe de terreiro". In: Reginaldo Prandi (Org.). *Encantaria brasileira: O livro dos mestres, caboclos e encantados*. Rio de Janeiro: Pallas, 2011, p. 325.

24. Luiz Antonio Simas e Luiz Rufino, *Fogo no mato: A ciência encantada das macumbas*. Rio de Janeiro: Mórula, 2018, p. 81.

25. Sandro Guimarães de Salles, *À sombra da Jurema Encantada*, op. cit., p. 122.

26. Alexandre L'Omi L'Odó, *Juremologia: Uma busca etnográfica para sistematização de princípios da cosmovisão da Jurema Sagrada*. Recife:

Universidade Católica de Pernambuco, 2017, p. 206. Dissertação (Mestrado em Ciências Sociais).

27. Sandro Guimarães de Salles, *À sombra da Jurema Encantada*, op. cit., p. 128.

28. Ponto recolhido pela Missão Folclórica organizada por Mário de Andrade e anotado por Álvaro Carlini em *Cachimbo e Maracá: O Catimbó da Missão (1938)*, op. cit., p. 173.

29. Alexandre L'Omi L'Odó, *Malunguinho: Pressupostos juremológicos para sua compreensão da Jurema Sagrada*. Olinda: Casa das Matas do Reis Malunguinho e Quilombo Cultural Malunguinho, 2022, pp. 43-7.

30. Sandro Guimarães de Salles, *À sombra da Jurema Encantada*, op. cit., p. 129.

31. Luís da Câmara Cascudo, op. cit., p. 54.

32. Mário de Andrade, *Música de feitiçaria no Brasil*, op. cit., p. 119.

33. Luiz Assunção, *O reino dos mestres*, op. cit., p. 90.

34. Sandro Guimarães de Salles, *À sombra da Jurema Encantada*, op. cit., p. 116.

35. É mais comum encontrar referências à junça (*Cyperus esculentus*) na lista de plantas importantes para a Jurema Sagrada.

36. Provavelmente *Salzmannia nitida.*

37. Alexandre L'Omi L'Odó, *Juremologia*, op. cit., pp. 186-7.

38. Rodrigo Grünewald, *Jurema*, op. cit., p. 150.

39. Sandro Guimarães de Salles, *À sombra da Jurema Encantada*, op. cit., pp. 57-8.

40. Ibid., p. 211.

41. Federação Espírita Brasileira, *Adolfo Bezerra de Menezes: Apontamentos biobibliográficos*. Disponível em: <www.febnet.org.br/wp-content/uploads/2012/06/Adolfo-Bezerra-de-Menezes.pdf>. Acesso em: 20 dez. 2024.

42. Sandro Guimarães de Salles, *Religião, espaço e transitividade: Jurema na Mata Norte de PE e Litoral Sul da PB.* Recife: UFPE, 2010. Tese (Doutorado em Antropologia). p. 138.

43. Francisco Sales de Lima Segundo, *Memória e tradição da ciência da Jurema em Alhandra (PB): A cidade da Mestra Jardecilha*. João Pessoa: UFPB, 2015, p. 152. Dissertação (Mestrado em Antropologia).

44. Álvaro Carlini, *Cachimbo e Maracá: O Catimbó da Missão (1938)*, op. cit., pp. 63-4.

45. Luiz Francisco da Silva Junior, *A Jurema, o culto e a missa: Disputas pela identidade religiosa em Alhandra-PB (1980-2010)*. Campina Grande: UFCG, 2011, p. 77. Dissertação (Mestrado em História).

46. Ibid., p. 73.

A FORÇA DA JUREMA NA RESISTÊNCIA INDÍGENA DO NORDESTE [PP. 98-130]

1. Instituto Socioambiental, *Terras Indígenas do Brasil*. Disponível em: <terras indigenas.org.br/pt-br/terras-indigenas/5098>. Acesso em: 25 ago. 2023.

2. J. J. Vepsäläinen, S. Auriola, M. Tukiainen, N. Ropponen e J. C. Callaway, "Isolation and Characterization of Yuremamine, a New Phytoindole". *Planta Med*, v. 71, n. 11, nov. 2005, pp. 1053-7. Disponível em: <doi.org/10.1055/s-2005-873131>. Acesso em: 20 dez. 2024.

3. Disponível em: <apoinme.org>. Acesso em: 23 ago. 2023.

4. Funai. Disponível em: <www.gov.br/funai/pt-br/assuntos/noticias/2023/dados-do-censo-2022-revelam-que-o-brasil-tem-1-7-milhao-de-indigenas>. Acesso em: 25 ago. 2023.

5. Versão simplificada do relato que segue foi publicada em 26 de julho de 2022 na reportagem "Cultos com alucinógeno da jurema florescem no Nordeste", terceira parte da série A Ressurreição da Jurema. Disponível em: <www1.folha.uol.com.br/ilustrissima/2022/07/cultos-com-alucinogeno-da-jurema-florescem-no-nordeste.shtml>. Acesso em: 25 ago. 2023.

6. Surama Santos Ismael da Costa, *Ritual da Lua Cheia: Espiritualidade e tradição entre os Potiguara da Paraíba*. João Pessoa: UFPB, 2022. Tese (Doutorado em Ciências das Religiões). Disponível em: <repositorio.ufpb.br/jspui/handle/123456789/24225>. Acesso em: 20 dez. 2024.

7. Ibid., p. 243.

8. Instituto Socioambiental, *Terras Indígenas do Brasil*. Disponível em: <terras indigenas.org.br/pt-br/terras-indigenas/3830>. Acesso em: 24 ago. 2023.

9. Idem, *Terras Indígenas do Brasil*. Disponível em: <terrasindigenas.org.br/pt-br/terras-indigenas/3667>. Acesso em: 25 ago. 2023.

10. Funai, "Morre um grande líder mas, graças a ele, a cultura de seu povo permanece". Disponível em: <www.gov.br/funai/pt-br/assuntos/noticias/2018/morre-um-grande-lider-mas-gracas-a-ele-sua-cultura-permanece>. Acesso em: 25 ago. 2023.

11. Miguel Colaço Bittencourt, *Fluxos de comunicação fulni-ô: Cosmologia, territorialidade e performance*. Recife: UFPE, 2022. Tese (Doutorado em

Antropologia). Disponível em: <repositorio.ufpe.br/handle/123456789/51506>. Acesso em: 20 dez. 2024.

12. Instituto Socioambiental, *Terras Indígenas do Brasil*. Disponível em: <terras indigenas.org.br/pt-br/terras-indigenas/3667>. Acesso em: 25 ago. 2023.

13. Miguel Colaço Bittencourt, op. cit.

14. Rodrigo Grünewald, *Jurema*, op. cit., p. 255.

15. Eduardo Viveiros de Castro, "O mármore e a murta: Sobre a inconstância da alma selvagem". In: *A inconstância da alma selvagem e outros ensaios de antropologia*. São Paulo: Cosac & Naify, 2002.

16. Luís da Câmara Cascudo, op. cit., pp. 27-8.

17. Ronaldo Vainfas, *A heresia dos índios: Catolicismo e rebeldia no Brasil colonial*. São Paulo: Companhia das Letras, 2022, pp. 62-3.

18. Luiz Assunção, *O reino dos mestres*, op. cit.

19. Rodrigo Grünewald, *Jurema*, op. cit., p. 78.

20. Alexandre L'Omi L'Odó, op. cit., p. 44.

21. Sandro Guimarães de Salles, *À sombra da Jurema Encantada*, op. cit., pp. 54-5.

22. Em 1788, destaca o antropólogo Sandro Guimarães de Salles, o padre José Monteiro de Noronha publica este comentário sobre os amanajó em seu *Roteiro da viagem da cidade do Pará até as últimas colônias do sertão da província*: "A sua religião é nenhuma. Há, porém, entre eles pitões [serpentes], ou feiticeiros que só o são no nome, fingimento e errada persuasão a quem consultam para predição dos sucessos futuros, em que se interessam, e recorrem para a cura de suas enfermidades mais rebeldes. [...] Nas suas festividades maiores usam os que são mais hábeis para a guerra da bebida que fazem da raiz de certo pau chamado — Jurema — cuja virtude é nimiamente narcótica".

23. Rodrigo Grünewald, *Jurema*, op. cit., pp. 84-8.

A JUREMA SAGRADA NA ENCRUZILHADA ENTRE CATIMBÓ E UMBANDA [PP. 131-58]

1. Marcus Vinícius Rios Barreto, *Malunguinho: Da narrativa histórica à estética digital*. São Paulo: USP, 2021. Tese (Doutorado em Antropologia). p. 52.

2. Alexandre L'Omi L'Odó, op. cit., p. 6.

3. Disponível em: <youtu.be/rOndYeYclX4?si=V-hwla1iwUhbFJJk>. Acesso em: 20 dez. 2024.

4. Sandro Guimarães de Salles, *À sombra da Jurema Encantada*, op. cit., p. 93.

5. Alexandre L'Omi L'Odó, *Juremologia*, op. cit., p. 138.

6. Luiz Antonio Simas, op. cit., pp. 97-8.

7. Sandro Guimarães de Salles, *À sombra da Jurema Encantada*, op. cit., p. 86.

8. Clélia Moreira Pinto, *Saravá Jurema Sagrada: As várias faces de um culto mediúnico*. Recife: UFPE, 1995, pp. 36 e 42-4.

9. Mário de Andrade, *Música de feitiçaria no Brasil*, op. cit., p. 266 (anotações 1152 e 1153).

10. Luís da Câmara Cascudo, op. cit., p. 16.

11. Roger Bastide, "Catimbó". In: Reginaldo Prandi (Org.). *Encantaria brasileira*, op. cit., p. 154.

12. Alexandre L'Omi L'Odó, *Juremologia*, op. cit., p. 27.

13. Ministério do Desenvolvimento Social e Combate à Fome, *Alimento: Direito sagrado — pesquisa socioeconômica e cultural de povos e comunidades tradicionais de terreiros*. Brasília: MDS, Secretaria de Avaliação e Gestão da Informação, 2011, p. 138.

14. Francisco Sales de Lima Segundo, op. cit., pp. 60-1.

15. Alexandre L'Omi L'Odó, *Juremologia*, op. cit., p. 171.

16. Mário de Andrade, *Música de feitiçaria no Brasil*, op. cit., pp. 114-5.

17. Esta narrativa da Festa da Ciência do Amaro teve uma versão publicada originalmente em 5 de dezembro de 2023 na *Folha de S.Paulo* sob o título "Indígenas bebem vinho sagrado para celebrar entidades da mata". Disponível em: <www1.folha.uol.com.br/ilustrissima/2023/12/indigenas-bebem-vinho-sagrado-para-celebrar-entidades-da-mata.shtml>. Acesso em: 20 dez. 2024.

18. Elaine Patrícia de Sousa Oliveira, *A mulher na ciência do Amaro*. Paulo Afonso: Universidade Estadual da Bahia, 2023, p. 19. Dissertação (Mestrado em Estudos Africanos, Povos Indígenas e Culturas Negras).

19. Luís da Câmara Cascudo, op. cit., p. 23.

20. Ibid., p. 23.

21. Rodrigo Grünewald e Robson Savoldi, "Contexto e usos da jurema". In: Beatriz Caiuby Labate e Sandra Lucia Goulart (Orgs.). *O uso de plantas psicoativas nas Américas*. Rio de Janeiro: Gramma/Neip, 2019, p. 330.

22. Estevão Palitot e Rodrigo Grünewald, "O país da Jurema: Revisitando as fontes históricas do ritual Atikum". *Acervo*, maio-ago. 2021, p. 5.

JUREMAHUASCA, SACRAMENTO CONTESTADOR DE DOUTRINAS [PP. 159-80]

1. A maioria das informações biográficas de Rodrigo Grünewald foi obtida em entrevistas realizadas no Rio de Janeiro, em 28 de abril de 2022, e em Campina Grande, em 21 de março de 2023. Outras provêm de seu livro *Jurema* (Mercado de Letras, 2020).

2. Rodrigo Grünewald, *"Regime de índio" e faccionalismo: Os Atikum da Serra do Umã.* Rio de Janeiro: PPGAS/MN/UFRJ, 1993. Dissertação (Mestrado em Antropologia).

3. Entrevista em 21 de março de 2023.

4. "Contribuições das tradições da Jurema para o campo da saúde mental". Disponível em: <www.youtube.com/live/OailrKla6wM?si=154F-5z_YH4SnNXR>. Acesso em: 20 dez. 2024.

5. Jonathan Ott, *Hallucinogenic Plants of North America.* Berkeley: Wingbow Press, 1976.

6. Aqui citado na edição espanhola: Jonathan Ott, *Pharmacotheon: Drogas enteógenas, sus fuentes vegetales y su historia.* Barcelona: La Liebre de Marzo, 1996.

7. "Contribuições das tradições da Jurema para o campo da saúde mental". Disponível em: <www.youtube.com/live/OailrKla6wM?si=154F-5z_YH4SnNXR>. Acesso em: 20 dez. 2024.

8. Rodrigo Grünewald, *Jurema*, op. cit., p. 132.

9. Marcos Alexandre dos Santos Albuquerque, *Destreza e sensibilidade: Os vários sujeitos da Jurema (As práticas rituais e os diversos usos de um enteógeno nordestino).* Campina Grande: UFCG, 2002, p. 85. Monografia (Tese de Conclusão de Curso).

10. Will Beifuss e Jon Hanna, "Jonathan Ott Speaks..." Parte 1. *The Entheogen Review*, v. 8, n. 1., 1999, pp. 25-34.

11. David Jay Brown, "An Interview with Rick Strassman". In: *Frontiers of Psychedelic Consciousness: Conversations with Albert Hofmann, Stanislav Grof, Rick Strassman, Jeremy Narby, Simon Posford, and Others*. Rochester/Toronto: Park Street Press, 2015, p. 151.

12. Juan Saavedra e Julius Axelrod, "A specific and sensitive enzymatic assay for tryptamine in tissues". *Journal of Pharmacology and Experimental Therapeutics*, v. 182, n. 3, 1 set. 1972, pp. 363-9.

CHANGA E CRISTAIS DE DMT, MOTORES DO NEOXAMANISMO COSMOPOLITA [PP. 181-217]

1. O relato sobre o Festival Equinox se baseia em grande parte na reportagem "Com ayahuasca e ioga, festival mistura psicodélicos e rituais neoxamânicos", publicada na *Folha de S.Paulo* em 7 de abril de 2022. Disponível em: <www1.folha.uol.com.br/ilustrissima/2022/04/com-ayahuasca-e-ioga-festival-mistura-psicodelicos-e-rituais-neoxamanicos.shtml>. Acesso em: 31 dez. 2024.

2. Graham St John, "Aussiewaska: a Cultural History of Changa and Ayahuasca Analogues in Australia". In: Beatriz Caiuby Labate, Clancy Cavnar e Alex K. Gearin (Orgs.), *The World Ayahuasca Diaspora: Reinvention and Controversies*. Londres/Nova York: Routledge, 2017, p. 156.

3. Jonathan Ott, "Psychonautic uses of 'Ayahuasca' and its Analogues: Panacæa or *Outré* Entertainment?". In: Beatriz Caiuby Labate, Henrik Jungaberle (Orgs.), *The Internationalization of Ayahuasca*. Berlim: LIT Verlag, 2011, p. 109.

4. Graham St John, op. cit., p. 155.

5. Esther Jean Langdon, "New Perspectives of Shamanism in Brazil". *Civilisations*, v. 61, n. 2, 28 jun. 2013, pp. 30-1.

6. Disponíveis em: <open.spotify.com/playlist/ohWBRfIV7xD25HoT1DxWXS?si=5ja3Ej5OT9uoMvD2hDJfoA&pi=u-GFiM_t6qSJm2>. Acesso em: 20 dez. 2024.

7. Cerimônia parcialmente narrada na reportagem "Cultos com alucinógeno da jurema florescem no Nordeste", *Folha de S.Paulo*, 26 jul. 2022. Disponível em: <www1.folha.uol.com.br/ilustrissima/2022/07/cultos-com-alucinogeno-da-jurema-florescem-no-nordeste.shtml>. Acesso em: 20 dez. 2024.

BELO HORIZONTE, SANTO ANDRÉ E O ETERNO RETORNO DO MISTICISMO [PP. 218-53]

1. Instituto Socioambiental, "Tapeba". Disponível em: <pib.socioambiental.org/pt/Povo:Tapeba>. Acesso em: 20 dez. 2024.

2. Daqui em diante, as informações foram recolhidas em entrevistas realizadas em 12 de março de 2023 e correspondência eletrônica até fevereiro de 2024.

3. Mark Collins, *O caminho de um juremeiro: O caminho de um filósofo pelo xamanismo do DMT derivado de plantas / The Path of a Juremeiro: A Philosopher's Path into Plant-Derived DMT Shamanism.* Fortaleza: Emanuel Angelo de Rocha Fragoso, 2023. Disponível em: <mark.pro.br/wp-content/uploads/2023/01/Livro-O-Caminho-de-um-juremeiro-21jan2023.pdf>. Acesso em: 20 dez. 2024.

4. Steven Barker, “N,N-Dimethyltryptamine (DMT), an Endogenous Hallucinogen: Past, Present, and Future Research to Determine Its Role and Function”. *Frontiers in Neuroscience*, v. 12, artigo 536, 6 ago. 2018, pp. 1-17. Disponível em: <doi.org/10.3389/fnins.2018.00536>. Acesso em: 20 dez. 2024.

5. Marcelo Falchi-Carvalho et al., “The Antidepressant Effects of Vaporized N,N-Dimethyltryptamine: A Preliminary Report in Treatment-Resistant Depression”. *medRxiv*, 4 jan. 2024. Disponível em: <doi.org/10.1101/2024.01.03.23300610>. Acesso em: 20 dez. 2024.

6. Christopher Timmermann et al., “Effects of DMT on Mental Health Outcomes in Healthy Volunteers”. *Scientific Reports*, v. 14, n. 1, 7 fev. 2024. Disponível em: <doi.org/10.10382Fs41598-024-53363-y>. Acesso em: 20 dez. 2024.

7. Cristiano Chaves et al. “Why N,N-Dimethyltryptamine Matters: Unique Features and Therapeutic Potential Beyond Classical Psychedelics”. *Frontiers in Psychiatry*, v. 15, 5 nov. 2024. Disponível em: <doi.org/10.3389/fpsyt.2024.1485337>. Acesso em: 7 jan. 2025.

8. Mark Collins, op. cit., p. 19.

9. Disponível em: <www.academia.edu/123449637/Os_Horizontes_da_Jurema_The_Horizons_of_Jurema>. Acesso em: 20 dez. 2024.

10. Jan Clefferson Costa de Freitas, *Os horizontes da Jurema*, 2022, pp. 18-9.

11. Em sua página na internet, disponível em: <www.alexgrey.com/>. Acesso em: 20 dez. 2024.

12. J. Christian Greer, “The Psychedelic Church Movement”. In: E. Asprem (Org.). *Dictionary of Contemporary Esotericism*. Leiden: Brill, 2022, p. 4.

13. Benjamin Breen, *Tripping on Utopia: Margaret Mead, the Cold War, and the Troubled Birth of Psychedelic Science*. Nova York/Boston: Grand Central, 2024.

LIÇÕES DE VIDA E SABEDORIA COM ANCESTRAIS DE TODOS OS SERES [PP. 254-61]

1. *Relação da Missão da Serra de Ibiapaba* (1656). Disponível em: <pt.wikisource.org/wiki/Descri%C3%A7%C3%A3o_da_Ibiapaba>. Acesso em: 20 dez. 2024.

2. Guilherme Medeiros, *L’Usage rituel de la Jurema chez les Amérindiens du Brésil: répression et survie des coutumes indigènes à l’époque de la conquête spirituelle européenne (XVIe-XVIIe siècles)*. Madri: Casa de Velázquez, 2011, pp. 27-8.

3. “Ecstasy e LSD podem virar remédio contra distúrbios psíquicos em breve”, *Folha de S.Paulo*, 11 jun. 2017. Disponível em: <www1.folha.uol.com.br/

ilustrissima/2017/06/1891632-o-congresso-ciencia-psicodelica-e-o-ecstasy-como-remedio.shtml>. Acesso em: 20 dez. 2024.

4. Jeremy Narby e Rafael Chanchari Pizuri, *Plantas mestras: Tabaco e ayahuasca.* Rio de Janeiro: Dantes, 2022, p. 13.

5. Ibid., p. 93.

PÓS-ESCRITO: BUSCAR A VERDADE, AGIR COM INDEPENDÊNCIA, MINIMIZAR O DANO [PP. 262-91]

1. Marshall Sahlins e Frederick B. Henry Jr., *The New Science of the Enchanted Universe: An Anthropology of Most Humanity*. Princeton: Princeton University Press, 2022, p. 42.

2. R. R. Griffiths, W. A. Richards, U. McCann et al., "Psilocybin Can Occasion Mystical-Type Experiences Having Substantial and Sustained Personal Meaning and Spiritual Significance". *Psychopharmacology*, v. 187, 2006, pp. 268-83. Disponível em: <doi.org/10.1007/s00213-006-0457-5>. Acesso em: 20 dez. 2024.

3. R. Griffiths, W. Richards, M. Johnson, U. McCann e R. Jesse, "Mystical--Type Experiences Occasioned by Psilocybin Mediate the Attribution of Personal Meaning and Spiritual Significance 14 Months Later". *Journal of Psychopharmacology*, v. 22, 2008, pp. 621-32. Disponível em: <doi.org/10.1177/0269881108094300>. Acesso em: 20 dez. 2024.

4. K. A. MacLean, M. W. Johnson e R. R. Griffiths, "Mystical Experiences Occasioned by the Hallucinogen Psilocybin Lead to Increases in the Personality Domain of Openness". *Journal of Psychopharmacology*, v. 25, 2011, pp. 1453-61. Disponível em: <doi.org/10.1177/0269881111420188>. Acesso em: 20 dez. 2024.

5. R. R. Griffiths, M. W. Johnson, W. A. Richards et al., "Psilocybin Occasioned Mystical-Type Experiences: Immediate and Persisting Dose-Related Effects". *Psychopharmacology*, v. 218, 2011, pp. 649-65. Disponível em: <doi.org/10.1007/s00213-011-2358-5>. Acesso em: 20 dez. 2024.

6. Brendan Borrell, "The Psychedelic Evangelist", 21 mar. 2024. Disponível em: <www.nytimes.com/2024/03/21/health/psychedelics-roland-griffiths-johns-hopkins.html>. Acesso em: 20 dez. 2024.

7. David B. Yaden e Roland R. Griffiths, "The Subjective Effects of Psychedelics are Necessary for Their Enduring Therapeutic Effects". *ACS Pharmacology & translational science*, v. 4, n. 2, 2021, pp. 568-72. Disponível em: <doi.org/10.1021%2Facsptsci.0c00194>. Acesso em: 20 dez. 2024.

8. J. Christian Greer, "God is in the Details: Examining the Religious Biases in Contemporary Psychedelic Research". 21 mar. 2023.

9. Ronald K. Siegel, *Intoxication: The Universal Drive for Mind-Altering Substances*. Rochester: Park Street Press, 2005, p. 70.

10. J. Christian Green, "The Psychedelic Church Movement", op. cit., pp. 1-4.

11. Paco Calvo, *Planta Sapiens: Unmasking Plant Intelligence*. Londres: The Bridge Street Press, 2022, pp. 44-7.

12. Stefano Mancuso, *Revolução das plantas: Um novo modelo para o futuro*. São Paulo: Ubu, 2019, p. 55.

13. Jeremy Narby e Rafael Chanchari Pizuri, op. cit., p. 97.

14. A participação no experimento foi narrada em meu livro *Psiconautas: Viagens com a ciência psicodélica brasileira* (Fósforo, 2021), pp. 148-53.

15. Marcelo Leite, "Ciência psicodélica se afasta do misticismo sem perder a ternura". *Folha de S.Paulo*, 16 nov. 2020. Disponível em: <viradapsicodelica.blogfolha.uol.com.br/2020/11/16/ciencia-psicodelica-se-afasta-do-misticismo-sem-perder-a-ternura/>. Acesso em: 20 dez. 2024.

16. Chris Letheby, *Philosophy of Psychedelics*. Oxford: Oxford University Press, 2021, p. 33.

17. Peter Sjöstedt-Hughes, "The White Sun of Substance: Spinozism and the Psychedelic *Amor Dei Intellectualis*". In: Christine Hauskeller e Peter Sjöstedt-Hughes (Orgs.). *Philosophy and Psychedelics: Frameworks for Exceptional Experience*. Londres: Bloomsbury, 2022, p. 212.

18. A troca de mensagens foi relatada na reportagem "Da bicicleta mística à metafísica pedestre da mudança da consciência", publicada em 19 de abril de 2023 no blog Virada Psicodélica, da *Folha de S.Paulo*. Disponível em: <www1.folha.uol.com.br/blogs/virada-psicodelica/2023/04/da-bicicleta-mistica-a-metafisica-pedestre-da-mudanca-de-consciencia.shtml>. Acesso em: 20 dez. 2024.

Índice remissivo

FSC
www.fsc.org
MISTO
Papel | Apoiando o manejo florestal responsável
FSC® C011095

A marca FSC® é a garantia de que a madeira utilizada na fabricação do papel deste livro provém de florestas gerenciadas de maneira ambientalmente correta, socialmente justa e economicamente viável e de outras fontes de origem controlada.

DIRETORAS EDITORIAIS Fernanda Diamant e Rita Mattar
EDITORA Juliana de A. Rodrigues
ASSISTENTE EDITORIAL Rodrigo Sampaio
PREPARAÇÃO Bonie Santos
REVISÃO Fernanda Campos e Andrea Souzedo
ÍNDICE REMISSIVO Maria Claudia Carvalho Mattos
DIRETORA DE ARTE Julia Monteiro
CAPA Alles Blau
PROJETO GRÁFICO Alles Blau
EDITORAÇÃO ELETRÔNICA Página Viva

CIP-BRASIL. CATALOGAÇÃO NA PUBLICAÇÃO
SINDICATO NACIONAL DOS EDITORES DE LIVROS, RJ

L554c

Leite, Marcelo
A ciência encantada de Jurema : como uma raiz da caatinga uniu indígenas e africanos na resistência anticolonial e hoje inspira pesquisas psicodélicas. / Marcelo Leite. — 1. ed. — São Paulo : Fósforo, 2025.

ISBN: 978-65-6000-091-9

1. Reportagens e repórteres. 2. Jurema (Culto). 3. Ayahuasca — Efeitos psicotrópicos. 4. Alucinógenos e experiência religiosa. 5. Alucinógenos — Efeitos colaterais. I. Título.

CDD: 070.44929989
25-96022 CDU: 070:2-587

Meri Gleice Rodrigues de Souza — Bibliotecária — CRB-7/6439

Editora Fósforo
Rua 24 de Maio, 270/276
10º andar, salas 1 e 2 — República
01041-001 — São Paulo, SP, Brasil
Tel: (11) 3224.2055
contato@fosforoeditora.com.br
www.fosforoeditora.com.br

Este livro foi composto em GT Alpina e
GT Flexa e impresso pela Ipsis em papel
Golden Paper 80 g/m² para a Editora
Fósforo em março de 2025.